中国绿色低碳建筑技术发展报告

中国城市科学研究会　主编

中国建筑工业出版社

《中国绿色低碳建筑技术发展报告》编委会

序　言

由中国城市科学研究会绿色建筑与节能专业委员会组织编写的《中国绿色低碳建筑技术发展报告》，伴随着我国绿色建筑的健康发展和低碳建筑技术的持续进步，应运而生，成为首本反映我国绿色低碳建筑技术的发展报告。在短短几个月的时间里，编委会精心组织、系统谋划，选择在不同建筑技术领域的权威专家撰稿或荐稿，高质量地完成了本书的编写工作。我向本书策划、编纂和出版作出贡献的同志们表示由衷的感谢。

建筑全生命周期的碳排放约占我国碳排放总量的50%，建筑节能和可再生能源在建筑中的应用成为重要的减碳环节，在碳达峰碳中和战略的实施中，现代建筑科技的发展趋势是什么？实现高质量发展的途径有哪些？这是各级建筑主管部门、建筑从业人员密切关注的问题。本书从综合篇、要素篇、地域篇三个维度，对我国绿色低碳建筑的发展状况进行系统、深入的分析和总结，系统地诠释了绿色低碳建筑行业的难点问题，对全面了解我国绿色低碳建筑的发展状况，开拓绿色低碳建筑技术创新的领域，引领绿色低碳建筑技术创新的方向，具有很强的参考价值。

本书综合篇由多名院士和知名学者供稿，分别从碳中和建筑时代中建筑科技的发展趋势、制冷剂导致的非二氧化碳温室气体排放及控制、数据驱动下的AI规划平台赋能绿色低碳发展、绿色低碳建筑材料发展、建设领域双碳实践的认知、绿色建筑综合减碳效果与改进方向、"双碳"目标下的中国建造等内容展开论述，对于全面认识碳排放的表达方式与计算时间，系统应用建筑规划设计依托的标准，准确把握建筑节能减排的重点与具体做法，明确建筑工业在双碳工作中的地位，具有重要作用，它是每个工程技术人员必读之文件。

建筑碳减排还包括多个关键技术，如数智化技术、正向整合设计、城市绿地、节水与水资源利用、绿色生态城区、建筑碳排放计算、绿色交通、地热利用等。如何合理应用这些关键技术，在双碳工作中实现创新，推动绿色低碳建筑发展，引发了越来越多的研究者和实践者的探索与思考。本书要素篇从各专项技术角度分析了绿色低碳建筑的发展现状，指出本领域亟需解决的技术问题，提出合理可行的技术路线，优化绿色为本的结构形式，形成助力碳达峰的发展策略，为同行专业人士提供技术支撑和借鉴。

　　绿色低碳建筑已成为全国各地方的重点工作，多个地方政府已陆续出台相关政策，推动当地绿色低碳建筑的技术发展和建设。本书地域篇遴选了 11 个省市，结合当地与绿色低碳建筑相关的气候条件、地理环境、能源利用的实地情况，介绍了绿色低碳建筑因地制宜的技术特点，提出了技术指标，阐述了适用范围，分享了实际应用案例，指出低碳绿色建筑应结合地区的经济发展水平、资源禀性和建筑特点，突出地方特色技术应用，强调能源系统及设备能效的提升，充分应用建筑性能化设计等手段或方法，形成可实施、可推广、可复制的绿色低碳建筑技术路线。

　　展望未来，绿色低碳建筑要以科技创新有效支撑行业结构的优化升级，围绕工程建设推动集成创新。按照碳达峰碳中和的要求，推动绿色低碳建筑的深入发展，满足人民群众对美好生活的新要求、新期盼，以绿色发展理念建设生态宜居城区，促进可持续发展。按照数字化转型升级要求，数据驱动双碳目标落实到碳排和碳汇双向精准定量，将双碳的全国目标分解到各个城市的国土空间，量化规范规划设计方案中各项减碳措施的手段和方法对于碳中和的贡献，以创新发展理念破解城镇化难题，向智慧城市迈进，促进产城融合，促进协调平衡发展。

　　希望中国城市科学研究会绿色建筑与节能专业委员会和本书的编写者们能够持之以恒地关注我国绿色低碳建筑技术的发展动态，长期不懈地跟踪国际绿色低碳建筑发展的前沿方向，扎实深入地开展绿色低碳建筑技术的研究创新，全面系统地总结绿色低碳建筑技术应用的成功经验，逐步形成年度序列性的绿色低碳建筑技术发展研究成果，引领我国绿色低碳建筑技术的发展方向，为促进我国绿色低碳建筑持续、高质量发展作出更大的贡献。

仇保兴

国际欧亚科学院院士、

住房和城乡建设部原副部长、

中国城市科学研究会理事长

目　录

第一篇 | 综 合 篇

1 迎接三个趋势，开启碳中和建筑新时代

当前全国各地正在有序地开展"双碳战略"的贯彻落实工作，这就需要以城市为主体来精心设计减碳的路线图、施工图与时间表，其中建筑节能和可再生能源在建筑中的应用势必会成为重要的环节。随着可再生能源、信息通信、电动车、新型建材等新技术的加速发展与应用，现代建筑科技正面临三个革命性新趋势。

1.1 趋势之一，从传统的节能建筑转向正能建筑

在人类历史上，第一次从注重建筑能源的节约转向广泛利用建筑来产生能源。人类建筑史长达上万年，从旧石器时代人类就创造了建筑。发展到现在，现代建筑将结合各种各样的可再生能源应用，使建筑从能源消耗者转向能源生产者。这就意味着建筑不再是城市能源消耗的某个单元，而是有新能量产生的一个新主体，由众多这类主体构成的城市就为城市实现碳中和奠定了坚实基础。在这个充满颠覆性创新的时代，今后的建筑设计师都需要在节能的成本与产能的成本之间做科学理性的比较。

现代科技的快速发展使得各种各样的节能技术越来越新颖，能效越来越高，成本越来越低。例如，从传统的建筑保温转向辐射能的节约，从集中能源利用转向分布式的能源产生等。又例如，相较于传统的节能技术成本，可再生能源的技术成本反而下降得更快，太阳能光伏成本在 10 年内降了近 10 倍，从技术上考虑，未来成本还可以进一步降低。除此以外，屋顶风能和生物能源等可再生能源的成本也在大幅下降。

尽管当前可再生能源的成本比建筑节能保温技术的成本低许多，但仍有许多建筑师仅仅停留在对建筑保温、围护结构密封这类传统的节能技术的应用上。随着建筑能效越来越高，采用保温技术节能往往具有很高的边际成本，而利用可再生能源的建筑边际效益则会越来越好，因此未来应将建筑节能与产能两种技术结合在一起，使得以最低的成本实现最高的效率，进而使建筑实现碳

3

中和，甚至还可能成为"负碳之源"。

1.2 趋势之二，"建筑结构创新"的时代已经到来

20世纪初期，法国、英国、荷兰等国家的建筑师发起了一场称之为"新建筑"的运动，将罗马式的、巴洛克式的建筑——由石头、木头建造的这类成本昂贵的建筑，转向由水泥、钢筋、钢铁、玻璃建造的建筑。他们当时提出"建筑就是居住的机器"的观念，认为建筑应该像工厂那样明快、简洁、实用，它就是供众多人类公平居住使用的一种机器。这一场"新建筑"革命宣告了现代建筑的诞生，也使得城市化的成本大大降低。

世界上现在有52%的人口居住在城市，而绝大部分的建筑都是"新建筑"革命时代之后建造的。"新建筑"革命所留下的这种遗产，使得建筑结构简洁且更加注重功能，虽满足了人民的基本居住需要，但却丝毫没有怜悯地球会因此受到哪些负面影响。根据国际能源署提供的数据，建筑全生命周期产生的碳排放无论怎么算都占到碳排放总量的40%以上，即人类活动所造成的温室气体排放量中，建筑行业占到其中的40%，而这个比例在我国则达到了50%。

我国建筑与世界其他国家建筑最主要的一个区别就是建筑用钢筋混凝土比例更高，因此，不论是从建筑全生命周期产生的碳排放还是运行期间产生的碳排放来看，我国都是全球建筑碳排放比例最高的国家之一。由此可见，碳中和建筑在我国的"双碳战略"中应发挥最重要的作用。

从建筑全生命周期考虑，如果全国所有的建筑都能实现碳中和，那么"碳中和建筑"就能为"双碳"目标的实现贡献一半的力量，显然没有一个行业的减碳量能够与之比较。因而，从减碳总量上看，这一场新运动将是建筑近代史上又一次伟大的转变。

近代建筑史上第一次伟大转变是十九世纪初叶，使建筑从"古典建筑"转向"现代建筑"，人们称之为"新建筑运动"。今天我们讨论的"碳中和建筑"将成为第二次现代建筑的革命。在这场革命中，各种各样的可再生能源可以组合到建筑中，例如太阳能光伏、地源热泵、空气源热泵、屋顶风机和电梯下降能等利用的组合。在建筑表皮装太阳能光伏板，在屋顶装风力发电装置，与建筑的结构进行匹配，将建筑顶部结构设置为朝阳面斜坡，根据实验测得这一结构变化可额外获得30%的太阳能，而且这个结构如果产生风压，风速也会提高50%。由于风能发电量与风速的三次方成正比，在设计建筑结构时，只需

做一些适当的变化，就可以将风能的发电量提升 1 倍以上。另外，建筑还可与立体园林组合，使得绿化率达到 150%，这使得即使是高层建筑也能产生丰富的生物量，每年可产生大量的生物质燃料。

如此一来，通过把太阳能、地源热泵、空气源热泵、风能、生物质能源等与建筑物进行合理地组合利用，在使建筑成为能源的分配器的同时，更能使建筑成为产能单位。

浅层地热能、空气源热泵、深层地热能在建筑上进行应用时都属于"低品质的能源"，因为这些能源最高温度往往都是在 100℃上下，而高品质能源例如电能是可以长距离输送和高效转换的能源。这些高品质能源一旦与峰电交易、碳交易相结合，就可以为用户带来足量的现金流。建筑物产生的绿色电力可以高效转化为其他类别的能源，这样的高品质能源不仅可以长距离输送，也可以很方便地储存。低品质能源可在建筑内作为制冷或供暖能源进行充分应用，而高品质能源则可以作为电网的调峰能源适时交易出售。如果每一个建筑都能实现碳中和，那么整个城市碳中和就能顺理成章地达成。总之，在"建筑结构"的革命上，首先应该考虑尽可能充分利用就地产生的低品质能源，输出和交易高品质能源。除此之外，"碳中和建筑"必然也是一种气候适应性建筑，这就要求"碳中和建筑"像鸟的羽毛一样，根据自然气候进行自适应调节变化。我国有 7 大气候区、20 多个气候单元，这就意味着"气候适应性设计"至少有 7 种基本的类型，如再加上不同的气候单元和当地原生建筑材料的应用，绿色建筑的多样化、属地化是必然的趋势，而那种工业文明时期"一招鲜，吃遍天"的通用建筑模式自然会受到冷落。

1.3 趋势之三，建筑物可以作为能源的存储单元

现代能源的储存模式将从传统的集中式、大型化、中心控制模式转向分布式、小型化与建筑紧密结合的模式。按照全国在 2030 年实现碳达峰的计划，新型电力系统可再生能源的应用比例要达到总能源的 30%，到 2060 年实现碳中和，可再生能源的布局比例将超过 80%。

在可再生能源比例在电网中不断提升的过程中，由于大量应用风能、太阳能等这些低成本的可再生能源，使得电网波动性很大，因此需要大量的储能设备来进行均衡。如果采用传统的集中式的能源储存模式，不仅成本高，而且可能会使所储存的能源成为城市内部的风险源。例如，2021 年 4 月 16 日，北京

市丰台区发生了一起大型储能电站爆炸事故，两个消防员在事故中牺牲。该项目采用 25MWh 的磷酸铁锂电池储能，是北京城市中心最大规模的商业用户侧储能电站。此次事故后北京市政府当即决定将这一类大型能源储存装置立项全部撤销。如果通过建筑结构的变革，使建筑与分布式的储能装置相结合，不仅能解决建筑自身能源储存的问题，更能为构建一个安全的城市电网作出巨大贡献，且在技术上也都是成熟可实施的。又例如，太阳能光伏可与柔性直流技术更好地匹配，从而使建筑太阳能光伏发电的效率和可靠性进一步得到提升。

从目前的趋势来看，2030 年我国将会有 1 亿辆电动车，目前每辆电动车的平均储电能力是 60kWh 电，这就意味着有 60 亿 kWh 电可瞬间储存在电动车内，若对这样巨量的储电能力进行合理调配就能使电网稳定运行。例如，通过利用社区的分布式能源微电网以及电动车储能组成"微能源系统"，在电网处于用电峰谷的时候，使所有社区停放的电动汽车进行自动低价充电；当电网处于用电峰顶时，可以将电动车所储的电按峰谷差价出售给电网一部分。这既能对电网用能进行调节，又能为电动车主带来利润。如果外部突发停电，社区也可以借助各家各户的电动车电能作为临时能源供应。如此一来，这样的居民小区实际上就是一个发电单位，也是一个韧性很强的虚拟电厂。更重要的是，比起传统的抽水和大型电池蓄能，这种分布式的社区微电网在储能成本上、韧性安全保障能力方面都有显著的优势。

总之，现代建筑业必然会拥抱这三个革命性趋势，这就意味着我国建筑师、城市规划师、设计师与这一领域的科研、设计机构都要抓住这一历史机遇，解放思想，加快可再生能源、新材料、信息通信、储能等一系列新技术在建筑和城市中的推广应用。每个与建筑相关的研究院校都应该充分发挥技术、平台、项目实践之间的联动发展优势，为建筑和城市"双碳"目标达成作出新的贡献，真正使我国领先于全世界，更稳更快走向碳中和，为实现生态文明作出更大贡献。

作者：仇保兴（国际欧亚科学院院士、住房和城乡建设部原副部长、中国城市科学研究会理事长）

2　我国制冷剂导致的非二氧化碳温室气体排放及控制

2.1　引　　言

当前气候变化问题受到国际社会的高度关注，已经成为全人类共同面对的重大挑战。我国已经宣布，力争2030年前实现碳达峰，2060年前实现碳中和。这一碳中和不仅是二氧化碳的中和，也包括非二氧化碳类温室气体的中和。虽然非二氧化碳温室气体在大气中的排放量相对于二氧化碳要小得多，但单位质量非二氧化碳温室气体的全球暖化潜能（Global Warming Potential，GWP）要明显高于等量二氧化碳，由此造成非二氧化碳温室气体的气候暖化影响也十分明显。根据统计，2014年中国非二氧化碳温室气体排放为20亿t二氧化碳当量，其中甲烷占56%，氧化亚氮占31%，含氟气体占12%。在含氟气体排放中，含氟制冷剂的排放占了绝对多数。因此，制冷剂排放控制也是全球控制温室气体排放工作的重要组成部分。

中国是全球最大的制冷空调设备制造国，同时也是全球最大的制冷剂生产国和消费国。当前，我国使用的制冷剂以HCFCs（含氢氯氟烃）和HFCs（氢氟烃）为主。我国HCFCs制冷剂的主要制造和使用类型包括R22、R123、R141b和R142b等。2007年，《蒙特利尔议定书》第19次缔约方会议的第ⅩⅨ/6号决议通过了加速淘汰HCFCs制冷剂的调整案。目前，我国HCFCs制冷剂已经进入了加速淘汰的阶段，实行生产和消费的配额管理。到2020年，我国已经完成35%的削减任务，其中R22（二氟一氯甲烷）的产量消减为22.6万t，R141b（一氟二氯乙烷）的产量大幅下降至1.5万t。我国生产和使用的HFCs制冷剂主要包括R134a、R410A、R507A、R404A、R407C和R32等。2021年9月15日，《基加利修正案》对中国生效，我国HFCs制冷剂等非二氧化碳温室气体正式进入减排通道。我国将从2024年起将受控用途HFCs制冷剂的生产和使用冻结在基线水平，并逐步降低至2045年不超过基线的20%。目

前,我国是全球最大的 HFCs 制冷剂生产国和出口国,生产量约占全球的
70%。随着 HCFCs 制冷剂产品的加速淘汰,最近几年 HFCs 制冷剂的产量明
显上升。根据我国当前 HFCs 制冷剂的消费水平,同时参考《基加利修正案》
的基线设定要求和限控时间表测算,我国目前消费的基准水平约为 7.24 亿 t
二氧化碳当量,到 2045 年完成基准量 80% 的削减后,消费水平将削减至
1.45t 二氧化碳当量。我国 HCFCs 和 HFCs 制冷剂履约时间进程如图 1 所示。

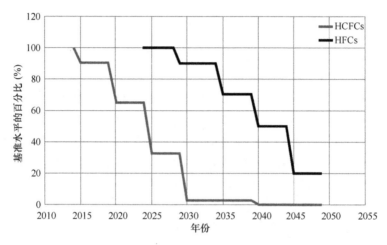

图 1 中国 HCFCs 及 HFCs 制冷剂履约时间进程

因此,可以看出制冷空调热泵产品所使用的含氟制冷剂是非二氧化碳温
室气体减排的重要气体,也是国际公约管控的气体种类。面对应对气候变化
和保护臭氧层的双重约束,我国的制冷行业也面临制冷剂替代和转型的重大
挑战。

需要指出的是,《蒙特利尔议定书》及其《基加利修正案》管控的是制冷
剂的生产和使用数量,而碳中和需要考核的是制冷剂的实际大气排放数量,这
两者有巨大差异。以 HFCs 为例,根据北京大学胡建信团队的研究,2017 年
中国 HFCs 排放约 1.1 亿 t 二氧化碳当量。基于清华大学建筑节能研究中心
CBFM(China Building F-gases Emission Model)模型的估算,2020 年中国建
筑内空调制冷设备所造成的制冷剂泄漏相当于排放约 1.3 亿 t 二氧化碳当量。
由此可以看出,实际排放量与前文所述消费量存在巨大差别。

因此,研究我国制冷剂排放数据,规划制冷剂减排技术路线和政策方针,
对于我国实现碳中和意义重大。

2.2 中国不同领域制冷剂发展及替代

人类最早广泛使用的制冷剂是二氧化碳、水、氨、二氧化硫等。受能效低、压力高、排气温度高和有毒易燃等因素限制，制冷技术只在特定场合有限使用。20 世纪 30 年代后，随着 CFC 及 HCFC 人工合成制冷剂的发明，制冷技术在空调等民用领域得以快速应用。相较于二氧化碳、水、氨、二氧化硫等制冷剂，CFC/HCFC 制冷剂具有能效高、压力温度适宜且安全性高的优势，因此在超过半个世纪的时间里被不断发展和应用。20 世纪 80 年代以后，随着 CFC/HCFC 物质排放与臭氧层破坏关联关系的确定，CFC 及 HCFC 依次在国际公约的管控下被替代。HFC 制冷剂由于不含氯、无臭氧层破坏潜能得以快速发展和应用。然而，21 世纪初发现的气候变暖现象及 HFC 的强温室效应激发了人类又一次制冷剂替代的需求。

20 世纪，我国的制冷技术发展和应用相对落后。1995 年，我国空调器生产量仅为 200 万台。这一阶段我国制冷技术的研究多处于跟跑状态。21 世纪以来，我国制冷技术研究水平出现大幅提升，带动产业快速增长。到 2021 年，我国家用空调器产量已经超过 1.5 亿台，占全球总产量的 70% 以上。但在制冷剂替代路线研究及新制冷剂的研发方面，受包括替代时间线相对滞后、新制冷剂研发周期长、费用高等因素影响，一直处于较为被动的状态。目前，作为世界最大制冷空调生产国，中国必须独立开展自己的制冷剂替代路线和新制冷剂的研发，以满足"双碳"目标和制冷剂替代公约的履约要求。

2.2.1 建筑空调

按照空调使用的不同场景，使用制冷剂的空调设备可分为家用空调器、多联机、单元式空调、冷（热）水机组等。

家用空调器是我国使用最为广泛的空调制冷设备。我国家用空调器的年销售量及主要制冷剂占比如图 2 所示。可以看出，2007 年之前，我国空调器主要采用 HCFC22 作为制冷剂。但随着《蒙特利尔议定书》有关臭氧层破坏物质（ODS）替代推进，2008 年我国生产的空调器中开始使用 R410A 制冷剂。R410A 中包含 50% 的 HFC32 和 50% 的 HFC125，是 HFC 混合制冷剂，无臭氧层破坏潜能（ODP）。R410A 虽然 ODP 为 0，但具有较高的温室效应潜能（GWP_{100}＝2088）。2015 年起，低 GWP 的 HFC32（GWP_{100}＝675）在空调器中逐渐被使用。到 2021 年，空调器中使用 HFC32 比例已经达到 73%，HCFC22 的使用占比已经低于 1%。因此，家用空调器行业的 HCFC 替代已经提前完成。另外，需要注意的是，2020—2022 年为我国《基加利修正案》的基线年，在此期间 HFC 大量替代 HCFC 将一定程度地提高我国 HFC 生产和消费基准值，为我国制冷剂替代技术的发展争取更多空间。但是，未来我国家用空调器使用更低 GWP 的制冷剂的趋势不变。

一种可在家用空调器内使用的超低 GWP 制冷剂为 HC290（丙烷，GWP_{100} = 3）。前期，国内外已经对 HC290 在家用空调器中的使用开展了广泛的研究。结果显示，HC290 在家用空调器的运行工况范围内具有良好的热力学性能，能满足制冷剂替代的要求。目前，最重要的障碍在于 HC290 的高可燃性（A3），尤其是对于我国绝大多数采用分体结构的家用空调器而言。HC290 的体积燃烧极限为 2.1%～10.0%。据此推算，理论上常规 1 匹空调（使用面积 $20m^2 ×$ 高度 2.8m）只要充注的 HC290 质量少于 2.1kg，即可避免房间平均浓度达到爆炸浓度。这对于常规空调器是完全能实现的。但实际上，考虑到 HC290 的非均匀分布，国际社会认为安全的制冷剂充注量要远低于此。根据

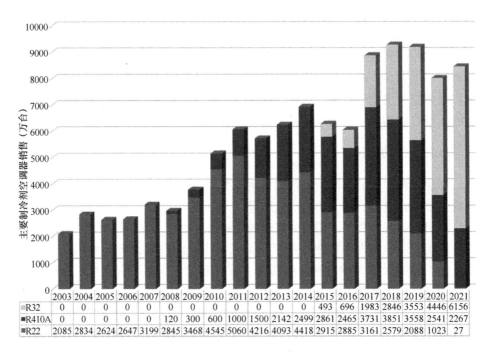

图 2　中国家用空调器年销量及主要制冷剂占比

常用的 IEC 60335-2-40 标准计算上述房间空调器的充注量不高于 250g。因此，充注量减少、高等级防爆设计等成为 HC290 在家用空调器中应用的关键。目前，国家也通过发布《中国含氢氯氟烃替代品推荐名录》等相关政策积极引导 HC290 在小容量房间空调器和制冷设备的推广应用。但持续低迷的市场销量说明，除了持续推动安装培训和宣传推广之外，持续开展 HC290 家用空调器的安全技术研发、泄漏监测和大数据安全性分析至关重要。

多联机依靠其室外机安装面积小、室内机可隐藏安装、调控管理方便等优势，近年来在国内家庭、中小型商业建筑等应用领域得到较快发展。由于运行工况相同，我国多联机用制冷剂的发展变化趋势与家用空调器基本相似。HCFC22 前期在多联机中占主导位置。随着 HCFC 制冷剂的淘汰推进，目前多联机中采用 HCFC22 的比例已经大幅下降，取而代之的是 R410A 和 HFC32。由于 HFC32 相对于 R410A 具有较低的 GWP，市场采用 HFC32 的多联机数量快速增加。与家用空调器不同的是，由于多联机系统规模大、制冷剂充注量大，所以使用 A3 类可燃制冷剂作为替代品不在其考虑范围内，例如 HC290。未来如需进一步降低多联机的制冷剂的 GWP，HFC32 与其他不可燃且低 GWP 制冷剂混合的制冷剂是具有发展潜力的方向。

单元式空调在我国主要应用于中小型商业建筑等场合。由于单元式空调的充注量较家用空调器高，而与多联机相当，因此其目前在制冷剂使用和替代方面均与多联机相似。略微不同的是，如果采用全室外放置的小容量单元式空调，则使用可燃 HC 制冷剂具有一定的可行性。

冷（热）水机组是大型建筑中央空调系统的核心构成。按照压缩机形式的不同，冷（热）水机组使用的制冷剂及其替代路线显著不同。对于使用离心机的大型冷（热）水机组，早期由于设备加工精度有限，一般选择使用低容积制冷量制冷剂，以增大转子尺寸，降低转子的加工难度，因此前期 HCFC123 在大型离心冷水机组广泛使用。目前，为进一步降低大型离心冷（热）水机组用制冷剂的温室效应，包括 HFO1234ze（E）、HFO1233zd（E）、R515B 在内的制冷剂已经被推荐使用。对于采用容积式压缩机的冷（热）水机组，前期主要采用包括 HCFC22、R410A、HFC134a 在内的制冷剂。目前考虑的低 GWP 替代制冷剂主要为 HFO 及其与 HFC 的混合制冷剂。总体来看，冷（热）水机组的低 GWP 替代物以 HFO 为主要成分，目前我国缺乏自主知识产权的 HFO 制冷剂及其生产工艺。

实际上，除了替代低 GWP 制冷剂，发展高效蒸汽压缩式制冷（热泵）技术之外，发展不使用制冷剂的其他制冷（制热）技术也是实现空调制冷剂减排的重要方向。这些技术包括蒸发冷却技术、固态制冷技术等。固态制冷技术近期得到了较大的关注，尤其是弹性制冷、磁制冷、电卡制冷等。中国在固态制冷领域具有很好的材料资源优势。

2.2.2 冷链

冷链包括食品和药品等从生产、预处理、运输、储存、展示销售到户内保存的整个过程。不同的环节由于所需冷链温度和所处环境不同，因此所采用的制冷剂均有所差别。

氨是大型冷库中最为广泛使用的制冷剂之一。氨具有很好的热力学性能和动力性能，并且 GWP 和 ODP 均为 0，完全满足环保要求。氨作为制冷剂最大的缺陷在于其毒性和可燃性高。当空气中的氨浓度超过 400ppm 时，可对人的健康造成危害，超过 1700ppm 且停留时间超过 30min 可导致人死亡。氨和空气混合物体积浓度达到 16%～25% 时，遇明火可引起爆炸。因此，大型冷库一般设置在远离人群的地点，以最大限度地降低毒性和爆炸风险。目前来看，在冷冻冷藏领域尚未出现热力学性能和环保性能与氨接近的制冷剂。在碳中和大背景下，对氨制冷系统开展缺陷管理，通过技术和管理手段提升氨制冷系统安全性是我国大型冷库发展的重要方向。因此，未来氨仍然将是我国大型冷库最重要的制冷剂。

对于中小型冷库，前期也部分使用氨作为制冷剂。遗憾的是，相关的安全事故导致各方加强了对于氨制冷剂应用的限制。目前，作为氨的替代，含氟制冷剂在中小型冷库中的使用不断扩大。冷库常用的含氟制冷剂包括 HCFC22、HFC134a、R404A、R507A 等。然而，上述含氟制冷剂要么由于 ODP 不为 0 而处于被替代行列，要么由于具有较高的 GWP 而处于消减过程中。在碳中和的背景下，未来天然工质 CO_2、NH_3+CO_2（复叠系统或载冷系统）等将成为我国中小型冷库重要的潜在替代制冷剂。

目前，冷藏运输车制冷系统常用的制冷剂为 HFC134a、R404A 和 R410A 等。三者均有较高的 GWP。同时，由于振动等原因，冷藏运输车制冷剂泄漏量较静态空调器、冷库等明显偏高，因此是制冷剂替代的首要关注点。作为 HFC134a 的替代物，低 GWP 的 HFO1234yf 已经在冷藏运输车上有一定程度的使用，但价格昂贵且缺少自主知识产权是影响其在我国进一步扩大应用的主要障碍。此外，CO_2、HC290 和 HC1270 等也是未来冷藏运输车制冷系统重要的潜在制冷剂替代物。CO_2 在冷藏运输中的应用还需要解决能效提升及压力过高导致的成本及泄漏等问题。HC 制冷剂虽具有较好的制冷能效和环保性能，但仍需解决可燃管控问题。

冷链的末端为冰箱、冰柜、展示柜等设备。由于整个制冷系统采用一体式结构，在工厂一次装配完成且制冷剂充注量少，冰箱、冰柜等对于 HC 制冷剂有着天生的兼容性。到目前为止，我国在售冰箱冰柜的制冷剂绝大多数已经采用了 HC600a，展示柜中也大量采用了 CO_2，因此我国冷链末端制冷剂不存在明显的制冷剂替代需求。

2.2.3　汽车空调

截至 2021 年，我国汽车保有量已超过 3 亿台。在售汽车中，空调系统使用 HFC134a 的占比超过 90%。由于汽车行驶过程中的振动导致制冷剂连接管路泄漏量较大的缘故，国内外对于汽车空调制冷剂 GWP 的限值一直较其他静态制冷系统的制冷剂低。包括欧洲、日本等在内的多个国家和地区均要求汽车空调用制冷剂的 GWP 值不超过 150。目前，虽然我国没有给出明确的汽车空调用制冷剂的限值和时限，但汽车空调作为低 GWP 制冷剂替代的先锋，其作用毋庸置疑，并且这也有利于中国汽车工业的外向发展。另外一个影响中国汽车空调制冷剂替代路线的重要因素是电动汽车的发展。按照国家规划，使用电动汽车，不仅是我国交通减排的重要内容，更是我国发展可再生能源电力的重要组成部分。与普通燃油车不同的是，电动汽车由于无发动机废热，因此冬季采用电动汽车，需额外提供热源，以满足轿厢供暖、电池加热等需求。因此，电动车热管理系统的制冷剂需要满足制冷、制热等多种工况。目前，HFO1234yf 作为 HFC134a 的低 GWP 直接替代物，被欧美广泛用于燃油汽车空调。在我国，HC290 和 CO_2 被考虑为电动汽车空调的最具潜力替代制冷剂。上述三种制冷剂在电动汽车中应用均存在明显缺陷，例如，HFO1234yf 低温制热性能较差且价格昂贵，HC290 低温制热性能差且有可燃风险，CO_2 制冷性能差以及存在由于压力高导致的制冷剂泄漏可能性。我国电动汽车空调制冷剂的替代方案还需更为长期的实车验证。

2.2.4　非空调用热泵

非空调用热泵主要是指热泵热水器、热泵干衣机和工业热泵等。随着我国"双碳"战略下能源结构的变化，未来一次能源中电力占比将大幅增加，使用热泵替代化石燃料提供热量成为减排的重要手段。

目前，热泵热水器在国内热水供应中使用量有限。但随着一次能源电气化发展，预期未来热泵热水器数量将显著上升。日本使用 CO_2 跨临界循环的热泵热水器已经广泛应用。目前，我国热泵热水器的制冷剂以 HCFC22、R410A、HFC134a 和 R407C 等为主，分析其原因，主要是受 CO_2 压缩机等相关部件难以批量生产导致的价格因素影响，这一问题在中国低碳制冷剂替代的驱动下将逐渐解决。因此，中国未来在热泵热水器领域采用 CO_2 制冷剂具有较高的可能性。除此之外，HFC32 和 HC 制冷剂（适用于室外放置）在较低出水温度热泵热水器中也有较好的应用前景。

热泵干衣机目前在国内的使用量较小，但预期也有较大的增长。热泵干衣机目前采用的制冷剂及其替代趋势与热泵热水器基本相似。但由于其只能室内放置，所以在 HC 制冷剂的使用上有较大限制。

与北欧不同，工业热泵在我国的发展相对滞后。但在我国工业燃料减排的大背景下，工业热泵成为提供 100～150℃ 热量时的重要选项。对于需要水蒸气的场合，水作为制冷剂的开式热泵系统也具有较好的发展潜力。除此之外，HFO 类制冷剂具有较好的性能，例如 R1234ze（Z）。

表 1 总结了我国不同领域的制冷剂使用现状、未来制冷剂替代趋势、非蒸汽压缩技术和发展建议。总体来看，我国制冷剂替代技术的发展需要根据不同领域的需求特征，考虑我国的实际情况，分别从直接替代、缺陷管理、新制冷剂发展或直接使用国外工质等角度开展工作。

我国制冷剂使用现状、未来适用潜在替代制冷剂、非蒸汽
压缩技术和发展重点建议   表 1

领域	产品	现用主要制冷剂	中国适用潜在替代制冷剂	非蒸汽压缩技术	发展重点建议
建筑空调	家用空调器	HFC32、R410A	HFC32、**HC290**	蒸发冷却、固态制冷（热弹性制冷、磁制冷、电卡制冷等）	HC290 缺陷管理
	多联机/单元式空调	R410A、HFC32	**HFC32**、HFC/HFO混合物		应重点开发自主知识产权混合制冷剂
	离心式冷（热）水机组	HCFC123、HFC134a	HFO1234ze（E）、HFO1233zd（E）、HFC/HFO混合物		缺少自主知识产权替代物，应重点开发自主制冷剂或工艺
	容积式冷（热）水机组	HCFC22、R410A、HFC134a	R32、HFC/HFO混合物		应重点开发自主知识产权混合制冷剂

领域	产品	现用主要制冷剂	中国适用潜在替代制冷剂	非蒸汽压缩技术	发展重点建议
冷链	大型冷库	NH_3、NH_3/CO_2	NH_3、NH_3/CO_2	—	**NH_3** 缺陷管理
	中小型冷库	HCFC22、HFC134a、R404A、R507A	**CO_2**、NH_3/CO_2、HFC32	—	**CO_2**、NH_3 缺陷管理
	冷藏运输	HFC134a、R404A、R410A	**CO_2**、**HC290**、**HC1270**、HFO1234yf	—	**CO_2**、**HC290**、**HC1270** 缺陷管理
	冰箱/冰柜	**HC600a**、**CO_2**	**HC600a**、**CO_2**		无需替代
汽车空调	电动车空调	HFC134a	**HC290**、**CO_2**、HFO1234yf	—	**CO_2** 缺陷管理
非空调用热泵	热泵热水器/热泵干衣机	HCFC22、R410A、HFC134a、R407C	**CO_2**、HFC32、HCs	—	**CO_2** 缺陷管理
	工业热泵	—	**H_2O**、HFOs	—	**H_2O** 缺陷管理;开发自主制冷剂或工艺

注:加粗制冷剂表示非常适合我国、应重点考虑的替代制冷剂。

2.3 中国制冷剂减排的主要方法

2.3.1 面向全生命期的制冷系统减排途径

由于制冷剂减排技术可能影响制冷系统性能,最终影响系统能耗,因此制冷空调热泵系统的温室气体减排需要综合考虑二氧化碳减排和非二氧化碳温室气体减排的综合效益。同时,制冷空调热泵系统的减排不但涉及技术发展,而且也需要国家政策等的精准调控和推动。

图 3 给出了我国制冷空调热泵系统的温室气体减排主要技术途径。总结起来,降低制冷空调热泵系统的温室气体排放途径主要分为两类。

第一类,降低制冷空调热泵系统的二氧化碳排放,包括使用清洁能源替代传统火电，降低冷热需求数量和品位，提高设备能效。

第二类，降低制冷空调热泵系统的非二氧化碳温室气体排放，包括：①降低排放量，具体包括减少使用过程泄漏量，回收制冷剂高效再生和不可回收制冷剂低能耗消解；②低 GWP 制冷剂替代，具体包括天然工质缺陷管控，新型纯/混合制冷剂研发和面向替代工质的循环设计方法及关键部件研发；③发展不使用含氟制冷剂的替代制冷空调热泵技术。

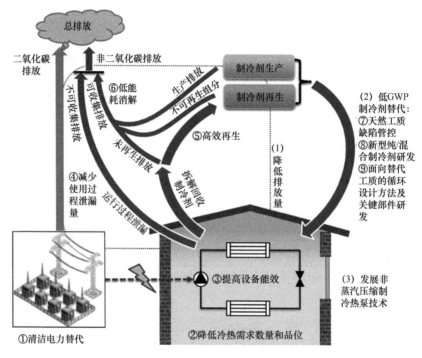

图 3　制冷空调热泵系统的温室气体减排主要技术途径

制冷剂减排的政策方面，制冷剂回收体系建设、制冷剂排放责任核算及承担、制冷剂排放数据监控及统计等是主要工作方向。

2.3.2　制冷剂减排技术

（1）排放量降低技术

与二氧化碳和其他绝大多数非二氧化碳温室气体不同，含氟制冷剂不是其他工艺过程的副产物，而是人为制造的非消耗性物质。因此，理论上讲，只要避免向大气中的泄漏，就能完全避免制冷剂的温室效应，同时减少生产量。根据统计数据及测算,2020 年我国制冷空调热泵全行业制冷剂的年碳排放约 2.5 亿 t 二氧化碳当量,相对于我国总温室气体排放量和总非二氧化碳温室气体排放量均不算大。但 2020 年我国国内使用制冷剂的总温室效应超过 6 亿 t 二氧化碳当量。这些制冷剂并不一定在当年或者后期释放到大气中造成温室效应,但如果不及时开展制冷剂回收再利用,将很有可能最终成为"延迟排放源"。在我国其他制冷剂减排技术尚不成熟的情况下,发展排放量降低技术对于我国2035 年之前的制冷剂减排至关重要。

前期研究显示,制冷剂的排放主要来自运行过程的泄漏和维修/拆解过程的人为排放。因此,具体的排放量降低技术主要包括:减少使用过程泄漏量,提升制冷剂回收比例、回收制冷剂高效再生和不可回收制冷剂低能耗消解。提升制冷空调热泵产品生产工艺和发展制冷剂泄漏监测预警技术,是减少使用过程泄漏量的可行方法。提升制冷剂回收比例是我国当前排放量降低的关键,但主要依赖政策推动,将在减排政策部分讨论。当前,回收制冷剂多组分混合是常见现象,提升再生比例的关键是对于工艺参数的动态调整。图 4 给出了一种智能化的变组分低温蒸馏制冷剂再生系统。该系统是根据进料的组分及浓度情况及时调整工艺过程的各项参数,从而大幅提升再生比例。对于不能再生的制冷剂或再生尾料,目前较多进入对制冷剂纯度要求较低的行业,例如发泡行业,但实际上还是造成排放。随着发泡行业发泡剂的低 GWP 替代的发展,上述收集的不可再生的制冷剂应进入消解通道。目前常用的制冷剂消解方法包括混烧热解、等离体子热解等。由于制冷剂消解能耗较高,如何降低消解能耗,提升消经济性,成为制冷剂消解技术发展的重要内容。

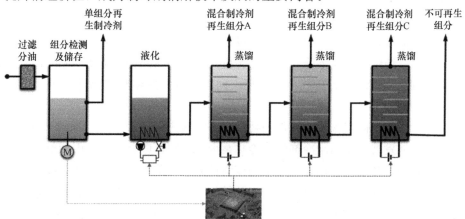

图 4　智能化变组分低温蒸馏制冷剂再生系统

（2）低 GWP 制冷剂替代

低 GWP 制冷剂替代是从长远角度降低制冷剂排放的根本方法。从第 2.2 节的分析可以看出，我国未来低 GWP 制冷剂的替代，需要针对不同领域的特征，分别从天然工质缺陷管控、新型纯/混合制冷剂研发和面向替代工质的循环设计方法及关键部件研发角度开展工作。

已有的大量研究显示，对于绝大多数领域，没有热力性能、环境性能和安全性能等均完全满足要求的制冷剂。因此，有针对性地解决已有制冷剂的缺陷，通过系统设计和辅助措施增设等手段实现制冷剂缺陷管控是重要的制冷剂替代路线之一。天然工质碳氢化合物和氨将在我国制冷剂替代中发挥重要作用，对于碳氢化合物的可燃性和氨制冷剂的毒性可燃性的管理是关键。目前，国内外标准已经从充注量、安装位置等角度给出限定，认定采用可燃制冷剂的制冷空调热泵装置在上述情况下可实现安全运行。然而，市场对于采用高可燃性制冷剂的制冷设备的接受度依然非常低，例如 HC290 空调器。究其原因是缺乏大量数据支撑上述结论。推进安全技术发展依然是我国可燃制冷剂发展的重点，包括制冷剂阻燃剂的研发、可燃制冷剂泄漏监测技术及传感器等。氨制冷剂缺陷管理的重点在于长期可靠氨浓度传感器的研发及政策支持。

我国制冷剂的研发一直处于较为落后被动的处境，但目前发展我国自主知识产权低 GWP 替代工质和工艺迫在眉睫。目前，美国、日本等已研发出可满足未来长期替代使用的超低 GWP 的 HFO 制冷剂及混合物。我国替代制冷剂的研发应重点面向大型冷水机组用 R134a 替代纯制冷剂、高温热泵用纯制冷剂和中小容量制冷空调热泵用混合制冷剂。

全新低 GWP 制冷剂的研发导致新制冷剂与被替代制冷剂的热力学性能和动力学性能相差明显。前期维持系统设计不变或只略作调整的制冷系统设计方法将导致系统性能明显下降。以此为契机，应发展面向替代工质的制冷循环优化设计方法，设计全新高效系统循环。同时，研发适用替代制冷剂的关键部件，例如高效 CO_2 压缩机。

（3）发展不使用含氟制冷剂的替代制冷空调热泵技术

如果能发展不使用制冷剂的制冷热泵形式，则可以完全避免由此对环境的影响。目前，各个国家均在从多个角度尝试研发非蒸汽压缩制冷热泵技术。目前，多项技术在空调领域已取得较好的结果。图 5 为联合国环境署对于未来蒸汽压缩替代技术在空调应用领域的评估。对于我国，应重点发展包括蒸发冷却、膜热泵、弹性制冷、磁制冷在内的多种技术。

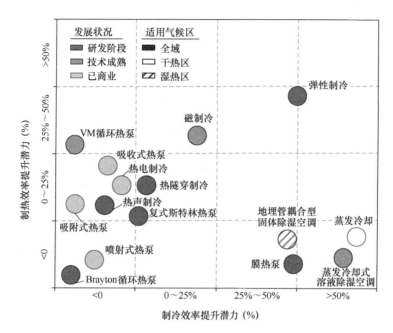

图 5　蒸汽压缩替代技术在空调应用领域的评估

2.3.3　制冷剂减排政策

制冷剂替代一直都不是纯技术问题，政策、经济等各种因素都发挥巨大作用。制冷剂减排政策应首先从制冷剂回收体系建设、制冷剂排放责任核算及承担、制冷剂排放数据监控及统计等方向发挥作用。

前文提及，制冷剂再生及消解是我国碳中和前半段制冷剂减排最重要的技术手段，但作为上述流程入口的制冷剂回收则更多地依赖制冷剂政策的推动。目前，我国制冷剂的年回收量不到年使用量的1％，而日本等国家的制冷剂回收率在30％左右。究其原因，我国尚未建立制冷剂回收的完整政策体系和经济推动模式。难以足量回收制冷剂是我国制冷剂再生和销毁技术发展的最大障碍。因此，推动我国制冷剂回收体系建设是制冷剂减排政策的重要内容。

现阶段我国制冷剂再生费用高于市场制冷剂价格。这一价格倒置直接导致制冷剂再生企业在无政府补贴情况下无法自主运行。同时，制冷剂消解的较高费用支出缺乏长期可靠支持资金来源。上述问题的根本原因在于我国暂时难以对于制冷剂排放责任进行合理核算及承担。建议确定合理的制冷剂排放责任体系，发挥制冷剂生产企业、制冷空调热泵生产企业、制冷空调热泵用户等多方的排放责任分摊体系的作用，对于我国制冷剂回收、再生和消解体系的长期高效工作意义重大。

相对于西方国家，我国目前缺乏准确详细的制冷剂排放数据。这导致我国在制冷剂替代及排放政策制定中无法实现精准施策。借助于国家相关统计和核查政策，实现排放数据监控及统计也是排放政策的重要内容。

此外，国家政策应在提升全社会对可燃或有毒制冷剂更为准确、全面的认识中发挥作用，避免人为因素对于我国制冷剂减排工作的不利影响。

2.4 小 结

（1）制冷行业同时受到《蒙特利尔议定书》等国际公约和我国"双碳"目标的双重影响，中国作为全球最大的制冷空调设备制造国，同时也是全球最大的制冷剂生产国和消费国，需要在履行《蒙特利尔议定书》的义务的同时实现减碳目标。

（2）中国在新型替代制冷剂研发领域不具有优势。因此，我国制冷剂替代技术的发展需要根据不同领域的需求特征，综合考虑我国的实际情况，分别从直接替代、缺陷管理、新制冷剂自主发展或国外工质应用等角度开展工作。

（3）我国制冷剂替代及减排应在建立制冷剂排放数据源等基础工作的基础上，分别从技术和政策角度开展工作。

（4）降低制冷空调热泵系统的温室气体排放途径主要分为两类。第一类，降低制冷空调热泵系统的二氧化碳排放，包括使用清洁能源替代传统火电，降低冷热需求数量、品位和提高设备能效。第二类，降低制冷空调热泵系统的制冷剂泄漏排放，包括：①降低排放量，具体包括减少使用过程泄漏量，回收制冷剂高效再生和不可回收制冷剂低能耗消解；②低 GWP 制冷剂替代，具体包括天然工质缺陷管控，新型纯/混合制冷剂研发和面向替代工质的循环设计方法及关键部件研发；③发展不使用含氟制冷剂的替代制冷空调热泵技术。

（5）我国制冷剂减排政策应首先从制冷剂回收体系建设、制冷剂排放责任核算及承担、制冷剂排放数据监控及统计等方面发挥作用。

作者：王宝龙　胡姗　江亿（清华大学建筑节能研究中心）

3 数据驱动下的 AI 规划平台赋能绿色低碳发展

3.1 时 代 背 景

2020 年 9 月，习近平总书记在第七十六届联合国大会一般性辩论中发表重要讲话宣布，中国将提高国家自主贡献力度，采取更加有力的政策和措施，二氧化碳排放力争于 2030 年前达到峰值，努力争取 2060 年前实现碳中和。这是我国基于推动构建人类命运共同体的责任担当和实现可持续发展的内在要求作出的重大战略决策，将为维护全球生态安全作出重要贡献。2021 年 9 月，中共中央、国务院印发《关于完整准确全面贯彻新发展理念做好碳达峰碳中和工作的意见》，提出大力"提升城乡建设绿色低碳发展质量"，严控高能耗建筑，加快推进绿色社区建设，对碳达峰碳中和这项重大工作进行了系统谋划和总体部署，进一步明确了总体目标，提出了主要目标，部署了重大举措和实施路径。

3.2 数据驱动的 AI 智能规划平台

基于对绿色低碳规划的长期研究，由吴志强院士担任项目负责人的"十三五"国家重点研发计划"城市新区规划设计优化技术"项目组研发了数据驱动的 AI 智能绿色规划平台。

智能规划平台基于在线载体进行三维可视化规划设计，利用现有地图、卫星地图，结合实际数据对绿色关键要素进行平衡诊断，统筹安排城市发展空间布局，辅助合理有序地推进生产生活环境建设、交通绿化建设（图 1～图 2）。

智能规划平台在内部设计架构上，与城市大数据库密切联动，由线上用户提供数据，传输给后台数据库进行模型计算，结果反馈到前端及用户，形成数据循环通路。智能规划平台主要包含数据感知监测、规律识别挖掘、要素平衡优化三个逻辑层次。

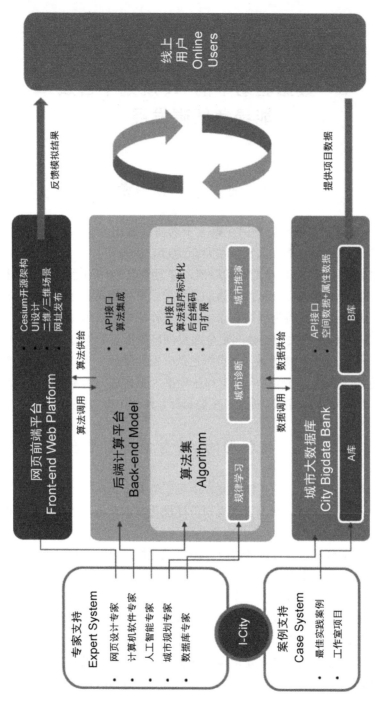

图 1 平台系统设计架构

线上
用户
Online
Users

反馈模拟结果

提供项目数据

网页前端平台
Front-end Web Platform

- Cesium开源架构
- UI设计
- 二维/三维场景
- 网址发布

算法供给

算法调用

后端计算平台
Back-end Model

- API接口
- 算法集成

算法集
Algorithm

- API接口
- 算法程序标准化
- 后台编码
- 可扩展

城市推演

城市诊断

规律学习

数据供给

数据调用

城市大数据库
City Bigdata Bank

- API接口
- 空间数据+属性数据

B库

A库

专家支持
Expert System

- 网页设计专家
- 计算机软件专家
- 人工智能专家
- 城市规划专家
- 数据库专家

I-City

案例支持
Case System

- 最佳实践案例
- 工作室项目

22

上传

模型上传
- 彩图jpg
- Shapefile（二维）、Geoison（分层）
- 传简单/复杂模型
- 格式支持ob（3DMax中间文件）
- 支持上传地形材料等复杂内容

数据上传
- 计算所需数据

模型下载
- 模型下载权限设置
- 允许下载的数量和权限需要进行设置

模型管理
- 下载时间
- 文件夹管理
- 可删除
- 可分享

评价

合规检验
- 国标规范
- 上位规划
- 土地适宜性评价

绿色程度评估
- 外部轮廓紧凑度计算
- 布局分散系数s
- 城市绿地系统连接度
- 强度结构和公交走廊契合度

指标预测
- 能耗模拟
- 水耗模拟
- 碳排放模拟
- 预判断区方案的未来影响

呈现

设计方案
- 在地图底图上呈现基本方案

地理信息
- 基本指标数据的呈现（参考CIM）

规划指标
- 绿色指标总体评价的评分
- 绿色指标总体评价，不同维度
- 绿色指标总体评价，雷达图

反馈

CIM数据
- 数据面板

绿色程度评估数据
- 时间拆解
- 空间拆解
- 类型拆解

绿色指标总体评价
- 雷达图+简单的报告

对比
- 新区比较
- 分区比较
- 地块比较
- 方案比较

图 2 智能规划设计辅助平台系统模块

3.2.1　数据感知监测

智能规划平台突破规划大数据智能化应用的关键技术难点，实现可复制并具有推广价值的绿色城市大数据监测与评价系统（图3）。基于"感知—数据—计算—规律—应用"，交互集成技术，实时动态监测绿色城市的生命体征，并且辅助提升规划与设计的科学化、理性化、智慧化。

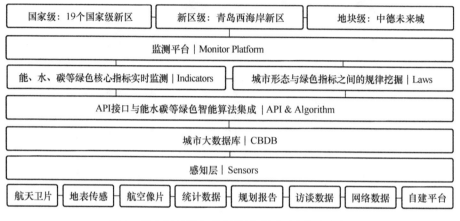

图3　城市新区绿色规划设计监测平台技术框架

智能规划平台的数据感知模块基于航天卫片、地表传感、航空像片、统计数据、规划报告、访谈数据、网络数据、自建平台共八大数据来源获取城市大数据，完成基于流式处理与批处理的数据预计算和计算任务，为多源异构的基础信息库的数据抽取、转换、汇集和预处理等奠定自动化基础。重点关注能、水和碳三个关键要素的历史与现状的数据，融合多源异构数据，汇入动态监测计算过程与结果数据，形成监测平台数据库群基底。

3.2.2　规律识别挖掘

城市的发展过程是有规律可循的。针对城市发展规律的研究是规划方案模拟推演的前提，只有掌握发展规律，才能够对城市发展的趋势、路径及未来可能面对的问题进行推演和预测。城市发展规律的挖掘是基于全球城市影像智能识别和诊断技术来完成的。

全球城市影像智能识别和诊断技术是一项基于卫星遥感图片，用人工智能图像识别的方式，寻找城市建成区范围，总结城市发展规律的技术。吴志强院士团队完成研制的"城市树"技术，通过 $30m \times 30m$ 精度网格，在 40 年时间跨度内对全世界所有城市的卫片进行智能动态识别，如影像识别，建构了"城市树"。在此基础上建立世界城市演进数据库，基于卫星遥感图片，用人工智能图像识别的方式寻找城市建成区范围，总结城市发展规律。

吴志强院士团队已高速完成了精确到 $1km^2$ 以上的 13861 个全球城市的描绘。这项技术对于城市的研究具有重要价值，通过对已绘制的"城市树"的曲线边缘进行统计，归纳出七大类城市发展的类型：萌芽型城市、佝偻型城市、成长型城市、膨胀型城市、成熟型城市、城市群型城市、衰落型城市。除判断城市增长类型和观察城市增长趋势之外，在城市规划研究中运用人工智能的技术可以更快速、准确地观察城市产生、发育、生长、成熟的规律。

在"城市树"的基础上，研究团队对城市范围内的空间增长过程进行专门研究，突破传统城市研究中对于城市空间形态的量化和测度仅仅基于静态的物理指标，如容积率、建筑密度、路网密度、用地性质等，无法反映出城市空间实际被使用的状态的重大问题，构建基于城市"流"数据的规律模型，进而真实反映城市空间的实际运行和形态特征，如道路的车流数据比红线宽度、车道数量更能反映一条道路的重要程度；根据城市人流集聚的情况可以比根据容积率更精准地找出城市中使用强度最高的地段；商家入驻、更替和顾客消费量比商场规模更能体现商业中心的能级等。依托城市规律模型作为智能规划模拟推演应用的核心。在城市大数据库（CBDB）支撑下，通过规律模型对由移动网络、互联网、GPS、RFID 等泛在网所产生的海量历史数据进行挖掘分析，完成对于数据的相关关系的有效挖掘，揭示城市中间未来人类活动和事件发生的潜在规律。

3.2.3 关键要素诊断优化

AI 规划平台的诊断模块能够智能识别绿色城市规划设计阶段对碳平衡、水平衡、能平衡产生影响的各类因素，确定评价重点，并根据碳中和目标，结合现状调查与评价的结果，以及确定的评价重点，建立评价的指标体系。

模块的核心功能，包括能、水、碳三大自然要素的平衡计算，实现在制定设计方案的过程中就可以动态评估方案影响，进而通过人机互馈协同的形式对设计方案的优化提供智能支撑。

（1）碳平衡评价

探索城市规划与城市建设的碳排及碳汇核算，通过量化相关用地范围内碳排和碳汇，判断规划设计方案在未来建成实施后的碳中和能力（图4）。

图4　碳平衡计算界面

（2）水平衡评价

在水平衡向度上寻求优化规划方案，建立规划方案的供水与耗水评估模型，构建水平衡规划方案测评模型，以达到总体最优的水平衡目标（图5）。

图5　水平衡计算界面

（3）能平衡评价

在能平衡向度上进行规划设计方案的评价、反馈和优化，建立相应的供能与耗能评估模型，辅助规划方案中主要决策的合理选取，以生成能平衡的优化规划设计方案（图 6）。

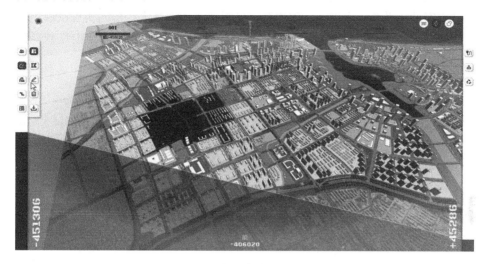

图 6　能平衡计算界面

3.3　智能平台赋能绿色规划提升

智能规划平台在以下几个方面科学高效地赋能提升了城乡建设的绿色低碳规划设计。

（1）智能规划平台将"双碳"目标落实到了碳排和碳汇双向精准定量。数据驱动的量化技术逻辑保证了碳中和建设的科学性和准确性。

（2）智能规划平台将"双碳"的全国目标分解到了各个城市、各个具体地块，监测监控精准到以 $1km^2$ 为网格的国土空间。

（3）智能规划平台对碳排放的历史规律进行了跟踪，对自 2010 年至今所有城市的每平方公里城市空间内碳排和碳汇的变化进行了深度学习，识别到碳排是有规律的，碳排下降和碳中和的时间节点也是有规律可循的。

（4）智能规划平台模拟了未来建设方案所造成的碳排和碳汇的影响，不仅对历史有跟踪、对现状有评价，更重要的是对未来的碳排和碳汇能力有预期。

（5）智能规划平台量化规范了未来规划设计方案中减碳措施的各项手段、方法对于碳中和的贡献，并对方案进行即时评价和调整，对于提升未来方案的碳平衡质量作出了巨大的贡献。

　　数据驱动的 AI 智能规划平台联动三维模型与绿色发展关键指标，能够在城市规划设计过程中根据形态布局、政策引导、技术选型等干预手段动态计算设计方案的能平衡、水平衡、碳中和的结果，进而通过人机协同实现以绿色发展为导向的城市资源优化配置，依托 AI 技术手段，更加高效地严控高能耗建筑，助力绿色社区建设。

　　作者：吴志强[1]　张磊[1]　鲁斐栋[1]　甘惟[1]　刘岩[2]　汪滋淞[3]　何珍[4]　邹怡轩[4]　赵紫辰[3]　刘治宇[3]（1. 同济大学建筑与城市规划学院；2. 同济大学软件学院；3. 同济大学设计创意学院；4. 上海同济城市规划设计研究院有限公司）

4 绿色低碳建筑材料的发展

4.1 引　　言

　　绿色低碳是建筑材料行业实现碳达峰、碳中和战略目标的必由之路。建筑材料是国民经济重要的基础性材料，我国是全球最大的建筑材料生产和消费国。建筑材料生产消耗大量的资源、能源，同时产生大量的碳排放。根据中国建筑材料联合会公布数据，以水泥、混凝土、墙体材料等为代表的我国建筑材料行业能源消费总量约占全国能源消费总量的7%，生产过程中的二氧化碳排放位居全国工业领域首位，是我国实现碳达峰、碳中和目标的重点行业。2021年1月16日中国建筑材料联合会率先向全行业提出倡议，建筑材料行业要在2025年前全面实现碳达峰，水泥等行业要在2023年前率先实现碳达峰。

　　针对上述建筑材料的碳减排目标，亟需创新绿色低碳技术，探索建筑材料的碳捕集与碳贮存及利用等技术，研发水泥、混凝土及墙体材料的低碳技术及进行工艺优化。同时，发挥建筑材料在固体废弃物循环再生方面优势，加大工业副产品在建筑材料领域的循环利用率和高效再生，实现资源的替代和节约，降低温室气体排放。最终，借助绿色低碳技术积极推进建筑材料的碳达峰、碳中和。

　　结合上述建筑材料的绿色低碳目标，本文将聚焦胶凝材料、混凝土与水泥制品和墙体材料，分别介绍绿色低碳技术在上述建筑材料领域的发展与应用现状，并对未来绿色低碳建筑材料技术进行展望。

4.2 胶凝材料

　　目前，胶凝材料绿色低碳化的主要途径包括：提升硅酸盐水泥熟料的利用效率、开发新型水泥与固碳胶凝材料。

4.2.1 LC3 水泥

石灰石煅烧黏土水泥（Limestone Calcined Clay Cement，LC3），是在原有的硅酸盐水泥熟料中添加石灰石粉和煅烧黏土的新型低碳混合型硅酸盐水泥，于 2013 年由瑞士洛桑联邦理工学院（EPFL）与古巴和印度的合作伙伴共同提出。LC3 水泥通过煅烧黏土火山灰反应和石灰石-黏土的相互作用增强胶凝材料的性能，水泥熟料替代率可高达 50%。由于黏土的煅烧温度（700～850℃）低于水泥熟料，LC3 水泥生产可减少高达 30% 的二氧化碳排放和水泥熟料生产中 15%～20% 的能耗。LC3 水泥的性能与其替代水泥熟料的总比例及原材料品质密切相关，由于煅烧黏土资源丰富且品质较高，古巴和印度已建立了多条生产线并实现了 LC3 水泥在瑞士驻印度新德里大使馆等建筑中的应用。对于 LC3 水泥的研究，我国结合本地高岭土尾矿处理需求，采用悬浮煅烧工艺制备煅烧偏高岭土，以此制备了 C40 LC3 水泥混凝土，并成功在江苏省淮安市地板混凝土项目中进行了应用。作为一种新型低碳水泥，LC3 水泥还处于发展阶段，其在应用过程中的工作性能调控与耐久性能研究还有待进一步发展。

4.2.2 硫铝酸盐水泥

硫铝酸盐水泥熟料是以一定掺量的石灰石、石膏和矾土作为原材料，经过低温煅烧（1300～1350℃）而成，其主要矿物组成为无水硫铝酸钙（C_4A_3S）、硅酸二钙（C_2S）和铁铝酸四钙（C_4AF），具有早期强度高的典型特点。相比硅酸盐水泥熟料，硫铝酸盐水泥具有更低的烧成温度以及更少的石灰石消耗量，同时兼具早强、快硬、低碱度和耐蚀抗冻等优点，使得其在绿色低碳方面有较好的发展前景。目前我国硫铝酸盐水泥常用于各类应急维修项目、保温材料、隔墙板和外部装饰构件等领域。由于传统硫铝酸盐水泥生产成本略高于硅酸盐水泥熟料，同时存在着后期强度不稳定甚至倒缩等现象，在一定程度上限制了硫铝酸盐水泥的推广与应用。尽管如此，未来硫铝酸盐水泥将在抢修抢建、冬期施工、海洋工程、地下工程等领域具有发展前景。

4.2.3 碱激发胶凝材料

碱激发胶凝材料是指具有火山灰活性或潜在水硬性的硅酸盐固体原材料（矿渣、粉煤灰、高岭石等）与碱性激发剂反应生成的一种胶凝材料。碱激发胶凝材料的原材料几乎不采用水泥熟料而全部利用工业废渣,通过碱性激发剂的作用实现快速凝结与较高的早期强度,大大降低了水泥熟料的用量,同时实现工业废渣的资源化利用,满足水泥工业绿色、低碳的发展要求。其原材料品种逐渐由矿渣和烧黏土不断扩展到钢渣、粉煤灰、磷渣、赤泥、尾矿等铝硅酸盐类工业废渣,根据含钙量可以分为高钙碱激发系列和低钙碱激发系列。目前高钙体系的反应产物主要包括水化硅铝酸钙和低钙硅比的水化硅酸钙与水滑石等;而低钙体系反应产物为碱性铝硅酸盐与沸石等。国外较早开始对碱激发胶凝材料的研究,在乌克兰、俄罗斯等国家均实现了工程应用。尽管如此,碱激发胶凝材料仍然有一些问题亟需解决:碱激发胶凝材料本身的收缩要远高于硅酸盐水泥,易导致混凝土收缩开裂;碱激发胶凝材料同时面临碳化等耐久性问题。

4.2.4 高贝利特水泥

高贝利特水泥是以贝利特矿物(C_2S)为主要矿物组成的水泥。由于高贝利特水泥中铝酸三钙(C_3A)含量低于硅酸盐水泥,所以高贝利特水泥放热量较低。与中热硅酸盐水泥相比,其各龄期的水化热均低 15% 左右。此外,高贝利特水泥的煅烧温度比硅酸盐水泥降低了 $100\sim200℃$,导致高贝利特水泥在生产过程中的二氧化碳排放量降低了 10%~15%。近年来,高贝利特水泥在我国已应用于三峡大坝、溪洛渡等水电工程。然而,由于高贝利特水泥早期水化速率较慢,难以达到工程对水泥早期高强的要求,国内外学者通过化学掺杂、低温超细合成和快速冷却的方法获得高活性的贝利特矿物,以此提高早期强度。未来高贝利特水泥仍需加快研究高效的活化技术,以扩大其应用范围。

4.2.5 碳化硅酸钙水泥

碳化硅酸钙水泥(Carbonation Calcium Silicate Cement,CCSC),是指在水分存在的条件下,利用高浓度二氧化碳与低活性矿物发生矿化反应,获得具有一定强度的水化产物。早在 20 世纪 70 年代就有学者探索了 CS(硅灰石/假硅灰石)、C_3S_2(硅钙石)和 $\gamma\text{-}C_2S$ 等无水化活性硅酸钙矿物在高浓度二氧化碳的环境中,会快速生产碳酸钙和硅胶等产物,其化学反应式如下:

$$CaO \cdot SiO_2 + CO_2 \xrightarrow{H_2O} CaCO_3 + SiO_2$$

$$3CaO \cdot 2SiO_2 + 3CO_2 \xrightarrow{H_2O} 3CaCO_3 + 2SiO_2$$

$$2CaO \cdot SiO_2 + 2CO_2 \xrightarrow{H_2O} 2CaCO_3 + SiO_2$$

CCSC 作为一种可以快速硬化的新型低碳胶凝材料，可以用于预制混凝土构件和 3D 打印建筑。此外，由于其碳化产物具有胶结能力及致密结构的特性，可作为混凝土的耐久性改性剂。目前，法国的拉法基豪瑞公司已实现了以 CS 和 C_3S_2 为主要成分的 CCSC 的试生产，而 $\gamma\text{-}C_2S$ 的碳矿化胶凝材料仍处于实验室研究阶段。高纯的 CCSC 生产成本较高，但是一些工业固体废弃物（如钢渣、电炉渣）的主要成分中也含有 $\gamma\text{-}C_2S$，因此协同处理固体废弃物也是 CCSC 生产的重要方向。目前，对于碳矿化胶凝材料的碳化机理、碳化产物晶型种类等尚未有统一认识，其碳化活性还有待进一步提升。此外，探索更适合、更节能的碳化养护工艺以及可碳矿化材料，也将是其未来实现产业化的研究重点，可以为实现建筑材料的高耐久、长寿命与低碳减排发挥积极作用。

4.3 混凝土与水泥制品

混凝土与水泥制品广泛应用于基础设施建设，其绿色低碳技术主要包括服役性能提升实现寿命延长，工业副产品的循环利用与再生，传统高能耗生产工艺的变革，二氧化碳捕获、利用与封存。

4.3.1 长寿命混凝土

就混凝土与水泥制品的碳排放而言，从收缩控制与耐久性提升两个方面提高混凝土服役性能，将有助于大幅度延长建筑物服役寿命，最终将实现建筑物的绿色低碳。

混凝土收缩裂缝控制主要从设计、材料、施工等方面采取措施。其中，从混凝土材料自身性能改善的角度减小各种收缩变形，是降低混凝土收缩开裂的经济有效且较为方便的途径。减少混凝土收缩变形的材料措施包括合理选择原材料、优化配合比并使用功能性抗裂材料等。除传统的硫铝酸钙、硫铝酸钙-氧化钙膨胀剂等功能性抗裂材料以外，近年来水化热调控材料、钙镁复合膨胀材料、减缩减水共聚物材料、内养护材料等功能材料的研究及应用正日益受到重视，根据实际工程的开裂诱因及抗裂性需求，通过合理选用抗裂性功能材料的种类和用量，可以定向、高效降低混凝土不同类型的收缩，从而实现混凝土抗裂性的提升。

在耐久性提升技术方面，主要涉及混凝土传输抑制技术与钢筋阻锈技术。近年来，侵蚀介质传输抑制材料已在海洋工程中规模化应用，通过增加混凝土的疏水性和提高其致密性，有效抑制侵蚀介质的渗入。该技术可以使混凝土吸水率与氯离子电迁移系数降低超过50%。有机分子阻锈是钢筋阻锈技术的发展方向，通过有机分子中氮、氧、硫等杂原子，芳环或多重键吸附到钢筋表面，使其与有害离子隔离，从而可以减缓钢筋锈蚀速率，是有效防止或延缓混凝土中钢筋腐蚀的高性价比技术。

4.3.2 大掺量矿物掺合料混凝土

大掺量矿物掺合料混凝土中含有较高比例的粉煤灰、硅灰、磨细矿渣等矿物掺合料。随着矿物掺合料的掺加比例增加，混凝土中每立方米水泥用量就可相应减少，从而减少水泥生产的二氧化碳排放。矿物掺合料通过发挥自身火山灰效应和形态效应，改善拌合物工作性能、降低混凝土内部温升、增加混凝土后期强度、提高混凝土耐久性，已在我国工程中得到广泛应用。港珠澳大桥的沉管、承台、墩身等结构均采用大掺量优质矿物掺合料配制的海工混凝土，实现28d最大氯离子扩散系数小于$6.5 \times 10^{-12}\,\mathrm{m^2/s}$。尽管如此，由于矿物掺合料对混凝土早期抗压强度贡献较少，因此大掺量矿物掺合料混凝土需要延长保湿养护时间，促进强度发展。此外，矿物掺合料的大量使用会消耗水泥熟料水化产生的氢氧化钙，降低硬化水泥浆体碱度，导致混凝土早期碳化加剧。

4.3.3 建筑垃圾再生混凝土

建筑垃圾再生混凝土是指利用废弃混凝土加工的再生骨料配制成的混凝土，可部分或全部代替天然砂石骨料。再生混凝土不仅能够缓解废弃混凝土以往堆填造成的环境污染问题，还能减少混凝土原材料天然资源的开采，实现混凝土的绿色低碳化。由于再生骨料表面附着硬化水泥砂浆以及存在破碎过程中产生的大量微裂缝，其性能劣于天然骨料，会对混凝土的工作性能、力学性能、耐久性能及体积稳定性产生不良影响。通过砂浆剥离、表面强化的方式可有效提升再生粗骨料性能，采用多组分的配合比设计及多步搅拌等措施可优化再生混凝土界面过渡区，从而实现再生混凝土性能的提升。目前，再生混凝土已成功应用于路面基础或简单非承重结构项目。再生细骨料和再生粉体由于成分复杂且波动性大，质量难以控制，对再生混凝土的性能影响较大，目前规模化应用较少。

4.3.4 免蒸养混凝土制品

传统混凝土制品生产需要借助蒸汽养护方式提高早期强度，导致生产能耗高且排放大量温室气体，不符合当前绿色低碳的发展需求。因此，采用促进水泥早期水化的化学功能外加剂，在常温常压下获得较高早期强度的免蒸养技术受到关注。目前，免蒸养混凝土制品已成功应用于京雄城际铁路、南京地铁、无锡地铁等国内重点工程。以京雄城际铁路为例，首次将装配式一体化技术应用到铁路工程上，采用免蒸养技术在 25℃ 条件下制备的预制构件 16h 强度超过 45MPa，相比于传统蒸汽养护技术实现养护能耗降低 95% 以上。近年来，各种纳米材料也逐渐作为早强型化学功能外加剂应用于免蒸养混凝土制品生产。纳米材料作用机制主要体现在两方面：一是尺寸效应、填充效应和表面活性效应等物理作用，提供水化反应需要的成核位点；二是与水泥矿物发生化学反应，主要是纳米二氧化硅、纳米碳酸钙。最新发现的纳米 C-S-H 与水泥水化生成的 C-S-H 结构类似，相比于其他传统早强材料，其加速水化的性能更为优越。

4.3.5 二氧化碳养护混凝土及制品

在混凝土材料预养护阶段，采用高浓度二氧化碳与混凝土中部分凝胶成分发生矿化反应，促使混凝土快速养护与强度发展。早在 20 世纪 70 年代，相关研究发现，混凝土中未水化硅酸钙（C_3S 或 C_2S）及部分水化产物［$Ca(OH)_2$、C-S-H 等］在高浓度二氧化碳环境中快速反应消耗二氧化碳、生成碳酸钙等产物、促使强度快速增长，并逐渐明确水泥基胶凝材料水胶比、二氧化碳压力、浓度、温度、养护时间等因素的影响规律。近十年来，二氧化碳养护混凝土技术逐渐被视为最具潜力的一种可规模化工业应用的二氧化碳利用技术，可应用于混凝土预制件（砌块、板材、管道与桩等）以及预拌混凝土与再生混凝土等。针对混凝土制品，一般采用气固矿化养护工艺，混凝土制品成型并预养护后送入反应釜，抽真空后注入二氧化碳进行养护，在较短时间可达到特定力学性能，并永久封存部分二氧化碳；然而随着养护时间增长，养护反应生成物堆积在反应物表面形成阻碍层，致使养护效率降低。在预拌混凝土领域，Carboncure 公司研发了一种可商业化应用的预混搅拌二氧化碳养护工艺，将二氧化碳注入搅拌车内混凝土中，可保证在相同工作性与力学强度的前提下降低 5%～8% 的水泥用量，进而实现每立方米混凝土减少 4.6% 的二氧化碳排放量。但二氧化碳养护混凝土在实际使用中的结构稳定性与耐久性能有待进一步研究，同时需要积极推进相应的高效生产工艺开发与装置研发。

4.4 墙 体 材 料

墙体材料是建筑围护结构的重要组成部分，是提高建筑质量和改善建筑功能的重要组成。墙体材料要实现节能低碳，既要降低生产能耗，同时需提高产品节能保温性能，降低建筑物使用能耗。在国家系列产业政策的推动下，墙体材料发展方向在于绿色化、高性能化和多元化。

4.4.1 发泡混凝土保温砌块

发泡混凝土又名泡沫混凝土，是将化学发泡剂或物理发泡剂发泡后加入到胶凝材料、掺合料、改性剂等制成的料浆中，经混合搅拌、浇筑成型、养护所形成的一种含有大量封闭气孔的轻质保温材料。发泡混凝土的历史可以追溯到20世纪20年代早期的蒸压加气混凝土的生产。在20世纪70年代末和80年代初，发泡混凝土在建筑工程中逐渐实现了广泛的商业化应用。发泡混凝土保温砌块是一种典型的水泥基多孔材料，其表现出了良好的保温隔热、阻燃防火、吸能缓冲的特性。通常发泡混凝土的密度为$120\sim1200\mathrm{kg/m^3}$，其密度仅相当于普通混凝土的$1/20\sim1/2$。发泡混凝土砌块的使用可降低建筑的自重，减少水泥用量，具有明显的经济效益。同时，其内部充满大量封闭、均匀、细小的圆形孔隙，因此具有良好的保温隔热性能。通常密度在$120\sim1200\mathrm{kg/m^3}$的发泡混凝土保温砌块，其导热系数在$0.05\sim0.3\mathrm{W/(m \cdot K)}$之间，采用其作为墙体具有良好的节能效果。泡沫的稳定性差一直是制约发泡混凝土性能的重要因素，近年来随着新型起泡剂的发展，发泡工艺和设备的改进，生产发泡混凝土用的泡沫的稳定性获得极大提升，发泡混凝土密度甚至可低至$75\mathrm{kg/m^3}$，有望取代传统的有机类墙体保温材料。

4.4.2 保温砌筑砂浆

保温砌筑砂浆是一种既能满足砌体砌筑砂浆强度等级的要求，又兼具保温功能的预拌干粉砂浆。该砂浆主要成分包括保温骨料、胶凝材料和外加剂三种。其中骨料主要起到支撑与保温隔热作用，多选用一些自身导热系数较低的轻骨料，如浮石、粉煤灰陶粒、膨胀珍珠岩、珍珠岩陶砂、页岩陶粒等。胶凝材料可分为无机胶凝材料和有机胶凝材料。无机胶凝材料主要为水泥，同时可采用硅灰、矿渣等掺合料取代部分水泥来提高保温砌筑砂浆的力学性能。有机胶凝材料主要为聚合物乳液，用来提高保温砌筑砂浆性能。早在 1965 年德国 Rhodius 公司就获得了"保温砂浆"发明专利授权。保温砂浆材料保温系统蓄热性能远大于有机保温材料，可用于南方的夏季隔热。在足够厚度的施工情况下其导热系数可以达到 0.07W/（m·K）以下，可使建筑节能率达到 65%，同时可实现建筑保温层与建筑主体同寿命。

4.4.3 气凝胶

气凝胶通常是指以纳米级颗粒相互聚集形成纳米多孔结构，并在纳米孔洞中充满气态分散介质的三维多孔轻质固体材料。气凝胶的制备主要包括前驱体合成和干燥两个阶段，其中干燥是制备中最为关键的一个阶段，当前，气凝胶材料的干燥手段主要包括超临界干燥、冷冻干燥和常压干燥三种方式。1931年，美国科学家 Samuel Stephens Kistler 首次制备出了这种新材料，命名为"Aerogel"，即气凝胶。气凝胶密度极低，是世界上最轻的固体。目前，气凝胶密度可低至 0.1mg/cm³，仅为空气密度的 1/10（图 1），导热系数低至 0.02 W/（m·K）。

图 1　超轻质气凝胶

气凝胶材料热导率低，透光性好，可加工性能强，是一种新型的高性能节能建筑保温材料。目前气凝胶材料在建筑领域的应用方式有气凝胶玻璃、气凝胶一体板和气凝胶砂浆混凝土等。研究表明，按水泥质量的 2% 添加气凝胶粉体时，砂浆导热系数降低幅度高达 75%。基于仿生理念设计气凝胶也成为当前国内外研究的热点，用于设计仿生木材定向孔结构的水泥基气凝胶材料导热系数可达 0.02W/（m·K），低于空气的导热系数，密度小于 50kg/m³（图2）。由于气凝胶具有防火、防水、轻质、吸声、隔热等一系列优异的性能，其有望成为适用于建筑材料绿色低碳化的核心技术之一。

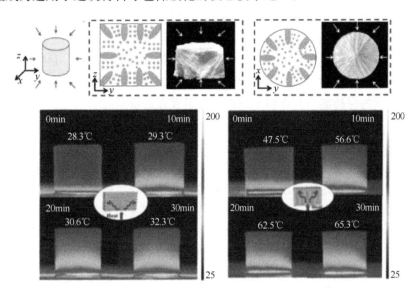

图 2　仿生水泥基气凝胶材料设计理念与隔热性能

4.4.4　真空绝热板

真空绝热板是由内部的填充芯材与外部的真空保护表层复合而成的新型保温隔热材料。如图 3 所示，芯材内部抽成真空，可以有效地降低空气对流引发

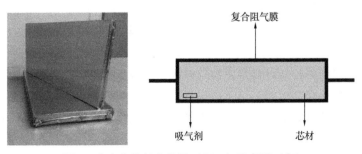

图 3　真空绝热板实物图（左）与示意图（右）

的热传递，进而大幅度降低板材的导热系数，其导热系数仅为传统保温材料导热系数的 1/5～1/10。1893 年，苏格兰物理学家和化学家 James Dewar 提出了真空绝缘的基本概念并制备了最早的真空绝热材料。20 世纪 50 年代，真空绝热板的原型出现在国外市场，即真空粉末绝热材料。经过此后数十年的发展，目前真空绝热板的生产和应用已经比较成熟。

同其他材料相比，真空绝热板具有极低的导热系数[小于 $0.008W/(m \cdot K)$]，在满足相同保温技术要求时，具有保温层厚度薄、体积小、质量轻的优点，适用于绿色低碳建筑，有较大的技术经济和节能环保意义。目前，真空绝热板的使用寿命测试大多是在实验室进行，在建筑上应用时的寿命尚未得到验证，真空度的保持能力存在技术挑战，并且存在造价偏高的问题。

4.4.5 相变储能复合材料

相变储能复合材料是指能够从环境中吸收热量或将热量释放到环境中改变物理状态并保持恒定的温度，从而实现储存能量和释放能量的功能材料，具有生产设备简单、体积小、相变温度灵活等优点。相变即为物质从一种状态转变到另一种状态的过程。根据相变材料在相变过程中的形态差异，可以分为固液相变材料、固气相变材料、固固相变材料。当前国内研究较多的是固固相变材料和固液相变材料。具体选择的材料也被分为三类：有机类相变材料、无机类相变材料和复合相变材料。无机水合盐、石蜡以及脂肪酸是最常使用的相变材料。

目前，相变储能材料在建筑材料方面的研究与应用，主要是将相变材料引入混凝土、石膏板、砂浆等传统建筑材料。与普通混凝土建筑相比，使用相变材料的混凝土能够明显地改善建筑物的蓄热能力，通过控制建筑物的供暖实现节能。研究表明，将相变混凝土砌块应用于建筑外墙中，可使房间节约电能 45.3%。

4.5 结 语 与 展 望

（1）发展低碳胶凝材料是建筑材料的重要减排技术方向，但受制于原材料来源单一、价格高、性能不足、应用技术欠缺等问题，未来建筑材料应致力于从全生命周期核算碳足迹角度去考虑低碳技术途径，发展低碳排放、固碳的胶凝材料及其生产工艺，从提高基础理论、生产技术及应用水平等全方位实现胶凝材料的绿色低碳。

（2）目前，我国基础设施仍处于建设高峰期，混凝土与水泥制品的绿色低碳关键在于提升长期服役性能，保障结构服役寿命，避免耐久性提前破坏导致基础设施修复与重建的大量建筑材料消耗。同时，在加强工业固体废弃物循环再生与利用，二氧化碳捕获、利用与封存技术探索时，既要着重废弃物利用水平与二氧化碳减排量的提升，也要关注该技术制备混凝土的长期耐久性，避免顾此失彼导致更大的碳排放。

（3）绿色节能、安全环保、高性能和多功能化是墙体材料未来发展的方向。随着纳米和仿生等先进材料科学技术的发展，兼具轻质、高强、吸声、保温隔热、节能环保等诸多优异性能成为未来墙体材料发展的方向。

作者： 缪昌文[1,2]　穆松[2]　余伟[1]（1. 东南大学材料科学与工程学院；2. 江苏省建筑科学研究院有限公司高性能土木工程材料国家重点实验室）

5 建设领域"双碳"实践的若干认知

2021年下半年，中央政府对"双碳"工作、绿色发展连发三个文件，即《中共中央 国务院关于完整正确全面贯彻新发展理念做好碳达峰碳中和工作的意见》《关于推动城乡建设绿色发展的意见》和《2030年前碳达峰行动方案》强度之大、密度之高是罕见的，充分显示了伟大的战略、坚定的理念、必胜的雄心。

这三个文件分别简称《工作意见》《发展意见》《行动方案》，其中尤以《工作意见》为重中之重，文件分13个部分37个条款，详尽地表达了国家的方针政策，涉及建设领域的内容丰富、全面、科学，是每个工程技术人员必读之文件。每个工程技术人员务必认真学习，深刻领会，积极贯彻到工作、生活的方方面面，把我国建设成一个现代化文明的可持续发展的强国。

笔者就初步阅读后的体会，谈实践中的若干认知。

5.1 碳排放的表达方式与计算时间

十几年前，业内已对碳排放的三种表达方式达成共识，即人均排放、单位GDP排放、单位地域面积排放（每平方公里地域的碳排放量），以至于迄今仍有人使用上述表达方式，如香港地区认为城市已实现碳达峰，近几年碳排放一直维持在4000~4500万t二氧化碳当量，发电产生了最大的碳排放量，约占总排放量的70%，香港地区打算逐步利用更多的天然气发电替代部分煤电发电，其公布的人均碳排放量为2014年6.2t/人，2020年小于4.5t/人，2030年3.3~3.8t/人。

因为当今国际国内人口流动的情况非常突出，故计算人均碳排放时，对消耗的能源与产生的碳排放可以做到基本把握，但总人数的量难以正确估算，因此不太适用。地域面积与人口总量同样难以正确估算，各地区各城市均由平原、山地、水域等组成，各种地形所占面积又不一样，若以每平方公里的排放量对比，会发生较大的差异，不具备可比性，故很少有人应用。国家、地区、城市的 GDP 是世界经济发展的重要参数，联合国对其的统计方法作了许多规定，具有一定的可靠性，所以使用单位 GDP 的能耗与碳排放作为表达方式基本获得共识。中国是以 1 万元人民币的 GDP 统计其能耗与碳排放，国际上是以 1000 美元的 GDP 统计其能耗与碳排放，这样就有一定的可比性。北京市公布 2020 年万元 GDP 能耗和碳排放分别下降到 0.21t 标准煤和 0.42t 二氧化碳，为全国最优水平，上海市万元 GDP 的能耗为 0.31t 标准煤，杭州市万元 GDP 的能耗为 0.29t 标准煤。数值的大小与城市的性质有关，北京的经济主要增长点来自金融、科技等产业，具有能耗低、技术先进、附加值高等特点，它的高能耗高排放产业几年前就外迁，人口不断往雄安疏解。上海是生产型城市，与国外大都市不一样（以居住为主，碳排放主要来自建筑和交通），它的制造业发达，为国家创造较高的 GDP，当前二氧化碳年排放量 2 亿 t 左右。根据世界资源研究所的数据，其中来自工业、交通和建筑三大领域的碳排放占比分别为 45%、30% 和 25% 左右。2025 年建筑领域碳排放量控制在 4500 万 t 左右，也就是说要在保持经济增长的同时，将年碳排放量 5000 多万 t 降低 500 多万 t，压力相对较大。香港地区是消费型城市和外向型经济体，大部分物品都依靠进口，与生产及运输进口食品、物料和产品相关的碳排放所外在的，只有调控消费需求，才可减少碳排放。所以进行城市的碳达峰分析时，要与城市的性质结合起来考虑，不能以绝对值的大小来判断城市的低碳程度。

中共中央、国务院颁布的《工作意见》中，分列了 2025 年、2030 年、2060 年三个时段的主要目标。近期工作肯定是主要考虑 2025 年的主要目标。《工作意见》中写道："到 2025 年，绿色低碳循环发展的经济体系初步形成，重点行业能源利用效率大幅提升。单位国内生产总值能耗比 2020 年下降 13.5%；单位国内生产总值二氧化碳排放比 2020 年下降 18%；非化石能源消费比重达到 20% 左右；森林覆盖率达到 24.1%，森林蓄积量达到 180 亿 m^3，为实现碳达峰、碳中和奠定坚实基础。"

这个目标传递了几个重要信号，碳排放的表达方式是以单位 GDP 的能耗与碳排放来体现的，它不仅要满足量化指标，还要求 2025 年与 2020 年相比，满足减幅指标，非化石能源消费比重要达到 20%，同时明确了固碳的要求。

建设领域如何实施呢？笔者主观想象，在大范围内可以按一个城市、一个城区（园区）来分析计算，例如上海虹桥商务区核心区面积为 3.7km²，人口为 110458 人，核心区的 GDP 为 207.5 亿元，碳排放量为 60.06 万 t 二氧化碳

当量，单位面积碳排放量为 162.32kg 二氧化碳当量/m²，单位人口碳排放量
为 5.44t 二氧化碳当量/人，单位 GDP 碳排放量为 0.289t 二氧化碳当量/万
元，相当于同类商务区 2005 年的碳排放水平，减碳比达 58.35%，这是我国
绿色生态城区评审中得分率最高的一个新城新区，十几年前就考虑绿色低碳发
展，这里的人均排放、单位地域面积排放仅供参考，但其万元 GDP 的碳排放
量为 0.289t 二氧化碳当量是个相当先进的数字。在中小范围内我们可缩小到
一个建筑，甚至施工企业接到的某项目的施工任务。建造新项目大致分为基础
工程、主体结构与装修装饰机电设备安装三个阶段，基础工程采用挖土机、推
土机、打桩机、压路机，能源以油为主，后两个阶段以电为主。笔者在深圳绿
色施工示范时，曾为吊车、施工电梯、电焊机、钢筋切割机、木工电锯、泵送
混凝土、食堂、办公室、工人宿舍等安装了 17 块电表，每天的用能情况全部
进入能源监测仪，从进场第一天到竣工验收那天，将所用的油、气、煤、电全
部进行智能记录，这样根据项目的合同总额，可以推算出万元 GDP 的能耗与
碳排放，再结合工地上采用可再生能源的情况，以及主动措施（设备更新、管
理制度加严、施工工艺创新等），与 2020 年的能耗与碳排放作比较，就可评判
施工是否绿色低碳了。若在我国的中心城市和省会城市，对较大的项目都实施
类似的真正意义上的绿色建造，充分进行建造阶段的能源与碳排放的精细测
算，应该会达到国际领先水平。

建筑碳排放过去是从建材生产、运输、施工、运营、维修、拆除、废弃物
处理七个阶段全生命周期考虑的，运营时间各国基本以 40～60 年为准来考虑，
中国是以 50 年为准来考虑，所以运营的碳排放占比最大，为 80%～90%
（《中国建筑碳排放案例汇编》一书证明了此比值）。目前，国际国内高度关心
气候变化与碳排放，纷纷要求短期内做到碳达峰，我国也在联合国大会上承诺
2030 年实现碳达峰，所以原有的全生命周期（50 年）的理论已跟不上形势要
求。中央已要求以年为步长来计算汇报分析碳排放的量值问题。施工一般需要
2～3 年，在建筑 50 年的全生命周期中占比很小，未引起重视。若以年为步
长，施工的能耗强度、排放强度立即会上升到显眼的位置，当今建筑全生命周
期基本划分为建造（含建材生产、运输、施工等）与运营（含维修等）两个阶
段，各种资料数据不一，统计口径有异，笔者认为，建造阶段的碳排放占全社
会碳排放的 24%，运营阶段占 20%，应当相对靠谱，当然会随着国家建设的
基本方针调整而发生变化。

5.2 建筑设计依托的标准

《工作意见》十八款规定，大力发展节能低碳建筑。持续提高新建建筑节能标准，加快推进超低能耗、近零能耗、低碳建筑规模化发展。由于国内标准化工作的放开，各省市地区协会学会大力开展建筑标准的编制工作，形成名目众多的局面。除绿色建筑、节能建筑、被动式建筑、主动式建筑、健康建筑外，按能耗程度分类，又有超低能耗、近零能耗、零能耗三类建筑；按碳排放量分类，又有低碳建筑、零碳建筑；当然还有智能建筑、生态建筑、百年建筑，从不同角度命名的建筑名。全球找不到一个国家能像中国一样给建筑那么丰富多彩的冠名，以致常有人议论，我们到底去设计哪种建筑。针对当前的形势，《工作意见》给出的答案很明确，能耗与碳排放是建筑考虑的重中之重。

天津市的老专家在一次讨论中发言说："评上绿建三星的建筑，其能耗比非绿色建筑还高，连国外也如此。"此话的科学性且不深入展开，却暴露了工程界设计、计算、分析、评价中的一个问题。我们所作的基础分析是静态负荷下的分析，即根据 30 年的气象资料，分析室内外的温差、围护结构的传热系数、门窗的气密性、硬件设备的效率、室内工况条件的设定等，但对动态负荷缺乏分析，工作时间的变化，人员的增减，电梯使用的频率，气候的变化，物业管理是否到位，特别是人的行为，开窗还是开空调或暖气，温度设置的高低等均是无法估算的，形成了实测能耗与计算能耗的差异，这在日后的"双碳"工作中应给予高度的关注。特别是行为节能，会议中、口头上都有共识，落实到行动或量化分析，始终没见到有效的成果。在香港地区的某次论坛中，英国剑桥大学的教授指出，英国的建筑碳排放占 27%，既有建筑改造后可减少 3%，但如果抓行为节能后可减少 9%，是旧房改造的 3 倍。新加坡的处长指出，有调查报告得出行为能耗已占建筑能耗的 50%。虽没细究，但这些信息是惊人的。我国的标准已有涉及行为节能的内容，如国家标准《绿色生态城区评价标准》GB/T 51255—2017 中第 11.2.6 条规定，鼓励城区节能，有促进节能措施，评价总分值为 6 分，应按下列规则分别评分并累计：①制定管理措施，公共建筑夏季室内空调设置不低于 26℃，冬季室内空调设置不高于 20℃，评价分值为 3 分；②制定优惠措施，鼓励居民购置一级或二级节能家电，评价分值为 3 分。有研究表明，夏天温度降低 1℃，能耗增加 9%，冬天温度升高 1℃，能耗增加 12%，温度设置的行为与节能有如此大的关联，所以中央明确近五年开展碳达峰的七项重点工作之一就是绿色低碳生活，行为节能应含在绿色低碳生活中，中国城市科学研究会绿色建筑与节能专业委员会对此的工作规划之一就是对青少年开展绿色低碳科普教育。为此组织专家编写了大学、中学、小学三个层次的绿色低碳教材，分别在部分省市开展了科普教育，取得了一定效果，让青少年从小就树立绿色低碳理念，为民族的文化进步发挥一点作用。

设计启动前，面对一张白纸一片空地，估算未来建筑的能耗与碳排放当然是以软件为基础，不同的软件不同的工况条件，计算结果会有一定的差异，可作为分析对比参考的作用。中央文件既然强调了超低能耗、近零能耗、低碳建筑规模化发展，工程界应尽可能按此标准设计且评定能耗与碳排放。但需清醒地认识到，中央所指的 2030 年的碳达峰，绝对是指实际的能耗与碳排放，而不是设计分析的能耗与碳排放。

5.3 建筑节能减排的重点与具体做法

民用建筑基本分为居住建筑与公共建筑两部分。根据过去的经验，公共建筑能耗是居住建筑能耗的 5～10 倍，这引发了一个问题，建筑能耗与碳排放的技术路线如何制订。居住建筑占比较大，涉及以人为本的问题，高层居住建筑能耗又肯定大于多层、低层居住建筑，最关键的是居住人的贫富不一、行为不一，有的人家中电器齐全，所有房间灯光、空调全部打开，行为无法控制；公共建筑分为办公建筑（政府办公楼、商务办公楼、企业办公楼）、星级宾馆（高星级与中低星级）、商厦（大型、中小型）、医院建筑（不同级别）及体育馆、图书馆、博物馆、展览馆等建筑，能耗明显高于居住建筑，最重要的是公共建筑有条件安装智能设备，将其每天的能耗（分项记录中的照明、插座、空调、动力等）自动记录在案，便于向国家交出实测能耗数据，这些数据更是未来碳交易的充分依据。受到管理工作量的约束，建议针对高能耗高排放的建筑，如高星级宾馆、大型商厦、高级别医院、政府办公楼（起到示范作用）数据信息中心内强制安装能源监测装置，交出实测数据。

纽约为世界第三大碳排放城市（建筑碳排放占 69%，交通碳排放占 23%），纽约政府为节能减排，对 2.3 万 m² 以上的建筑实施配额管理，每超 1t 二氧化碳罚款 268 美元，迫使业主采取各种措施，将能耗与碳排放降下来。《工作意见》第十八款指出，大力推进城镇既有建筑和市政基础设施节能改造，提升建筑节能低碳水平,逐步开展建筑能耗限额管理,推行建筑能效测评认识,开展建筑领域低碳发展绩效评估。国内外的经验表明,配额和碳价是促进节能减排的两个杀手锏。

上海市在 2018 年对纳管企业就下达了 1.58 亿 t 的配额总量,分配方法如下:①行业基准线法,适用于发电企业、电网企业、供热企业;②历史强度法,适用于工业企业、航空港口及水运企业、自来水生产企业;③历史排放法,适用于商场、宾馆、商务办公、机场等建筑,以及产品复杂、近几年边界变化大、难以采用行业基准线法或历史强度法的工业企业。对每类核算方法均有细节规定。

碳排放权交易,归根结底还是一种带有金融性质的政策性工具。它并不鼓励企业花钱买配额完成任务,而是通过市场手段来促使企业逐步降低碳排放强度,碳排放的配额分配主要靠行政手段实施。每年根据宏观经济的发展,节能减排技术的进步以及国家应对气候变化政策的发展,对分配给各企业的碳排放配额进行调整,促使企业不断提升能源利用效率。

除了配额的约束作用,碳价的变化也是促使企业不断节能减排的一个重要因素。中国目前的碳价是 52 元人民币/t,欧盟的碳价年内已从 58 欧元/t 涨到 85 欧元/t。专家判断,我国的碳价近期会上涨。碳价与配额是推进我国节能减排的两个杀手锏。

"双碳"工作要以实际的能耗与碳排放作为交卷成果,应该引起我国工程界的高度关注,当前超低能耗、近零能耗、零能耗、近零碳、零碳的呼声很高,但几乎看不到最终实测数据的建筑分析(二层的小别墅无实用意义,不在此列)。不妨举例日本三菱电机在神奈川县镰仓市(与北京气候相近)所建的 6400m² 的办公大楼,通过结合自发电电子节能设备实现能源消耗实际为零。该大楼已获得第三方机构的零能耗"ZEB"认证,在日本尚属首例。

该办公楼为四层,楼内还设有升降梯和食堂等能耗较高的设备,维持作为办公大楼的便利性。采用自动控制空调和照明,以实现优先利用自然通风和采光,能耗较同规模的大楼消减了 63.5%;在屋顶和各层的屋檐设置了约 1200 块太阳能电池板,作为大楼的能源供应。约 260 名员工在此工作,进行约 1 年时间的验证。该楼投资成本较高,约 40 亿日元(约合人民币 2.5 亿元),即每平方米造价约 4 万元人民币。

中国建筑的节能减排一定要经得起第三方机构的检测认证,才算是真正落实了中央的"双碳"要求,相关主体才能进入碳市场进行交易。

5.4 建筑电气化在"双碳"工作中的地位

能源转型是"双碳"工作中的重要环节。能源转型既要突出清洁能源取代化石能源的工作，又要加大电能在终端能源中的比重，即加快建筑电气化、工业电气化、交通电气化。这三大产业中，建筑具有电气化的最大优势。

中国节能协会公布的几个关键数据引人深思。2018 年建筑运营碳排放占全国能源碳排放的 22%，全过程碳排放占比约 51%。直流建筑联盟指出，2060 碳中和目标下，在建筑用能需求合理增长的前提下，建筑电力系统应至少达到双 90%（即建筑电气化率 90%，建筑电力供给中非化石能源比例 90%），同时大力推进建筑节能工作，建筑碳排放量才有可能降到 5.5 亿 t 左右，基本满足《巴黎协定》2℃温控目标的要求，如果没有足够大比例的清洁能源作为终端用能，再电气化，负荷再增长也只会增碳，所以使用非化石能源是在建筑领域实现电气化非常重要的前提。

建筑本身的直接碳排放包括炊事、热水、供暖三个部分，电气化意味着这三部分通过电气化兑现（电气化率 90%），加上电力供给中非化石能源比例为 90%，这说明降碳的作用很明显。

2019 年全国非化石能源发电量 23938.9 亿 kWh，占全国发电量的比例为 32.7%。五大发电集团相继对中央表态至 2025 年实现碳达峰。建筑获得的是绿电，这就是建筑电气化的基础。

建筑电气化解决方案是"光、储、直、柔"系统，"光"指分布式光伏，未来城市有近 50 亿 m^2 的屋顶和可见光垂直表面。利用其 80% 作光伏，可满足目前建筑用电的近 40%；农村可利用屋顶 150 亿 m^2，利用其 80% 作光伏，可发电量是目前农村用电总量的 3～4 倍（据直流建筑联盟统计）。这意味着，通过与电网的柔性交互，建筑电气化不仅消纳来自电网的清洁能源电力，还能支持区域内的电力用户，如工业和公共事业。国家能源局 2021 年 6 月 20 日下发《关于报送整县（市、区）屋顶分布式光伏开发试点方案的通知》，要求党政机关、学校、医院、厂房等屋顶安装不同比例的光伏发电设备，且将过去的BAPV（附在建筑物上的光伏）系统提高为 BIPV（建材型光伏组件）。建筑电气化得有一个前提，光伏得有足够的量，如果没有足够的量，还需要电网输出很多的负荷，这样电网的压力就比较大。关于"储"，中国国内宁德时代、比亚迪企业全部锂电池储能设备的产能占全球产能的 70% 以上，近年已发展到钒电池,该电池瞬间充电,安全性高、容量大、环保性强,使用寿命是锂电池的9倍。但与美国相比,将光能储存在墙内,还是有相当的差距,下一步要充分发展分布式电储能技术,分布式储能非常重要,没有它就很难实现柔性的交互,很难与区域电网交互。"直"指建筑直流配电,我国"西电东送"工程已建10条直流输送线(建设成本低、能量损失小)、6条交流输送线,可与现有的交流配电系统共生共用。"柔"指柔性负载,消纳区域内的清洁能源发电,帮助电网实现调峰和调度,有助于提高建筑和城市的韧性。

结论:建筑降碳的要素中,电气化是决定性的!

建议各省、市、区在贯彻落实碳达峰过程中,可启动建筑电气化的示范点,对比其"光、储、直、柔"系统,总结其碳排放的量化数据,有希望让建筑走在工业与交通的前面。

中共中央、国务院关于"双碳"的《工作意见》,内容丰富、全面、科学,既有理念指导意义,又有实践行动纲领,需要反复学习、不断总结,才能跟上这急剧发展的势头,笔者只是初步粗糙地学习,写了上述心得,难免有不当之处,理解有误,望同行专家共学共议、共同提高。

作者:王有为(中国城市科学研究会绿色建筑与节能专业委员会　中国建筑科学研究院有限公司)

6 绿色建筑综合减碳效果与改进方向

6.1 背 景

"双碳"目标是我国生态文明建设和高质量可持续发展的重要战略安排，将推动全社会加速向绿色低碳转型。由于碳达峰和碳中和时间较短，各行业均面临非常大的节能减碳压力。无论采用何种划分方式，建筑部门都是社会总碳排放中不可忽视的一部分。与发达经济体相比，由于产业结构差异，我国工业部门碳排放占比相对较低，而建筑部门碳排放占比相对较高，据统计，2018年我国建筑全过程碳排放占比高达51.2%。因此，建筑部门减碳或中和的效果与进度，将对我国整体碳达峰和碳中和目标的实现产生直接影响。

从碳排放核查的角度出发，建筑碳排放计算包含了与建筑有关的建材生产及运输、建造及拆除，以及运行各阶段的碳排放量，是以与建筑有关的所有能源消耗和碳排放对象作为计算的物理边界，以建筑从设计到拆除作为计算的时间边界，体现了全生命期的概念。基于此，对于建筑碳减排的要求，自然也贯穿了建筑的全生命期，覆盖了建筑的时间和空间范围。这一要求与绿色建筑的理念完全一致，绿色建筑提倡"在建筑全寿命期内，节约资源、保护环境、减少污染，为人们提供健康、适用、高效的使用空间，最大限度地实现人与自然和谐共生"。不仅完整响应了全过程、全生命期、全范围的节能减碳要求，更将人与自然和谐共生作为发展目标，关注建筑使用者需求，在以人为本、为人服务的同时做好降碳和环境保护。在过去推广实践绿色建筑的15年中，通过施工图审查、标识评价，绿色建筑有效提高了建筑性能，并带动了绿色建材、绿色施工以及绿色运维的发展。据统计，"十一五""十二五"和"十三五"期间建筑全生命期碳排放经历了一个先稳步增长再逐步降低的过程，在近些年我国新建建筑面积保持高增长的背景下，这一变化体现了我国近些年大力推广绿色建筑政策的效果。

6.2 《绿色建筑评价标准》内容与减碳措施

国家标准《绿色建筑评价标准》GB/T 50378—2019（以下简称标准）经历了"二修三版"，节能减排一直是绿色建筑的核心价值所在。2014 版标准以"节地与室外环境、节能与能源利用、节水与水资源利用、节材与材料资源利用、室内环境质量、施工管理、运营管理"（设计评价不包括施工管理、运营管理）为一级评价指标。2019 版标准以"四节一环保"为基本约束，以"以人为本"为核心要求，将绿色建筑评价指标修订为"安全耐久、健康舒适、生活便利、资源节约、环境宜居"。相比于 2014 版，2019 版标准在进行星级评价前，设置了全装修和分级的绿色建筑技术要求，这一显著的改变大幅提高了绿色建筑的节能要求，拉平了同一星级不同区域、不同建筑类型的节能水平，使绿色建筑真正成为高效节能、舒适环保的高质量高品质建筑，为绿色建筑在城乡建设领域积极发挥综合节能减碳效果奠定了扎实的基础。

2019 版标准在第 3 章基本规定、第 5 章健康舒适、第 6 章生活便利、第 7 章资源节约、第 8 章环境宜居的控制项和评分项，以及第 9 章提高与创新的加分项中均对建筑节能减排提出了要求，具体如下。

6.2.1 基本规定

标准第 3.2.8 条对分别一星级、二星级、三星级绿色建筑的节能减排方面提出了准入条件，具体见表 1。围护结构热工性能和外窗传热系数直接影响建筑供暖空调负荷，标准分别对一星级、二星级、三星级绿色建筑的建筑能耗提出了更高的要求，并将其作为获得绿色建筑评价标识的前提条件。其中，围护结构热工性能的提升可根据外墙、屋顶、外窗、幕墙等围护结构主要部位的传热系数 K 和太阳得热系数 $SHGC$ 的提升程度，或建筑供暖空调负荷的降低程度来计算。

外窗气密性能也对建筑能耗产生直接影响，《公共建筑节能设计标准》GB 50189—2015、《严寒和寒冷地区居住建筑节能设计标准》JGJ 26—2018、《夏热冬冷地区居住建筑节能设计标准》JGJ 134—2010、《夏热冬暖地区居住建筑节能设计标准》JGJ 75—2012、《温和地区居住建筑节能设计标准》JGJ 475—2019 等国家和行业标准均对其作出了具体的规定，是必须符合的前置条件。

《绿色建筑评价标准》GB/T 50378—2019 一星级、二星级、
三星级绿色建筑对节能减排的基本要求　　　　　　　　表 1

性能要求	一星级	二星级	三星级
围护结构热工性能的提高比例，或建筑供暖空调负荷的降低比例	围护结构提高 5%，或负荷降低 5%	围护结构提高 10%，或负荷降低 10%	围护结构提高 20%，或负荷降低 15%
严寒和寒冷地区住宅建筑外窗传热系数降低比例	5%	10%	20%
外窗气密性能	符合国家现行相关节能设计标准的规定，且外窗洞口与外窗本体的结合部位应严密		

6.2.2　评价条款

（1）直接碳减排

标准第 5 章健康舒适、第 6 章生活便利、第 7 章资源节约、第 8 章环境宜居、第 9 章提高与创新章节中均设置了与建筑碳减排直接相关的条文，共计 39 条，包括控制项 17 条、评分项 19 条和加分项 3 条，各章节的分布如图 1 所示。

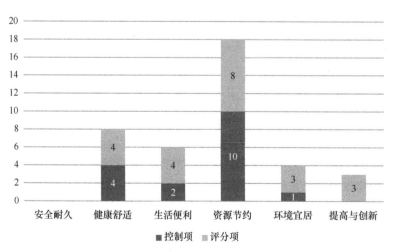

图 1　直接碳减排条文分布

以分值计算，标准中与建筑碳减排直接相关条款的总分值为 406 分（控制项每条按 10 分计算），约占评分项和创新项分值（满分为 1100 分）的

36.91%。将不同直接碳减排措施的分值从高到低排列，影响较大的依次为暖通空调（175分）、电气照明（69分）、建材（54分）、给水排水（49分）、景观绿化（26分），占评分项和创新项分值的比例分别为15.91%、6.27%、4.91%、4.45%、2.36%（图2）。其他专业合计为33分，占比3%。

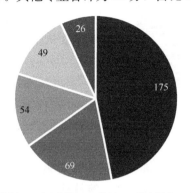

■暖通空调　■电气照明　■建材　■给水排水　■景观绿化

图2　直接碳减排条款分值

（2）间接碳减排

标准第4章安全耐久、第6章生活便利、第7章资源节约、第8章环境宜居、第9章提高与创新章节中均设置了与建筑碳减排间接相关的条文，共计24条，包括控制项8条、评分项15条和加分项1条，各章节的分布如图3所示。

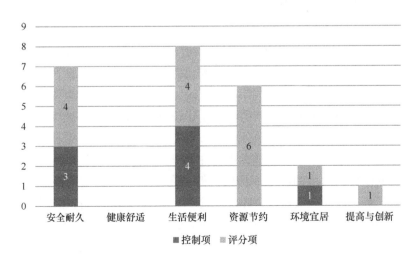

■控制项　■评分项

图3　间接碳减排条文分布

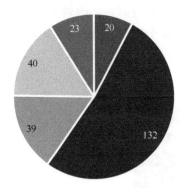

■暖通空调 ■建筑 ■建材 ■管理服务 ■给水排水

图 4　间接碳减排条款分值

以分值计算，标准中与建筑碳减排间接相关条款的总分值为 254 分（控制项每条按 10 分计算），约占评分项和创新项分值（满分为 1100 分）的 23.09％。将不同间接碳减排措施的分值从高到低排列，依次为建筑（132 分）、管理服务（40 分）、建材（39 分）、给水排水（23 分）、暖通空调（20 分），占评分项和创新项分值的比例分别为 12.00％、3.64％、3.55％、2.09％、1.82％（图 4）。

上述分析虽然从直接碳减排和间接碳减排两个方面将评价条文进行了归类，但显然并没有完整包含所有条文。笼统地讲，所有能直接降低建筑用能、减少建筑碳排放的措施都应该归为直接碳减排措施，而所有未能直接降低建筑用能，但间接减少了建筑碳排放的措施都应该归为间接碳减排措施，如使用高耐久性材料、提高建筑使用寿命等。从建筑的全生命期来看，年化碳排放量很有可能是降低的，但因为目前这种作用机制还不明确，缺少实证的研究数据支撑，故暂不进行归类。

6.2.3　减碳评价要求的效果分析

毫无疑问，无论是直接碳减排要求还是间接碳减排要求，绿色建筑评价条文要求的设备、技术措施或设计目标，均有减少建筑碳排放的作用。相对而言，直接碳减排的相关评价条文其对应的减碳效果比较容易量化，而间接碳减排的相关评价条文，在发挥减碳作用的时候影响因素多、变量多，存在较大的不确定性，目前对这种关联机制的研究还比较匮乏。以直接碳减排评价条文要求的可调节遮阳为例，四个朝向外窗遮阳系统，南向对于建筑全年负荷影响最大，中置卷帘的遮阳形式对于建筑负荷的降低率最高，可达 35％，内置水平百叶遮阳对于建筑负荷的降低率最低，但也有 10％。虽然负荷降低不能直接等同于建筑碳排放，但负荷低意味着用能少，在同等条件下自然碳排放量小，两者存在清晰的线性关系。类似的关联还有建筑供暖制冷和照明，前者占到建筑能耗的 50％～70％，后者占到 20％以上，任何能够降低用能的设计、设备或管理策略，都能够在同等情况下，减少用能，降低运行使用碳排放。

间接碳减排评价条文所对应的内容一般与建筑使用行为有关，对于使用行为节能，这是标准自第一版以来一直强调的内容，在新修订的第三版标准中，对这一部分内容的重视程度增加了，也将与行为节能密切相关的内容具象化了，最直观的呈现就是对于建筑室内环境参数的监测要可视化，在一定的舒适度范围内可调节，既保证了建筑的高品质，也确保了建筑性能始终处于高水平。已有的研究表明，良好使用习惯带来的行为节能效果能降低建筑运行阶段约15％的碳排放比例，考虑到建筑运行使用的规模效应和时间效应，虽然比例并不是很高，但集聚效应明显，就建筑全生命期来看，这一措施的作用不可小觑，这也是我们提倡"绿色生活"而创建的一个背景。

6.3　绿色建筑评价标准应用的整体减碳效果

"进行建筑碳排放计算，采取措施降低单位建筑面积碳排放强度"一直是绿色建筑评价标准、既有建筑绿色改造评价标准所要求和鼓励的，作为创新项条文，随着标准的修订该内容的权重进一步提高。在"双碳"目标确定前，已发布和实施的各类建筑节能、可持续生态建筑设计和评价标准中，《绿色建筑评价标准》GB/T 50378—2019是我国第一个关注并提出建筑碳排放要求的标准。建筑碳排放计算涵盖了建筑设计评价（预评价）和建筑运行评价两个阶段，在设计阶段的计算，可以帮助建筑设计人员优化设计策略和选材，而在运行阶段的计算，则能够为物业持有方和管理机构提供一个新的环保评价维度，从而优化设备运行和物业服务。通过绿色建筑标识评价，促进了建筑碳排放计算的实施和发展，为当下探讨绿色建筑整体减碳效果积累了可信的案例和数据。

6.3.1　新建绿色建筑项目碳排放情况

与2014版标准相比，修订后的《绿色建筑评价标准》GB/T 50378—2019从安全耐久、健康舒适、生活便利、资源节约、环境宜居五个方面对建筑性能和环境影响作出了要求，其中与碳排放直接或间接相关的指标数量达到了29个，占指标总量的60.42％（48个）。评价内容和限值的提高，客观上为进一步的建筑碳减排提供了支持。通过汇总分析标准修订前后26个公共建筑项目（其中2014版项目22个，2019版项目4个）碳排放的计算结果可知，剔除个别项目的极大值影响，2014版项目的平均碳排放强度为$3.11 t CO_2/m^2$（按使用年限50年计算全生命期碳排放），数据分布如图5所示。而2019版项目的

平均碳排放强度为 $1.81tCO_2/m^2$，数据分布如图 6 所示。

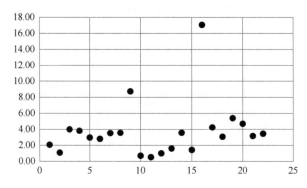

图 5　2014 版绿色建筑项目（公共建筑）碳排放强度（tCO_2/m^2）

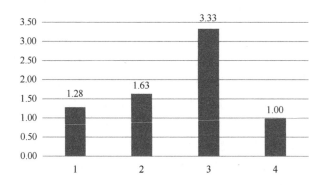

图 6　2019 版绿色建筑项目（公共建筑）碳排放强度（tCO_2/m^2）

标准修订后，从全生命期角度看，公共建筑碳排放强度从 $3.11tCO_2/m^2$ 降低到 $1.81tCO_2/m^2$，降低幅度为 41.8%，全过程减碳效果还是比较显著的。在碳排放占比较大的建材和运行环节，修订前的平均比例为建材碳排放占比 28.64% 左右，运行使用碳排放占比 61.86% 左右，修订后的平均比例为建材碳排放占比 26.34% 左右，运行使用碳排放占比 67.99% 左右。比例的变化体现了在总量缩减的基础上，为保持建筑更高性能、更好的健康舒适体验，在建筑使用阶段压减碳排放的难度还是比较高的。

居住建筑方面，对近一年进行建筑全生命期碳排放计算的 8 个项目汇总后发现（图 7），2014 版项目（案例 1~案例 6）和 2019 版项目（案例 7、案例 8）未表现出明确的标准修订影响，原因可能是：①可供分析的数据过少，还需要更多的案例支持；②进行碳排放计算的居住建筑项目均为三星级，项目自身的设计标准高，为营造可控的、舒适的室内热湿环境，普遍采用了集中供暖制冷设备，标准对建筑设备性能和室内热湿控制的修订要求对其影响并不大。但即便如此，我们依然可以看出，冬季集中供暖的项目（案例 3 和案例 8）碳排放强度显著高于未进行供暖的项目，这一结论和多个建筑部门碳排放研究报告的论点一致，也凸显了供暖碳排放在建筑整体碳排放中的比重和影响，这将会成为降低建筑碳排放强度需要直面的一个困难。

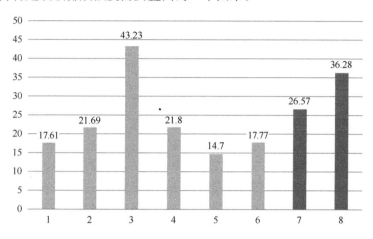

图 7 绿色建筑项目（居住建筑）碳排放强度［$kgCO_2/(m^2 \cdot a)$］

综合来看，采用《绿色建筑评价标准》GB/T 50378—2019 的项目碳排放强度有不同程度的降低，公共建筑比居住建筑趋势更为明确。与全国平均水平对比，公共建筑单位建筑面积平均碳排放量为 $36.20kgCO_2/(m^2 \cdot a)$，比全国平均值 $60.78kgCO_2/(m^2 \cdot a)$降低了 40.44%，居住建筑单位建筑面积平均碳排放量为 $24.96kgCO_2/(m^2 \cdot a)$，比全国平均值 $29.02kgCO_2/(m^2 \cdot a)$ 降低了 13.99%。

6.3.2 既有建筑绿色改造项目碳排放情况

与新建建筑相比，既有建筑绿色改造碳减排的潜力更大，我国既有建筑面积超过 600 亿 m^2，且由于建成年代标准低、维修不及时等原因，约有 60% 的建筑是不节能建筑，可以说存量建筑正是建筑运行阶段碳排放量大的根本原因，由此也可以推断出既有建筑绿色改造是建筑部门整体实现碳中和的关键措施。既有建筑通过绿色改造，不仅可以实现改造活动碳中和，更有可能在提高可再生能源利用率的基础上，实现后续运行使用的碳中和。现行《既有建筑绿色改造评价标准》GB/T 51141—2015 从规划与建筑、暖通空调、给水排水、电气以及运营管理五个方面对改造提出了绿色低碳的要求，和《绿色建筑评价标准》GB/T 50378—2019 相似，与建筑碳排放直接相关的评价内容多集中在供暖制冷、电气照明、可再生能源以及生活热水等方面，而与建筑碳排放间接相关的评价内容多集中在运行管理和使用行为方面，此处不再重复论述，直接就改造案例分析减碳效果。以典型建筑、气候区覆盖全面为原则，汇总整理了11 个改造案例的碳排放计算结果，具体内容见表2。

既有建筑绿色改造碳减排情况统计　　　　　　　　表 2

序号	项目名称	碳减排量 (tCO_2/a)	碳减排比例（%）	碳排放强度 $[kgCO_2/(m^2 \cdot a)]$	建筑类型	所属气候区	建成年份
1	哈尔滨河柏小区	6334	54.09	·37.67	住宅	严寒	1999
2	北京翠微西里小区	2268	75	16.95	住宅	寒冷	1993
3	上海思南公馆	23.36	17.54	20.68	住宅	夏热冬冷	1920
4	深圳宝安区新桥街道上星四村新区八巷	3.18	15.57	32.30	住宅	夏热冬暖	2001
5	吉林大学中日联谊医院 3 号楼	373.56	23.23	30.77	医院	严寒	1992
6	新疆维吾尔自治区道路运输管理局中心楼	572.36	56.28	34	酒店	严寒	1994
7	新疆财经大学图书馆	536.31	51.95	34.53	学校	严寒	1997
8	北京城建大厦	2733.86	26.7	46.47	办公	寒冷	2004
9	上海申都大厦	454.13	41.43	44	办公	夏热冬冷	1995 年首改
10	麦德龙东莞商场	1020.68	30.41	63.38	商场	夏热冬暖	2002
11	广州建研大厦	61.04	16.11	22.34	办公	夏热冬暖	2005

注：1. 碳减排比例是改造后与改造前的比较。

　　2. 1kgce 碳排放因子取 2.69（2.66~2.72 的中间值）。

　　3. 外购电力排放因子统一取 0.6101tCO₂/MWh。

　　既有建筑绿色改造碳减排量和碳减排比例差异非常大，碳减排量最小的仅有 3.18tCO₂/a，而最大的可达到 6334tCO₂/a；碳减排比例最小为 16.11%，最大为 75%。通过对比案例的基本情况、使用功能，发现碳减排量大小主要与建筑面积有关，即改造项目的体量大小是决定碳减排量大小的首要因素；而

56

碳减排比例大小主要与气候分区和建成年代有关，即需要供暖地区的项目改造减排比例大于非供暖地区项目，建成年代久的项目大于建成年代较新的项目。

与碳减排量和碳减排比例相比，改造后单位建筑面积的碳排放强度比较趋于一致，平均值在 34kgCO$_2$/(m^2·a)左右(图 8)，其中住宅建筑改造后碳排放强度为 26.9kgCO$_2$/(m^2·a)，公共建筑改造后碳排放强度为 39.36kgCO$_2$/(m^2·a)，均低于全国建筑碳排放强度平均值。

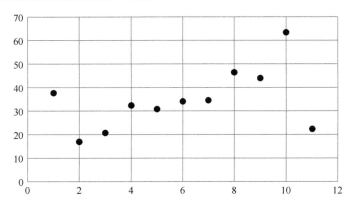

图 8　既有建筑绿色改造案例碳排放强度分布

由于缺乏有效的引导、激励机制，既有建筑改造主要集中在公共建筑领域，且在具体改造措施上，供暖空调、电气照明的设备性能提升和分区分组控制较为常见；而被动式设计、可再生能源、余热回收技术的应用欠佳。

根据多个研究机构发布的成果来看，建筑部门碳减排潜力在 70％以上，是工业碳减排潜力的 1.5 倍，在三大能源消费部门中占比最大，将为碳排放提前达峰贡献约 50％的节能量。既有建筑绿色改造前后的碳排放对比，能够直观地说明这种潜力是如何被挖掘和释放出来的，即使是在当前的电力绿色化水平（碳排放因子）和建筑用能结构（指建筑电气化比例）条件下，通过绿色化改造，个别项目也能够降低 75％的建筑运行碳排放。这充分证明了既有建筑绿色改造的减碳潜力。

6.4　新形势下标准修订方向

毫无疑问，"双碳"目标将促使各行各业提高节能减排要求，加快节能减排进度，但短期需求激增势必会造成成本上升，并对行业上下游、各参与主体提出更高发展要求。对此，习近平主席在中央财经委员会第九次会议上指出：要处理好发展和减排的关系、处理好减污降碳和群众正常生活之间的关系。过去多年的发展使得绿色建筑在标准体系、人才培养、产业联动方面具备了明显的技术和成本优势，迈入高质量发展阶段，绿色建筑已确定是建筑部门"双碳"目标达成的最优路径之一，将推动以人为核心的碳减排，从而助力整个社会的碳达峰和碳中和。在新的发展形势下，绿色建筑评价标准也要积极调整，妥善协调技术、成本、管理以及地区差异性等多方面因素，在以下方面进行进一步地修订和完善。

6.4.1　强化和规范碳排放计算

碳排放计算是建筑部门各项"双碳"工作的基础，也是促成城乡建设绿色发展在"双碳"目标下推进广泛而深刻变革的、贯穿整个过程的一条主线，因此，强化建筑碳排放计算无论在当下还是未来，都具有非常重要的意义。修订拟将处于创新项的鼓励建筑进行碳排放调整至基本规定部分，要求无论是否申请绿色建筑标识，都应进行建筑全生命期碳排放计算，明确碳排放总量和各阶段碳排放占比，鼓励采取措施进一步降低碳排放强度。

建筑行业的复杂性决定了开展建筑碳排放核算并非易事，虽然《建筑碳排放计算标准》GB/T 51366—2019 提供了涵盖建筑全生命期的碳排放统计方法，但基础数据的匮乏、原始数据的采集困难，导致实际工作难以准确、有序开展，这体现了建筑行业的复杂性，涉及的产业多、参与的主体多、计算量大、持续时间长。因此，虽然建筑碳排放计算方法学并不复杂，但计算工作、计算过程却存在诸多困难，导致计算结果偏差大，结论可信度低，远不如电力、工业等部门精确。标准修订拟结合绿色建筑预评价和运行评价两阶段的特点，分别从设计和运行管理形成的工作成果、可收集的数据内容着手，研究制定符合实际情况的专项碳排放因子，修正因证据收集困难、缺少依据随意估算而导致的计算结果偏离。

6.4.2　增加绿色建材的碳足迹分析

在《绿色建筑评价标准》GB/T 50378—2019 中，对绿色建材给出了明确的定义，即"在全寿命期内可减少对资源的消耗、减轻对生态环境的影响，具有节能、减排、安全、健康、便利和可循环特征的建材产品"，与非绿色建材相比，绿色建材在生产过程中采用清洁生产技术、少用天然资源和能源，尽量使用可再循环、可再利用的原料，同时具备较高的品质和性能，在建筑中提高其使用比例，有利于环境保护和人体健康。因此，其内涵和要求与绿色建筑一致，是推动绿色建筑高质量发展的重要一环。

在进行建筑全生命期碳排放计算时，建材生产和运输碳排放量占比仅次于建筑运行阶段，约占到 20%，虽然不同的建筑形式、功能、所属气候区，其建材用量或建材碳排放量占比本就应该不同，但即便是在同气候区、同类建筑中，不同的算例建材碳排放占比仍有较大差异，除了建材用量统计的精细程度有差异外，建材的运输使用距离也是造成偏差的主要原因，一些算例采用了较小的运输距离，如 50km，而另一些算例直接采用了绿色建筑中关于选用就近建材的最大距离要求 500km，仅这一变量就会造成该部分数据一个数量级的变化。

绿色建材开展碳足迹分析是解决建材生产和运输阶段碳排放计算准确性差的一个可行途径。目前，绿色建材的碳足迹分析方法成熟，已有厂家和检测认证服务机构主动开展 CFP、EPD 核查和认证，该做法和国际接轨，在夯实建筑设计阶段碳排放计算，提高建筑全生命周期碳排放计算准确度的同时，对于建材行业的低碳转型也是一个有力的支撑。

6.4.3　提出建筑碳排放吨碳成本概念

建筑行业碳达峰碳中和的技术路径是清晰的，但问题和困难依然不少。目前技术层面的讨论多，而成本方面很少人提及，有人说如果不考虑成本，建筑行业立刻或者很快就能碳达峰或者碳中和，但显然在推行各种减碳、碳中和措施的时候不考虑成本是不可能的。成本不仅是"双碳"目标下要考虑的，也是日常建筑设计、建造甚至运行中需要时时考虑的因素，不能因为现在可以采用 CCER（Chinese Certified Emission Reduction，中国核证自愿减排量）中和额外的碳排放而大力推广该措施，以建筑的存量规模和当前建筑碳排放在社会总排放量中的占比，可以说全国所有的 CCER 拿来都不够建筑碳中和的；也不能因为存在碳捕集利用（CCUS，Carbon Capture、Utilization and Storage，碳捕获、利用与封存）技术，而在建筑中也考虑采用该技术措施，就当前来看，这项技术的吨碳成本很高，不是民用建筑领域可以普遍承受的。

平准化度电成本（LCOE，Levelized Cost of Electricity）是用于判断能源生产技术成本竞争力的常用参考指标，也是美国能源部经济决策的主要参考，借鉴这个概念提出绿色建筑的平准化吨碳成本（LCOC，Levelized Cost of

Carbon)，用以衡量同一设计目标下，不同技术路线、不同建筑设备减碳的成本差异，该指标既可以作为一个系统性指标使用，从建筑整体减碳角度进行成本经济性分析，也可以作为一个局部指标，用以判断某项技术，如可再生能源利用，在同等能量或能源替代率下，其不同技术路线和产品的经济性差异很大。

6.4.4　构建不同气候区、不同建筑类型的碳排放基准线

建筑节能设计标准和工程实践已经有大量案例证明不同气候区、不同建筑类型的用能情况具有比较显著的差异，在以建筑节能率为导向的建筑设计和评价中，这种差异性没有得到充分的重视，在建筑碳排放计算中，由于碳排放因子的区域划分方法和建筑热工气候分区的不对应，依然不能凸显建筑设计、用能的地域性差异。为响应全文强制标准《建筑节能与可再生能源利用通用规范》GB 55015—2021 的要求，明确绿色建筑因地制宜理念下的减碳效果，拟增加构建不同气候区、不同建筑类型碳排放基准线的要求，鼓励星级绿色建筑在满足碳排放强度降低 $7kgCO_2/(m^2 \cdot a)$ 的基础上，向更高目标迈进。

基于不同气候区、不同建筑类型的碳排放基准线，可进一步推进各地建筑用能结构的优化，并在区域层面促进可再生能源利用，鼓励建筑设计和运行使用阶段积极调整技术体系和设计或使用策略，最大化地释放建筑碳减排潜力。同时，由于有基准线的存在，绿色金融相关机构也可以据此进行资产评估和定价，为绿色金融深入支持绿色建筑发展扫除一些障碍。

作者：王清勤[1]　郭振伟[2]（1. 中国建筑科学研究院有限公司；2. 中国城市科学研究会）

7 "双碳"目标下的中国建造

气候变化是人类面临的重大全球性挑战，我国是全球最大二氧化碳排放国，向全世界作出"2030 碳达峰、2060 碳中和"的庄严承诺，是党中央经过深思熟虑作出的重大战略决策。实现"双碳"目标，绝不是就碳论碳的事，而是多重目标、多重约束的经济社会系统性变革，需要统筹处理好发展和减碳、整体和局部、短期和中长期、政府和市场、国内和国际等多方面多维度关系，采取强有力措施，重塑我国经济结构、能源结构，转变生产生活方式。

目前，中央层面已印发《关于完整准确全面贯彻新发展理念做好碳达峰碳中和工作的意见》，对碳达峰、碳中和进行系统谋划和总体部署，作为"1"，是管总的，在碳达峰、碳中和"1＋N"政策体系中发挥统领作用，与《2030年前碳达峰行动方案》共同构成贯穿碳达峰、碳中和两个阶段的顶层设计。两个文件为工程建设行业减碳指明了方向，对建设美丽中国具有重大意义。

"双碳"目标与中国建造整体水平紧密相关，中国建造的优化升级直接决定着建筑业实现"双碳"目标的进程。因此，必须大力发展以绿色化、智慧化、工业化为代表的新型建造方式，推动中国建造优化升级，助力建筑行业高质量发展，为实现"双碳"目标助力。

7.1 全生命周期视角认识"双碳"目标

工程建设行业是一个劳动密集型且发展方式较为粗放的产业，我国是全球既有建筑量和每年新建建筑量最大的国家。据统计，2019 年全国建筑领域全过程碳排放量为 49.97 亿 t，约占全社会碳排放总量的 50％，接近全球碳排放总量的 15％。围绕"双碳"目标推动建筑行业发展方式的变革已刻不容缓。

7.1.1 建筑全过程碳排放的主要来源

一般而言，建筑碳排放可以按建材生产、建材运输、建筑施工、建筑运营、建筑维修、建筑拆解、废弃物处理七个环节构成全生命周期排放量，更宏观地，也可以大致按照物化阶段、运行阶段、拆除阶段来划分，其中物化阶段碳排放主要包括建材生产和施工建造过程的碳排放，可称作隐含碳排放或内涵碳排放。多数研究认为，一般情况下，建筑全过程碳排放中运行阶段的碳排放占据最大比例，在 $60\%\sim80\%$；其次是建材生产的碳排放，在 $20\%\sim40\%$；施工过程仅占 $5\%\sim10\%$，拆除阶段占比更低。尽管一些学者和机构对各阶段的具体占比存在一定的分歧，但都普遍认同建筑全过程碳排放主要源于建筑运行和建材生产这一基本共识。

7.1.2　各阶段"双碳"目标潜力简析

（1）基于行业特性看建材端"双碳"目标

建筑材料是建筑减碳的前提条件，从整体看，建筑选材用材决定了碳减排的基础，这就要求在规划设计阶段的建材选材设计时，要优选低碳绿色环保材料，强制性推动绿色材料在既有建筑改造中的应用，明确新建建筑碳减排指标。建材工业是典型的高能耗重工业，需要持续改进工艺，推进生产过程低碳化，才能实现碳达峰。要持续完善绿色建材产品认证制度，开展绿色建材应用示范工程建设，鼓励使用综合利用产品。

（2）基于转型升级看建造过程低碳化

与先进制造业相比，工程建造过程劳动密集特征明显，生产过程工艺标准化程度低、机械化程度低、信息化程度低，建造过程的组织管理还不够集约和精益。建筑业一是要"补旧课"——提高工业化水平；二是要"学新课"——探索智慧建造；三是要"降影响"——推动绿色建造，才能促进生产方式的全面转型升级。

（3）基于占比与潜力看运行阶段"双碳"目标

建筑运行碳排放达峰时间很大程度上取决于电力系统碳排放达峰时间，并且建筑运行碳排放将更早达峰。随着未来电力系统零碳化，间接排放趋于零，建筑碳中和的目标将取决于直接碳排放。

7.2　"双碳"目标对我国建筑业的影响

"双碳"目标直接关系着建筑业未来的可持续发展，将对建筑业产生巨大冲击和影响，同时也蕴藏着广阔的市场机遇。

7.2.1 挑战前所未有

实现碳达峰，建筑行业节能减碳面临重大挑战。随着人们生活品质不断提升，我国建筑领域的碳排放量在未来 10 年内仍会有所攀升。建筑业管理链条长、涉及环节多、精准管理难。与一些发达国家相比，我国建筑业工业化程度较低、建造技术尚有提升空间，建筑业传统生产方式仍占据主导地位。我国新增的建筑工程每年产生的碳排放约占总排放量的 18%，主要集中在钢铁、水泥、玻璃等建筑材料的生产、运输及现场施工过程，建筑全产业链低碳化发展任重道远。此外，建筑存量较大，运营过程碳排放占比最高。我国是世界上既有建筑和每年新建建筑量最大的国家。数据显示，我国现有城镇总建筑存量约 650 亿 m^2，2020 年我国房屋新开工面积 224433 万 m^2。不少既有建筑存在高耗能、高排放的现状。

7.2.2 全产业链颠覆

在"双碳"目标下，涉及建筑设计、施工及运营全过程的产业链将被颠覆。"双碳"目标要求绿色的生产方式和建设模式，设计阶段应从建筑的全生命周期角度考虑节约资源、保护环境。加快推动近零能耗建筑规模化发展，鼓励积极开展零能耗建筑、零碳建筑建设。生产和建造阶段，加大绿色建造力度，节约资源、保护环境，从而减少碳排放，尤其是注重加大绿色建材的应用，从占比最高的钢筋混凝土处入手通过技术提升减排。要提高绿色建筑标准，需要构建目标指标体系、标准技术体系、政策法规体系、监测考核体系，在引导绿色施工、推动绿色应用上循序渐进。建筑碳排放与建筑用能密切相关，减少碳排放必须从节能开始。

7.2.3 机遇空间广阔

建筑领域实现碳达峰、碳中和，对于全行业转型发展，既是挑战也是机遇。2021 年 10 月，中共中央办公厅、国务院办公厅印发了《关于推动城乡建设绿色发展的意见》，提出到 2035 年，城乡建设全面实现绿色发展，碳减排水平快速提升，城市和乡村品质全面提升，人居环境更加美好，城乡建设领域治理体系和治理能力基本实现现代化，美丽中国建设目标基本实现。

从中可以看出，未来工程建设要实现全过程绿色建造，向绿色化、工业化、信息化、集约化、产业化建造方式转型。大力发展装配式建筑，完善绿色建材产品认证制度，完善工程建设组织模式，加快推行工程总承包，推广全过程工程咨询，加快推进工程造价改革。未来在节能建筑、装配式建筑、光伏建筑、建筑垃圾循环利用等方面市场空间巨大。碳达峰与碳中和发展目标将强化建筑绿色化、工业化这一趋势。

7.3 "双碳"目标促进新型建造方式应用升级

新型建造方式以"绿色化"为目标，以"智慧化"为技术手段，以"工业化"为生产方式，以工程总承包为实施载体，以绿色建材为物质基础，实现建造过程"节能环保、提高效率、提升品质、保障安全"。新型建造方式(Q-SEE)是在建造过程中，以"绿色、智慧、工业化"为特征，更好地实现建筑生命周期"品质提升（Q），安全保障（S），节能环保（E），效率提升（E）"的新型工程建设方式，其落脚点体现在绿色建造、智慧建造和工业化建造。

7.3.1 科学把握生产方式向新型建造发展是必然趋势

我们需要站在历史观、未来观和全局观的视角，紧紧抓住实现"双碳"目标的关键领域和短板，通过改革和创新来推动行业转型升级、提质增效。新型建造方式的落脚点体现在绿色建造、智慧建造和建筑工业化，将推动全过程、全要素、全参与方的"三全升级"，促进新设计、新建造、新运维的"三新驱动"。

站在历史观，深刻理解新型建筑工业化是实现"双碳"目标的基础；站在未来观，准确把握智慧建造是实现"双碳"目标的关键；站在全局观，紧紧抓住绿色建造是实现"双碳"目标的核心。

7.3.2 准确把握"三造"协同是实现"双碳"目标的必然要求

绿色建造、智慧建造、工业化建造是相互关联的三个方面，绿色建造是工程建设的发展目标；工业化建造是实现绿色建造的有效生产方式；智慧建造是实现绿色建造的技术支撑手段。实现"双碳"目标，于建筑企业而言，必须大力推行绿色建造，以"三造"协同完成绿色发展目标。

（1）绿色建造是工程建造的终极要求

绿色建造是按照绿色发展的要求，通过科学管理和技术创新，采用有利于节约资源、保护环境、减少排放、提高效率、保障品质的建造方式，最大限度地实现人与自然和谐共生的工程建造活动。绿色建造是在绿色建筑、绿色施工的概念基础上提出的，具有更广阔的覆盖面和更好的适用性。

绿色建造是从工程策划、设计、生产、施工等阶段进行全面绿色统筹，提高资源利用水平，厉行环境保护，以"绿色化、工业化、信息化、集约化、产业化"为特征改造升级传统建造方式，切实把绿色发展理念融入生产方式的全要素、全过程和各环节，实现更高层次、更高水平的生态效益，为人民提供生态优质的建筑产品和服务的建造活动。绿色建造的目标是实现建造过程的绿色化和建筑最终产品的绿色化，根本目的是推进建筑业的持续健康发展。

（2）智慧建造是实现绿色建造的支撑手段

智慧建造是综合运用信息技术、自动化技术、物联网技术、材料工程技术、大数据技术、人工智能技术，对建造过程的技术和管理多个环节进行集成改造和创新，实现精细化、数字化、自动化、可视化和智能化，最大限度地节约资源、保护环境，降低劳动强度和改善作业条件，最大限度地提高工程质量、降低工程安全风险的工程建造活动。

智慧建造主要体现在三个方面：一是"感知"，借助物联网和虚拟现实等技术，扩大人的视野、扩展感知能力以及增强人的某部分技能；二是"替代"，借助人工智能技术和机器人等设备来部分替代人完成以前无法完成或风险很大的工作；三是"智慧决策"，随着大数据和人工智能等技术的不断发展，借助其"类人"的思考能力，替代人在建筑生产过程和管理过程的参与。

构建智慧工地，生产智慧工程产品是智慧建造的核心任务，智慧建造是实现绿色建造的必然选择与最佳途径。

（3）工业化建造是实现绿色建造的有效方式

工业化建造是指以提升建筑业建造质量、效率、安全和环保水平为目标，借鉴工业产品社会化大生产的先进组织管理方式与成功经验，以设计施工一体化、部品生产高度工厂化、施工现场高度装配化、建造管理全过程高度信息化与智能化为特征，对传统建造方式在技术与管理各方面进行的系统化持续改进提升的新型建造方式。

工业化建造是建筑产业生产方式的变革，是建筑业发展的必然趋势，以标准化设计、装配化施工、工厂化生产、一体化装修、信息化管理为主要特征，不断提升建筑工业化水平，有助于进一步提高工程的品质和建造效率，推动生产方式转型升级，提高精益建造能力，是实现绿色建造的有效途径。

7.4 实现"双碳"目标的路径规划

"双碳"战略目标将全面引领中国建筑绿色低碳转型,充分发挥科技创新的支撑引领作用,有助于形成节约资源和保护环境的产业结构、生产方式、生活方式和空间格局,增强在新领域的竞争力。

7.4.1 紧紧抓住"三造"融合,驱动建筑业实现"双碳"目标

对中国建筑业而言,借助中国制造、中国创造、中国建造"三造"融合来推动技术创新与行业变革,将是建筑业实现"双碳"目标的重要途径。中国创造引领中国制造,中国制造支撑中国建造,中国建造带动中国创造、中国制造更好发展。"三造"融合不但可改变中国,还将影响世界。

7.4.2 牢牢把握"三全"特征,依托"三体"落实"双碳"责任

目标需要行动来落实,建筑业的"双碳"目标要牢牢把握全生命期、全过程、全参与方的特征。

"全生命期"即建筑业碳排放贯穿于规划设计、施工建造、运营全过程,和建筑全产业链紧密相关。"全过程"即碳减排要全过程参与,要充分了解建筑行业的特点和属性,制定有针对性的措施。"全参与方"即参与方众多,建筑业碳减排涉及政府、企业、居民等多方利益主体。

同时,抓住"三体",即城市、社区、项目三大载体,通过大力推进绿色建造来"做优存量、做精增量",履行好"双碳"目标责任。

7.4.3 大力发展"新型建造"方式,规划"双碳"目标落地路径

(1)大力推广绿色低碳生产方式

实施"双碳"目标是一项长期、复杂而艰巨的任务,需坚持系统观念,加强顶层设计,多方参与、多措并举,才能确保战略目标如期实现。于建筑业而言,首先要开展碳排放定量化研究,确定碳排放总量及强度约束,制定投资、设计、生产、施工、建材和部品、运营等碳排放总量控制指标,建立量化实施机制,推广减量化措施,分阶段制定减量化目标和能效提升目标。其次,加强减碳技术的应用与研发,建立绿色低碳建造技术体系。要聚焦"双碳"战略目标,发挥科技创新的战略支撑作用,瞄准国际前沿,抓紧部署低碳、零碳、负碳关键核心技术研究,围绕新型建造方式、清洁能源、节能环保、碳捕集封存

利用、绿色施工等领域，着力突破一批前瞻性、战略性和应用性技术。

（2）营造新型建造应用环境

建立新型建造方式体制机制，建立健全科学、实用、前瞻性强的新型建造方式标准和应用实施体系，完善绿色建造、智慧建造、工业化建造技术体系和建筑产品，强化新型建造方式下建筑产品理念。保障新型建造方式资源投入，加快对数字科技、智能装备、建筑垃圾、低碳建材、绿色建筑等重点领域的技术、产品、装备和产业的战略布局。建立新型建造方式平台体系，打造创新研究平台、产业集成平台、成果应用推广平台。

（3）推进全产业链协同发展

形成涵盖科研、设计、加工、施工、运营等全产业链融合一体的"新型建造服务平台"。加快发展现代产业体系，发展先进适用技术，打造新型产业链，优化产业链供应链发展环境，加强国际产业合作，形成全产业供应链体系。做强"平台＋服务"模式，通过投资平台、产业平台、技术平台，把绿色低碳等都统筹起来，作为城市整体绿色低碳服务商，推进产业链现代化。关注超低能耗建筑和近零能耗建筑、新型建材等新兴产业。

（4）推动数字化转型

大力发展数字化产业，开拓智慧建造新产业，实现智慧建筑、智慧园区和智慧城市等业态的设计、施工、运营、运维等全生命期数字化、智慧化管理和持续迭代升级。探索研究 BIM 与 CIM 技术融合及数字孪生技术，加强数据资产的建设与管理，建立可存、可取、可用的工程项目大数据系统，实现数据的互联互通。依托项目探索研究"互联网＋"环境下建筑师负责制、全过程咨询和工程总承包协同工作机制，建立相应的组织方式、工作流程和管理模式，加快数字化新技术与主营业务深度融合。

（5）推动工业化发展

加大投入，形成差异化竞争优势，实现由"服务商"到"产品＋服务"的升级。创新"伙伴产业链模式"，建立相关评价指标，形成长期稳定的企业协同创新链条。在装配式建筑的基础上，基于标准化技术平台将设计、生产、施工、采购、物流等全部环节整合，形成多个项目间可资源协同的经营模式，实现规模化效益。加快产业工人培育，重点培育掌握 BIM、信息系统、数字化和智能化设备及专业技术方面的产业技术工人和基层技术人员。

作者：毛志兵（中国建筑股份有限公司）

第二篇 | 要素篇

1　绿色低碳建筑的绿化技术发展与应用

1.1　技　术　条　件

1.1.1　技术背景

进入21世纪以来，国际社会加快了应对气候变暖的步伐，在发展中国家中中国率先制定了《中国应对气候变化国家方案》，并制（修）订了《中华人民共和国节约能源法》《中华人民共和国可再生能源法》《中华人民共和国循环经济促进法》《中华人民共和国清洁生产促进法》《中华人民共和国森林法》和《民用建筑节能条例》等一系列法律法规。城市化形成的大量建筑成为节能减排的重要领域，推广绿色低碳建筑作为控制和减少建筑领域温室气体排放的最有效的措施，逐渐成为国际建筑界的主流趋势。

为了大力推广绿色低碳建筑，我国政府出台了一系列政策和规定。2006年，住房和城乡建设部颁布了《绿色建筑评价标准》GB/T 50378—2019；2013年，国家发展改革委、住房和城乡建设部联合推出《绿色建筑行动方案》。2015年，江苏省人大常委会审议通过了第一个绿色建筑地方性法规《江苏省绿色建筑发展条例》。2021年，《上海市绿色建筑管理办法》审议通过。目前，国内正以法律法规、制度政策等引导全国的建筑节能工作与绿色建筑推广，但是还没有专门针对绿色低碳建筑的绿化技术体系，不能满足目前绿色低碳建筑的发展需求。

1.1.2　应用意义

建筑绿化除了绿色植物在建筑内部及外围护结构上进行绿化配置外，还包括建筑和环境共同构成的空间整体，如庭院绿化、道路绿化、广场绿化乃至整个城市的绿化，起到改善和美化建筑、城市环境的作用。同时，充分利用植物的特性，有助于提高土地的使用和生态环境质量，发挥绿化的碳汇功能，减少建筑对地区环境的负面影响，也可以大大丰富城市景观，成为建设公园城市的一个重要途径。

1.2 技术内容与特色

1.2.1 技术介绍

（1）技术原理

绿色低碳建筑的绿化技术原理是基于植物的光合作用和蒸腾作用，通过植物及其绿化系统来固定二氧化碳和调节建筑环境温度，减少对能源供给系统的依赖，实现建筑物的节能减碳目标，有效改善人居环境质量。

（2）设计施工方法

调查分析屋顶、墙面和居住区等建筑环境的绿化植物应用现状，系统解析不同层高、朝向和间距的光照、温湿度、风速等环境因子，诊断出限制植物生长的关键因子，制定适生植物的筛选目标与种植规划。利用生境相似性原理和生态位法则，制定基于外观形态的植物耐热性、抗旱性、抗寒性、耐盐性和光适应性等级评价标准，结合植物及其群落的生物量模型、热环境指数模型和固碳能力测算，筛选具有较强的热环境改善和碳汇能力的植物种类及其群落配置模式。

采用 Reuse（再利用）、Reduce（减少）和 Recycle（再循环）3R 原则准备绿化材料。充分利用城市已有建筑和园林废弃材料，形成轻型、透气、保肥、节水的栽培基质及配套种植设施，并采用容器育苗或模块化育苗形成可装配式应用的绿化模块，可实现一体化的工程施工，减少种植过程的碳排放。建筑外环境绿化时，参考植物与建筑间的距离关系模型，模仿自然植物群落配置，郁闭度应控制在 0.5 左右，以乔、灌、草复层植物配置模式来丰富植物结构层次，形成多树种、多层次、异龄混交的植物配置模式和空间布局。

坡屋面排水以地表径流为主，设计时建议按坡屋面面积的 30%～40% 倒鱼骨刺状排布排水板，注意不要选用蓄排水板；大于 10° 的坡屋面应根据不同坡度采取相应的防滑坡技术措施。尽量减少不必要的养护（除草和清除落叶），发挥自然式绿化植物及其土壤固碳能力强的优势，利用节水型灌溉模式、大力推进有机肥料使用等来实现低碳管理，综合提升绿色碳汇效能。

1.2.2 技术指标

（1）关键技术指标

1）建筑表面一体化绿化技术

新型建筑表面绿化技术与传统技术的最大区别是通过构件的集成，将种植植被所需的各种基础条件整合成一体化的模块式绿化，具有可装配性、施工便捷、更换方便、适用范围广等优势。新型建筑平面绿化采用集约式的模块设计，其围护构件及土壤配置都以轻量化为标准，多采用包含围合板、排水槽、蓄水层、阻根层、输水管、营养基质和植物等组合而成的单元组件，在实施过程中相互拼接形成整体，在施工速度和成本控制上占据明显优势。新型建筑立面绿化多采用模块式立体绿化，将种植介质、给水系统、防水层等植物生长所需材料集合于单元组件中，形成一个个独立的盒装植物种植容器，由龙骨体系串接而成并附着于建筑立面。因此，如何选用轻量化介质和持续维持植物健康生长成为建筑表面一体化绿化技术的关键。

2）建筑周边环境高功效绿化技术

建筑周边的外部环境绿化也是低碳绿色建筑的重要内容，需要系统规划、合理选用和精细布局。在宏观层面上，要从城市交通整体出发，带状绿地与块状绿地相结合，一方面可以整体上降低城市交通带来的噪声干扰；另一方面也可以有效地、更大化地吸收二氧化碳。在微观层面上，要选用城市乡土植物，同时注意选用对二氧化碳吸收量较多的树种，兼具城市绿化的美观性，达到绿化与美观性、经济性以及环保性的结合。根据城市街区建筑环境特点，利用建筑环境的热环境指数模型和树木—建筑的距离关系模型，采用基底—斑块—缀块的景观生态学原理，测算局部区域内的绿化比例和确定绿地布局模式，形成"双向型景观营造方式"和"居住区内含多中心绿地与外邻共享绿地模式"等布局形式，并以乔、灌、草复层植物配置模式来丰富植物结构层次，提高建筑周边环境的绿化连通度和绿视率。因此，在城市绿地覆盖率指标控制的情况下，绿地斑块布局和群落配置模式成为建筑周边环境高功效绿化技术的关键。

（2）检验方法

涉及屋顶绿化、立体绿化、居住区绿化等建筑相关绿化的技术，可根据国家标准《绿色建筑评价标准》GB/T 50378—2019、《垂直绿化工程技术规程》CJJ/T 236—2015、《城市绿地设计规范》GB 50420—2007（2016年版）以及各省市立体绿化的相关标准进行检验检测，具体以地方有关标准为准。

（3）与同类技术比较

建筑表面一体化绿化技术集成了一体化成型栽培介质、容器育苗、模块技术和集约型栽培配套设施，形成了低维护屋顶绿化技术和模块化绿墙技术，在既有建筑承载力方面表现出较高的适应性，日常维护的人力成本相对更低；在植物更换时，模块化具有整体更换的便捷性，避免了传统立体绿化破坏建筑防水层和保护层的问题，且更换的施工工期也大大缩短。

建筑周边环境高功效绿化技术首创建筑外环境的热环境状况评估指数，建立了植物群落降温多因子回归模型和树木距离与建筑环境的关系，优选的植物种类和群落模式更具系统性和全面性，确立建筑环境降温 1.5℃以上（环境温度为 34℃以上）的条件为：绿化覆盖率不低于 40%，同时乔木比例达 50%以上，平均斑块面积大于 200m²。

1.2.3 适用范围

在城市建筑绿化存在大面积需求的情况下，新型建筑绿化技术所具有的荷载轻量化、更换便捷性、维护持久性等特点更具优势，无论是针对既有建筑物还是新建建筑体，都具有更强的适用性和实用性。应用的面积和规模可以更大更广，常可以根据建筑的体量和形式，定制绿化模块数量和造型，使得绿化形式更丰富、更灵活。建筑周边环境的绿化技术以满足改善人居环境的功能为导向，采用植物降温固碳原理，预制了绿地布局模式和群落配置类型，使局部区域的建筑绿化布局更科学、更合理。

1.2.4 效益分析

绿色低碳建筑的成套技术体系在上海地区的屋面、小区和社区进行了应用示范，取得了显著的社会和经济效益。在营造屋顶花园和墙面绿化时，选用了石楠、八角金盘等高固碳植物，铺设无纺布、塑料成型板和土工布，轻型和节水型栽培介质厚 20～30cm。墙面绿化采用攀援植物藤本月季、美国凌霄等，以及装配式的乔灌木植物。建成 1 年后，屋顶绿化可降低室内气温约 1℃，增加室内空气湿度 2%～4%，降低屋顶表面温度 7°～9℃，增加空气湿度 3%～5%，乔、灌复层群落式屋顶绿化年固碳量为 2.82t/ha。

1.3　工　程　案　例

2018 年，中国城市科学研究会向虹桥商务区管委会颁发全国首个"国家绿色生态城区三星级运行标识"。虹桥商务区优先选用高固碳、高功效植物种质资源，在不同功能和空间层次上优化配置，提出碳汇能力强、观赏性价值高的植物群落模式，结合土壤改良增汇技术和立体绿化技术，绿地总体碳汇从 $3.8t \cdot ha^{-1} \cdot a^{-1}$ 提升到了 $4.9t \cdot ha^{-1} \cdot a^{-1}$，碳汇能力提升为 28.9%。

屋面绿化是虹桥商务区生态绿化建设的一大特色和推进城市宜人化的重要抓手。通过政府引领、企业参与、政策支持、规划指导，打造好城市第五立面。采用屋面绿化形式，使核心区屋顶绿化达 18.74 万 m^2，占整个核心区屋面面积的 50% 左右。鼓励种植乔灌木，将提升景观效果和碳汇能力，平均增加碳汇 $2.82t \cdot ha^{-1} \cdot a^{-1}$。以虹桥冠捷、虹桥天街为代表的核心区楼宇项目，均以超高的绿化面积、先进的绿色理念受到入驻企业的好评。

1.4　结语与展望

建筑是城市生态系统中的微观单元，随着技术的发展和成熟，建筑绿化在可选植物类型、植物存活能力、景观维持效果以及环境改善方面已经获得显著进步，成为城市绿地的一项重要补充手段。定量城市建筑环境的植物及植被的碳汇效益，增加碳汇量成为城市可持续发展的重要内容。结合绿色低碳建筑的发展需求，预测其绿化技术将呈现以下三方面的发展趋势。

（1）多学科综合集成节能增汇的绿化技术

围绕"双碳"目标，基于碳循环原理，融合清洁能源、新材料、精细绿化等新理念和新方法，最大限度地发挥植物的降温和增汇功能，形成多目标的建筑环境绿化技术。

（2）建立我国城市高度异质建筑绿化碳汇核算的统一标准

标准是规范和引领行业科学健康发展的有效指挥棒，针对全国范围内高度异质化的建筑绿化环境，需建立相对客观、合理的碳计量统一标准，以快速精准测算城市建筑环境的绿化的碳汇效益。

（3）将建筑绿化碳汇的核心指标纳入建筑建设和运行考核标准

绿色低碳建筑的评价标准多关注降低能源的使用与消耗，而对具有降温固碳能力的绿地系统缺少认识，应提出使用强降温和高固碳的绿化植物及其栽培系统，将建筑绿化碳汇的核心指标纳入建筑建设和运行考核标准。

作者：秦俊　商侃侃（上海辰山植物园）

2 数智化技术助力城市建筑绿色低碳未来

2.1 引　　言

21世纪以来，绿色低碳、节能环保、可持续发展已成为世界各国主流的发展趋势，在信息科技革命的时代背景下，物联网、大数据、云计算、人工智能、BIM、5G通信等新一代信息化技术加速推动着全球建筑行业的转型升级，绿色建筑、智能建筑、健康建筑的融合发展已成为建筑行业的主要发展趋势。本文针对该领域的发展现状、底层核心技术以及典型应用场景下的新兴技术进行梳理总结，为进一步实现绿色智慧建筑的可持续发展、达成"双碳"目标提供参考。

2.2　建筑的数智化底层技术发展现状

数字化是指利用信息系统、各类传感器、机器视觉等信息通信技术，将物理世界中复杂多变的数据、信息、知识转变为一系列二进制代码，引入计算机内部，形成可识别、可存储、可计算的数字、数据，再以这些数字、数据建立起相关的数据模型，进行统一处理、分析、应用，这就是数字化的基本过程。在数字化的基础上，进一步发展出数智化，即数字化＋智能化，意即通过利用互联网、大数据、人工智能、区块链、人工智能等新一代信息技术，对企业、政府等各类主体的战略、架构、运营、管理、生产、营销等各个层面，进行系统性的、全面的变革，强调的是数字技术对整个组织的重塑，数字技术能力不再只是单纯地解决降本增效问题，而成为赋能模式创新和业务突破的核心力量。

我国建筑行业的发展还处于数字化的过程中，在建筑的规划设计、建造施工、运行维护等阶段，已开始应用大量的数字化技术，如BIM、GIS、能耗在线监测等。而大数据、人工智能、物联网、云计算等智能化技术的应用则相对较为缺乏。在建筑行业飞速变革的过程中，特别是进入绿色、低碳、可持续发展的阶段，对数智化技术的需求就更为紧迫。同时，数智化技术的融合应用也推动着建筑本身成为富有感知能力、能够自我学习成长的智慧体。下文将对这些底层核心技术进行简要介绍。

2.2.1　物联网技术与边缘计算

进入 21 世纪第 2 个 10 年，物联网技术（图 1）在各领域迅速发展，特别是 2020 年初新冠肺炎疫情的出现，使物联设备大大增加。据估算，2021 年物联网设备将增长到 460 亿台，万物互联的时代已经来临。这些设备大多数只有一个处理器和少量内存，传输并处理物联设备采集到的数据目前还是主要依靠云计算方式，但云计算方式无法满足很多场景的实际需求。一是海量数据对网络带宽造成巨大压力；二是联网设备对于低时延、协同工作需求增加；三是联网设备涉及个人隐私与安全，因此，全部采用云计算的方式难以满足许多具体场景的应用需求（图 1）。

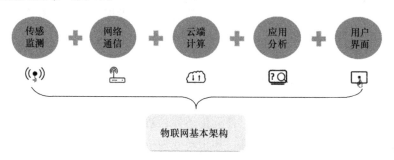

图 1　物联网技术基本架构示意图

边缘计算（Edge Computing）是一种在物理上靠近数据源头的网络边缘侧，融合网络、计算、存储、应用核心能力的开放平台，就近提供边缘智能服务的计算模式。采用边缘计算的方式，物联设备产生的海量数据能够就近处理，大量的设备也能实现高效协同的工作，诸多问题迎刃而解。因此，边缘计算理论上可满足许多行业在敏捷性、实时性、数据优化、应用智能，以及安全与隐私保护等方面的关键需求。物联网的发展和云计算的瓶颈推动了边缘计算的兴起，在边缘结点处理数据能够提高响应速度，减少带宽，保证用户数据的私密性。目前边缘计算仍处于起步阶段，但有可能为更高效的分布式计算铺平道路。

2.2.2 大数据与云计算技术

在信息科技革命的时代背景下，建筑行业各类信息数据的价值和重要性将逐步显现，充分运用大数据和云计算技术能够为各方提供更有价值的数据服务，可有效提升整个建筑行业、产业链上下游企业以及单个建设项目的整体水平。

大数据技术是预测分析、数据挖掘、统计分析、人工智能、自然语言处理、并行计算、数据存储等技术的综合运用。在绿色智慧建筑的全生命周期内存在各种类型的大数据，例如建筑设计信息、建材造价信息、施工质量及安全管控信息、建筑设备设施运行信息、建筑室内外环境参数信息、建筑修缮改造信息等，这些信息均可通过物联网的感知层进行数据采集、清洗、存储、分析以及处理，从而产生应用价值。

不同于传统计算机的计算模式，云计算技术引入了一种全新的方便人们使用计算资源的模式。计算资源所在地称为云端，输入/输出设备称为终端。终端就在人们触手可及的地方，而云端位于"远方"，两者则通过计算机网络连接在一起。在物联网技术的基础框架下，云计算可充分调动计算资源，针对感知层获取的大数据进行有效处理，可以为不同的应用场景提供实时计算服务，大数据与云计算技术的融合应用是各类绿色智慧建筑技术应用的基础。

2.2.3 BIM 与人工智能技术

BIM 技术通过数字化的表达为建筑在全生命周期的各个阶段提供智慧化的技术支撑，如图 2 所示。在设计阶段，各专业可利用 BIM 技术进行三维立体数字化建模，对建筑进行各种性能仿真模拟；在建设阶段，可利用 BIM 技术实现数字化、精细化、智慧化的施工管控；而在运营阶段，BIM 技术可实现智慧化的运营和管理，将 BIM 技术与物联网技术、大数据及云计算技术、人工智能技术进行融合，可高效实现对建筑系统的可持续智慧管理。

人工智能技术是一门综合计算机科学、控制论、信息论、神经生理学、心理学、语言学、哲学等多种学科而发展起来的交叉学科技术，其可以运用计算机系统来模拟人类脑力活动。绿色智慧建筑是集物联网、大数据、云计算、BIM 以及人工智能于一体的开放生态系统，其关键在于建筑智慧化，能够自我感知、信息记忆和存储，自适应控制和调节建筑内的机电设备，且在建筑遭遇突发状况下，具有分析能力和判断能力，并且可以作出智慧决策。因此，

图 2　常见的基于 BIM 的建筑参数化性能模拟工具

BIM 技术与人工智能技术的综合应用是绿色智慧建筑的关键技术手段。

2.3　典型应用场景下的建筑"数智化"转型技术

在建筑的全生命周期范围内，根据应用场景的不同，"数智化"转型技术可分为 6 大类，具体如下所述。

2.3.1　数字化优化设计技术

（1）基于 BIM 的优化设计技术

基于 BIM 的建筑性能模拟技术可以有效提高建筑的各类性能指标。随着计算机技术的快速发展，基于 BIM 的建筑参数化设计愈发广泛，在建筑设计初期根据算法自动优化建筑的性能，提高设计的总体效率。

（2）建筑信息激光扫描技术

基于 BIM 的 3D 激光扫描技术能在短时间内获取现场可视化与可编辑的精确数据，可导入各类常见的 BIM 软件，并根据不同的需求进行数据应用。针对既有建筑改造，采用该技术可有效生成原始模型，提高改造方案的设计效率。近年来，将低空无人机航测技术与基于 BIM 的 3D 激光扫描技术相结合，可以进一步扩大建筑信息获取视野，在建筑测量、城市扫描、城市设计、应急救灾等领域具有广泛应用，如图 3 所示。

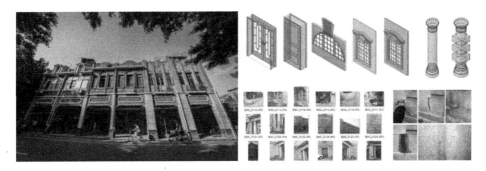

图 3　历史文物建筑 3D 扫描建模示意图

2.3.2　智慧化施工建造技术

（1）智慧工地管理平台（图 4）

图 4　智慧工地管理平台示意图

　　智慧工地管理平台通过安装在建筑施工作业现场的各类传感装置，构建智能监控和防范体系，能够有效弥补传统方法和技术在监管中的缺陷，实现对施工场地中的"人、机、料、法、环"的全方位实时监控，变被动"监督"为主动"监管"，从而真正实现"安全第一、预防为主、综合治理"的安全生产目标。此外，将无人机与智慧工地管理平台相结合，也是对工地进行数字化管理的热点方向。无人机可以将航测数据转化为地面地形、高程、坐标等信息，能够实现 3D 实景建模。

（2）BIM5D 管理技术

BIM5D 技术作为传统 BIM 技术的延伸，在 BIM3D 模型的基础上增加了施工进度信息（即时间维度）和工程成本信息（即成本维度），进一步拓宽了 BIM 技术的应用视角。BIM5D 技术的出现对于施工项目意义深远，其不仅可以实现施工组织优化、施工进度管控、施工物料管理、施工成本监控，还可以有效降低施工安全风险，提升施工项目质量。

2.3.3 建筑能源管理技术

（1）基于物联网及云计算的建筑能耗监测平台

建筑能耗监测平台是指将建筑物、建筑群或者市政设施内的变配电、照明、电梯、空调、供热、给水排水等能源使用状况，实行集中监测、管理和分散控制的管理与控制系统，是实现能耗在线监测和动态分析功能的硬件系统和软件系统的统称。建筑能耗监测平台通过在线监测单体或区域的建筑能耗，可以直观反映能源需求侧的用能特征，其建设者或使用者主要是政府部门及楼宇业主，通过该平台可以定量判断目标区域的节能减排效果，有效洞察目标区域的建筑节能潜力水平。

（2）基于人工智能的建筑能耗预测技术

采用人工智能算法对建筑能耗进行预测的优势在于能够解决变量之间的非线性关系，相比传统的回归分析法及模拟方法，具有更高的预测精度及预测效率，因此具有非常好的应用潜力。采用人工智能算法进行建筑能耗预测，目前主要应用在新建建筑的方案设计阶段，针对既有建筑运行能耗的预测目前尚处于起步探索阶段。

（3）用电安全管理平台

通过在配电箱内的安全用电传感终端，对建筑内电力线缆的温度、电流、剩余电流、故障电弧等进行实时在线监测和统计分析，可实时监测供电侧、用电侧安全用电参数，通过物联网传输技术上传至用电安全管理平台。对出现的异常能及时通过预警方式向各安全负责人员提醒存在的安全隐患，并通过系统分析判断故障发生的原因，分析故障原因及状态发展趋势，准确、及时发现电气火灾故障隐患，有效减少电气火灾安全隐患。

2.3.4 建筑环境管理技术

（1）室内热环境物联监测系统

室内热环境物联监测系统可通过室内热舒适度与空气质量监测仪收集到的环境信息反馈室内环境质量，可监测室内环境参数，如温湿度，黑球温度，空气微风速，噪声，照度，辐射热，热舒适度指标 PMV、PPD，热压指数 WB-GT 等。可通过无线连接实现远程查收数据、远程监控，同时可以组建本地局部测试网，实现多台设备联网测试，便于如商业、办公等建筑的多点多区域测试。同时可开发控制输出功能，利用反馈的热环境参数，对相关设备输出控制信号，如空调、门窗、通风装置等。

（2）室内空气质量管理系统

室内空气质量管理系统是指通过在室内布置各类空气质量指标监测装置，对室内空气中的 CO_2、CO、PM2.5、PM10、甲醛等污染物浓度进行实时监测，当这些污染物浓度超标时具有报警功能，并且具有可以与新风及排风联动功能的智能系统。该系统可以对室内空气质量进行智能调控，在维持室内舒适度的同时减少不必要的能耗。目前，应用最为普遍的室内空气质量管理系统主要是新风机组与 CO_2 监测联动系统、地下车库排风与 CO 监测联动系统。

（3）疫情防控环境管理技术

采用智慧技术对疫情防控阶段的建筑环境进行高效管理，提升建筑的健康防疫性能已成为当前阶段的关键手段。目前已有的疫情防控智慧管理技术主要体现在实时人流红外体温监测、人工智能人脸识别、智慧网格视频监控、无人机疫情监控等方面；可实现快速检测、快速锁定、实时动态的无接触疫情防控管理。

（4）污染物排放监测系统

污染物排放监测系统可对建筑环境内产生的废气污染物（以有组织或无组织形式排放）、废水污染物（直接排放或排至公共污水处理系统）、噪声污染物等进行排放监测；对建筑所处周边环境进行空气、地表水、地下水、土壤等环境质量展开监测；并可对污染治理措施实施后的效果进行监测对比，辅助建筑使用单位建立污染物排放及环境质量管理制度、环境质量保证与控制制度等。

（5）建筑运行碳排放监测系统

碳监测是指通过综合观测、数值模拟、统计分析等手段，获取温室气体排放强度、环境中浓度、生态系统碳汇以及对生态系统影响等碳源汇状况及其变化趋势信息,以服务于应对气候变化研究和管理工作的过程。建筑运行碳排放监测系统是开展碳核查等碳资产管理的重要基础,计算范围包括暖通空调、生活热水、照明及电梯、可再生能源、建筑碳汇系统在建筑运行期间的碳排放量及减碳量。可形成区域碳中和基本数据库,作为多维度碳资产管理的重要支撑。

(6) 城市道路与景观照明节能控制系统

城市道路和景观照明系统的节能潜力巨大,采用照明节能控制系统可对城市道路和景观照明进行有效控制和管理,在保证城市运行安全的前提下,可有效降低户外公共照明能耗。城市道路和景观照明节能控制系统具备无线路灯控制、回路集中控制、城市道路监控等功能,可快速告警并定位异常路灯的地理位置,提高整个灯光系统管理的效率。同时,系统可分析统计每盏路灯、每条街道、每个片区的能耗数据,为城市建设规划提供大数据依据,是打造智慧城市、提升互联网+市政运营能力的优秀解决方案。

(7) 智慧照明管理系统

智慧照明管理系统由监控中心、集中控制器、单灯控制器及电缆监测报警器组成。集中控制器接受、执行、转发监控中心的命令,并通过监控终端对每盏灯进行开关控制和亮度调节,实现灵活地远程控制。集中控制器可通过内置输出端口对各回路的监控,并通过监控每盏灯的实时状态,将室内的光照、用电量等信息反馈至监控中心,以实现对建筑照明设施的科学管理。单灯控制器通过电力载波通信技术与智能监控终端进行通信,实现对每一盏灯的监测和控制。

2.3.5 设施设备管理技术

(1) 设施设备智慧管理平台

设施设备智慧管理平台是智慧运维时代的新型物业管理信息化产品,其借助物联网、云计算、大数据、RFID 等多项技术手段,将传统物业管理的业务内容、管理制度、实施流程、运维标准等转变为平台信息化管理,显著提高物业管理效率,提升物业运维品质,降低物业运维成本。如建立人员、空间、设备的全生命周期台账;对用能设备的运行工况进行实时监测及分析;诊断并预测故障及低能效状态且推送应对解决方案等。此外,利用 BIM 模型强大的信息集成、接口开放、三维可视化等特性,可以为设施设备的全生命周期管理提供高效解决方案。

（2）碳资产管理技术

温室气体碳排放权符合《企业会计准则》中对资产的定义，可被认定为"碳资产"，可将其作为商品进行交易，以市场化机制解决温室气体排放问题。碳资产管理是指以碳资产的取得为基础，战略性、系统性地围绕碳资产的开发、规划、控制、交易和创新的一系列管理行为，是依靠碳资产实现企业价值增值的完整过程。它包括碳资产实物管理活动（碳减排、碳监测、碳盘查、碳内审、碳会计信息披露、碳交易等）和碳资产综合管理活动（战略规划、制度建设、组织建设、知识管理、创新管理等）。

2.3.6　智慧化区域管控技术

（1）CIM 管理平台

城市信息模型（CIM）是以建筑信息模型（BIM）、地理信息系统（GIS）、物联网（IoT）等技术为基础，整合城市地上地下、室内室外、历史现状未来多维多尺度信息模型数据和城市感知数据构建起的三维数字空间的城市信息有机综合体。

2019 年 3 月，住房城乡建设部首次在其颁布的行业标准中公开提出了 CIM。2020 年 9 月，住房和城乡建设部发布了《城市信息模型（CIM）基础平台技术导则》。2021 年 6 月，广州建成了全国首个城市信息模型（CIM）平台项目。CIM 的本质是服务城市全生命周期。围绕城市建筑和市政基础设施全生命周期，CIM 管理平台在实际工程规划、建设、运维等阶段有着诸多的典型应用。如在规划阶段，能够预览规划成果，优化城市空间布局，促进城市科学规划、高效建设。在建设阶段，可以进行建设施工场景可视化、工程量计算、项目进度质量管理等，显著提升建设过程精细化监管效能。在运维阶段，可以消除各系统信息孤岛，实时监控运行态势，及时进行运营维护，可视化应急指挥，保障城市正常运行。

（2）城市/区域建筑废弃物监管平台

我国目前仍处于经济建设快速发展时期，同时有相当比例的 20 世纪建成的老旧建筑面临拆除或更新改造，每年的建筑废弃物的产生量会持续增多。建筑废弃物的排放量占城市固体废弃物总量的 30%～40%，北京、上海等大型城市的建筑废弃物年排放量都在 3000 万 t 以上。在新建建筑的施工以及老旧建筑的拆改过程中，如何对建筑废弃物的排放、回收、利用进行全过程的监管，是城市管理面临的一大难题。BIM、物联网等数字化技术的应用将为建筑废弃物的监管带来极大的效率。

（3）"一网统管"——城市运行管理服务平台（图5）

2017年10月，党的十九大报告明确提出"推进国家治理体系和治理能力现代化"的总体目标；2018年7月，国务院印发《关于加快推进全国一体化在线政务服务平台建设的指导意见》，明确了"形成全国政务服务'一张网'"的重要思想；2021年3月，李克强总理在政府工作报告中提出"提高数字政府建设水平""建设数字中国"的工作部署，明确了"十四五"期间数字化建设的主基调。

图5 城市运行管理服务平台

在国家政策指引下，部分省市政府积极探索城市治理新模式，将城市运行管理服务平台作为"一网统管"的重要载体。2020年4月，上海市政府审议通过《上海市城市运行"一网统管"建设三年行动计划》；2020年11月，北京市政府提出"推动城市运行'一网统管'"，综合力量、联通各方，支撑高效治理；《山西省政府2021年工作报告》中明确了"推动城市管理智能化，促进城市运行'一网统管'"的工作安排。从2021年31个省市区"两会"政策部署及重点任务来看，绝大多数省份均涉及数字治理相关建设任务。城市运行管理服务平台等成为越来越多地方政府提升数字化治理能力的新选择、新抓手，加快推进城市治理，"一网统管"逐渐成为越来越多省市政府的普遍共识。

86

2.4 存在的问题

2.4.1 安全与隐私问题

随着物联网等新兴技术在绿色智慧建筑领域的深入应用，大量的监测传感器遍布在城市及建筑的各个角落，各类建筑用户的安全与隐私问题是该领域的首要敏感话题。从用户的角度来看，各类智慧应用系统会涉及私人信息，不安全的系统容易引起用户的担心，并且会降低用户使用该系统的主观意愿，有时甚至会导致出现严重的后果。因此，如何在保障用户安全及隐私的前提下应用各类绿色智慧建筑技术是亟待研究的关键问题之一，加密算法、用户权限管理等方面的研究需要得到重视。

2.4.2 数据的获取、处理以及存储问题

基于物联网的各类绿色智慧建筑技术可以有效应用的基础在于各类通过感知层获取的数据，因此数据是信息时代背景下的重要资源。绿色智慧建筑领域的各类物联监测数据相比其他领域的数据更为复杂多样，例如涉及室内外环境、用户行为特征、建筑围护结构、机电设备系统等多种信息数据，关于如何有效获取这些数据，并进行有效清洗、整理、存储，为后期的数据分析奠定基础条件，同样也是该领域亟待研究的关键问题之一。

2.4.3 楼宇自控系统的标准化问题

各类绿色智慧建筑的应用技术大多需要依赖楼宇自控系统进行数据传输以及反馈控制，但当前主流的各类楼宇自控系统品牌各自独立，而楼宇机电系统种类繁多，若要真正实现智慧化运行操作，需要打通各种系统的通信壁垒，建立统一的智慧建筑设备元器件通信协议，从而实现各类物联监测数据的有效传输以及反馈控制，为各类智慧管理平台的有效应用提供便利。因此，关于楼宇自控系统如何实现标准化同样也是亟待解决的关键问题之一。

2.4.4 信息化应用的政策导向问题

作为建筑行业信息化转型发展的关键技术，BIM 技术虽然热度很高，但其应用率及集成化程度并不高，尚不能完全替代传统的 CAD 制图及建筑全生

命周期管理的复杂要求。同时，政府在推进BIM技术应用的过程中缺乏有效的政策导向，例如当前国内的建筑施工图审查依然是基于传统的二维图纸，BIM技术在建筑领域应用的深度及广度均有待提高。因此，绿色智慧建筑在我国的普及推广尚有很长的路要走，需要在政策制定上进一步加强探索。

2.4.5 绿色智慧技术的价值问题

当前，我国的绿色智慧建筑普及率仍然较低，行业发展还不充分。虽然政府制定了各类推进智慧城市的相关政策，但由于各类智慧技术系统的成本造价不透明，投资回收期难以测算，建设单位往往对各类智慧系统的应用价值难以判断，导致其对绿色智慧技术的应用积极性不高。例如，当前的大型公共建筑能耗监测系统多是由政府买单投资，用于宏观测算区域节能工作的成效，而在单栋楼宇的节能应用方面尚未发挥出应有的作用。因此，关于如何挖掘绿色智慧技术的应用价值，充分挖掘绿色智慧建筑的潜在需求，也是亟待研究的关键问题之一。

2.5 总 结

在信息科技革命的时代背景下，绿色建筑、智慧建筑、健康建筑融合发展已成为当前建筑行业的主流趋势，物联网技术、大数据与云计算技术、BIM与人工智能技术是绿色智慧建筑行业发展的核心驱动力，建筑能源管理技术、建筑环境管理技术、设施设备管理技术、建筑信息扫描技术等新兴技术已成为当前绿色智慧建筑领域的主要发展方向，且市场潜力巨大；然而，在用户的安全与隐私，数据的获取、处理以及存储，楼宇智能系统的标准化，建筑行业信息化转型的政策导向，绿色智慧技术的价值挖掘等方面仍待进一步研究探索。

作者：方向 苟少清 王喜春 于兵（上海东方延华节能技术服务股份有限公司）

3 绿色低碳建造全过程正向整合设计方法

3.1 存在的问题和解决问题的方法

3.1.1 当前存在的问题

一是当前许多绿色建筑实际上都是逆向设计实现的，多数都是在施工图已完成基础上，再通过咨询机构的介入，按照绿色建筑标准性能指标的要求，从后往前推，再进行绿色技术叠加或改图，很容易造成技术堆砌，产生更大浪费。正向整合设计是涵盖全过程、全专业的整合设计，既包括建材遴选，也包括全过程的性能成本优化。选材是碳排放的最大头，这也是当前很多设计企业所忽视的。

二是当前建筑性能的确定更多都是凭主观经验，往往缺少客观的量化数据支撑，通过量化数据把控性能，控制碳排放，就需要进行以数据为基础的建筑全寿命性能化设计，无论是设计优化或建筑选材，都要用数据衡量和把控，并且要采用检测方法实现性能可测和效果验证。

三是缺乏以建筑师负责制为基础的建筑全过程一体化设计，缺乏能将建设立项、规划设计、设计选材、设计深化、施工建造及交付评估的建筑全过程一体化协同的模式，设计在低碳业务链前端的优势没有发挥出来。

这个阶段决定了建筑性能，决定了所选建材和运行的碳排放水平，所以设计阶段对于碳排放来说是决定性的、关键性的。

3.1.2 解决问题的方法

绿色低碳建筑的核心目标是给"人"带来更大的满意度，如何能够把高品质的建筑性能落地，就要将各类要素和目标整合起来。应采用工程总承包模式，并通过全过程建筑师咨询服务机制进行落地实施。

正向整合设计方法不仅止于技术内容，还包含对团队的管理与把控，因为整合过程中每个组成部分对整体目标的认知程度甚至积极程度都对项目的最终结果有着很大的影响。成熟的方法更强调整个建设过程的团队随时都要以整体优化而非部分优化为目标，让每个组成部分清楚整体的目标和进度，尊重每个组成部分的专业性意见。

建筑师需要掌握的能力也不仅止于设计，还必须包括管理、建造等方面的知识和能力。建筑师要明确从项目启动到结束的全部阶段所负责的工作内容，其主要职责包括：项目管理服务、支持服务、评估与策划服务、设计服务、施工采购合同管理服务和设施调试服务。由于建筑师在选择材料和确定工艺流程方面具有专业性和权威性，应约定建筑师具有指定材料和确定施工工艺的权利等，这对于降低建筑业的碳排放会起到重要作用。

3.2 正向整合设计多目标多要素流程

建筑师要想统筹好这个组织环节和技术体系越来越复杂的"巨系统"工程，流程管理至关重要。

3.2.1 确定流程控制节点

协同设计流程的设定并不是要罗列所有的工作节点，而是要明确建造全过程与建筑质量和品质密切相关的性能控制节点都有哪些，建筑师应该怎么做，做了没有，是否达到目标要求。通过对全过程设计流程的整合提炼，可按照"场地规划设计、建筑方案设计、技术设计、设计选材、设计交付与调适"5个阶段、19项关键流程节点（过程）、70项步骤进行控制。

3.2.2 制定项目前置控制要求

美英等发达国家的建筑师需要负责编制项目"技术标准"（Technical Specification），并在不同的设计阶段进行不断地优化调整，可以形象地说，他们的很多设计工作是"写出来的"，而不是"画出来的"。

当前，设计工作很多只是止步于图面上，多依据"标准"开展设计。实际上，即使标准规定得再详细，也不可能做到穷尽所有事项，只有根据不同项目的具体情况，结合流程和内容节点控制要求制定详细的项目级"技术标准"（技术规范书，Technical Specification），形成"一案一标"的前置性能控制要求，并在项目实施过程中不断优化调整，才能使绿色设计的流程控制有精细化落地的"抓手"。

3.2.3 控制区域主要低碳考核指标

构建负碳、零碳、低碳（高、中、低）不同目标值，不同工作生活场景和主要设计产品（大型公共建筑、居住建筑）所对应的解决方案。明确地域适应性、场地适应性、经济适合度。

明确区域碳排放要素组成，如能源、电力、水、废弃物、交通、建筑等。规划设计方面：总量下降率、人均碳排放量等。能源设计方面：可再生能源利用占比、设计能耗约束等。市政设计方面：新能源汽车充电桩配置率、新能源路灯占比、再生水供水系统、利用非传统水源等。建筑体系方面：二星级及以上绿色建筑比例、人均生活垃圾末端清运处理量等。绿地碳汇方面：碳汇因子、绿化覆盖率等。

3.2.4 确定建筑重点节能空间影响因子

针对建筑重点节能空间，建筑师通过其优化设计进行有效控制，首先应以空间面积、空间大小、空间在建筑中所处的位置、空间的功能复合性等为影响因子；其次再以围护结构、通风采光、窗墙比等主动、被动技术手段的应用情况进行数据模拟；最终通过大量设计项目在协同设计平台的应用，形成大数据叠加，通过机器学习不断进行自我修正。同时，还应将不同人的行为需求与空间进行整合，形成可数据前馈的整合设计影响因子。

3.2.5 搭建绿色低碳建造整合设计模板

随着新一代信息技术的应用，协同设计流程与方法应用于设计平台之中得以实现，其中绿色建筑协同设计模板作为开展工作的基础，应包括量化分析、数值约束、设计要点和性能要求等关键要点。与传统设计方法相比，其优越性具体体现为：一是能够明确重点节能空间、各类空间节能影响率；二是前期多方案自查比选方便快捷且科学合理；三是对于优先应用被动技术，可直观估算各技术手段的节能率；四是可实时比对根据不同技术手段选择的舒适性、能耗、经济等指标的变动情况；五是可将后期暖通模拟基本系数简化、前置，形成与建筑师的有效沟通。

3.2.6　整合设计流程的编制（图1）

一是场地规划设计应符合以下设计流程和节点控制要求：城市环境呼应与场地资源利用保护，对场地规划布局进行环境模拟分析，场地交通与公共设施规划布局合理，优化调整公共空间环境舒适与利用率。

二是建筑方案设计应符合以下设计流程和节点控制要求：优化调整建筑形态和重点耗能功能空间布局，优化调整窗墙体界面使其有利于利用自然资源，建筑利用自然资源优化模拟分析。

三是建筑技术设计应符合以下设计流程和节点控制要求：完成模数和构造节点性能优化设计，结构设计涉及建筑功能、建筑形态、模数、装配和基坑等优化，围护结构设计涉及建筑性能指标的认定，机电设计涉及设备系统性能指标的认定，给水排水设计涉及生活和设备用水系统性能指标的认定，室外环境设计涉及环境丰富度和雨水利用优化设计。

四是建筑设计选材应符合以下设计流程和节点控制要求：外界面利用废弃、自然材料和复合材料选材优化，建筑内装修采用一体化集成产品选材优化，材料同寿命族群和部品部件之间寿命匹配选材优化。

五是设计交付与调适应符合以下设计流程和节点控制要求：交付前对建筑围护系统和各设备系统进行设计调适，开展运行能耗与设计工况对比分析，开展室内外环境质量与设计工况对比分析和用户满意度评价。

3.3　2022冬奥会崇礼国宾山庄02地块项目正向整合设计应用

崇礼国宾山庄02地块项目位于整个国宾山庄的入口处第一个地块，背靠山地陡坡，地形狭小。赛事时接待奥运贵宾，赛后为精品酒店。项目以"隐"为出发点，将"山""园""院""景"四个元素作为设计要点，通过隐于山林、引景入园、合院塑景、园中赏景的设计手法，营造出尊重地形地貌，顺应山势生长而出，融合于自然的建筑。

该项目采用全专业正向整合设计，利用全过程协同设计流程控制平台进行设计管理，通过性能化设计，对建筑全寿命期的经济效益进行模拟分析，并利用游客流线与行为数据模拟分析软件，将人性化、精细化的需求要素进行设计前馈整合（图1）。

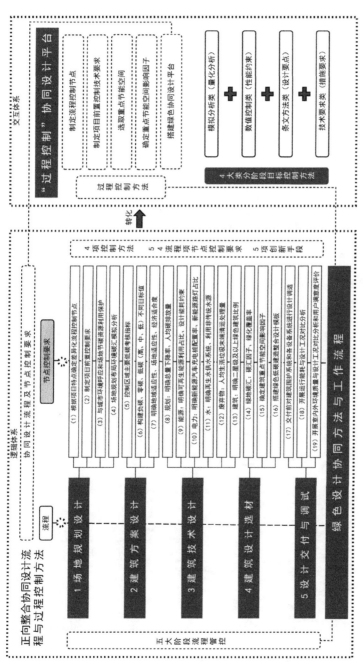

图 1 正向整合设计流程和节点管控构架

　　设计充分利用和重点关注场地山体的自然条件和现有资源环境条件（高原沟壑、林坡地等条件），通过建筑布局对山体环境影响的模拟推演确定建筑设计方案。通过自然资源优化模拟分析确定了建筑各功能空间布局，使所有的功能空间均可天然采光、自然通风，并对窗体分类开启和位置进行环境模拟。针对门厅、会议室、游泳池等重点用能空间制定了具有针对性的优化设计策略要点，走道和过厅等人员使用频率较低和使用时间较短的空间全部实现天然采光、自然通风，并结合坡屋面设置了大量屋顶采光天窗。通过正向整合设计的一体化管控，达到了绿色低碳的性能要求，获得了绿色建筑三星级设计标识（图2～图4）。

(a)

(b)

图2　构建跌落连续屋面，形成"隐"于山林的建筑场景

1. 项目地块原地形

2. 根据原地形走势，形成三级台地，做到土方平衡

3. 在台地上布置各组建筑院落，建筑形态顺应山势错落

4. 推敲建筑形态、尺度，组织建筑与山景园景关系

5. 细化建筑与环境肌理

6. 完善整体设计方案

图 3　基于地貌特征的造园过程形成的北方山地园林

(a)

(b)

(c)

图 4 建设过程实景

作者：薛峰 凌苏扬 沈冠杰（中国中建设计研究院有限公司）

4 水资源综合利用与碳排放

碳排放是人类生产经营活动过程中向外界排放温室气体（二氧化碳、甲烷、氧化亚氮、氢氟碳化物等）的过程。建筑与人类生产经营活动休戚相关，推广绿色低碳建筑技术可以降低人类生产经营活动过程中的碳排放。节水与水资源利用是绿色低碳建筑技术的构成之一。

国家统计局发布的《中华人民共和国 2021 年国民经济和社会发展统计公报》表明，初步核算，2021 年我国全年国内生产总值 1143670 亿元，比上年增长 8.1%；2021 年末全国人口 141260 万人，比上年末增加 48 万人，其中城镇常住人口 91425 万人。由于我国国内生产总值高，人口基数大，由此产生的各种碳排放量都很大，其中包括城市自来水供应和输送、污水处理、建筑内水系统等产生的碳排放。

上述提及的《中华人民共和国 2021 年国民经济和社会发展统计公报》表明，全年能源消费总量 49.8 亿 t 标准煤，比上年增长 2.2%。图 1 为我国二氧化碳排放来源分布图。

图 1 中虽然没有直接给出城市给水排水系统二氧化碳排放占比，但在每个

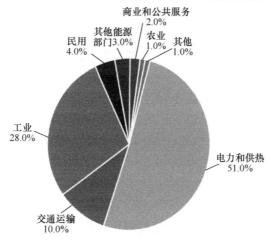

图 1　我国二氧化碳排放来源分布图

97

分类中都包含给水排水的内容，例如工业用水、居民用水等。水利部发布的2020年度《中国水资源公报》数据表明，我国 2020 年全国用水总量为 5812.9 亿 m³，扣除农业用水 3612.4 亿 m³ 和人工生态环境补水 307 亿 m³，生活与工业用水合计为 1893.5 亿 m³。鉴于此，在市政给水排水领域每年可产生多少碳排放，节约用水的减排效益有多大，有哪些水资源综合利用方面的绿色低碳建筑技术等问题亟需得到解决。

4.1 "节水减碳"指标

本文尝试通过对城市给水排水系统全过程分析，得出人类生产经营活动中用水与排水产生的碳排放量，也可以说是节约用水产生的减碳效益，得出节水减碳的相关指标，以供计算绿色低碳建筑节水与水资源综合利用碳减排量使用。

与给水排水相关的人类生产经营活动可以概括为"取水—自来水生产—中间加压—建筑内部使用—污水提升—污水处理—排放"七个部分，这一过程可以分为能耗产生的二氧化碳排放和污水处理过程生化反应产生的二氧化碳排放两大类，这两大类排放的二氧化碳之和就是城市给水排水系统每吨水产生的二氧化碳量，也可以称为"节水减碳指标"。

4.1.1 能耗产生的二氧化碳排放量

能耗折算二氧化碳指的是耗电量折算成的二氧化碳排放量，它可用于估算给水处理、给水加压、污水提升、污水处理四个部分能耗产生的二氧化碳排放量。按照 2022 年 2 月 18 日国家发展改革委等部门发布的《关于印发促进工业经济平稳增长的若干政策的通知》中提出的控制指标，每节约 1kWh 电，相当于节约 0.3kg 标准煤，同时减少排放 0.204kg 碳粉尘、0.748kg 二氧化碳、0.023kg 二氧化硫、0.011kg 氮氧化物。以 1kWh 相当于排放 0.748kg 二氧化碳作为计算基准值，可计算出城市给水排水系统生产、供给和排放过程中耗能产生的二氧化碳排放量。

4.1.2 污水处理过程生化反应产生的二氧化碳排放量

污水处理直接产生的二氧化碳排放量可以通过 BOD 去除率，计算"碳源转化"量的方式获得。"碳源转化"过程可分为两部分，一部分由水中微生物对有机物的氧化分解形成；另一部分由微生物的自身氧化分解形成，两者之和就是污水处理过程生化反应产生的二氧化碳排放量。

4.1.3 城市供水排水系统每立方米水产生的二氧化碳换算量

城市供水排水系统每立方米水产生的二氧化碳（kg/m^3），或者说每节约 $1m^3$ 水产生的减碳量可用下式表达：

$$R_C = [(W_1/Q_{11} + T_1/Q_{12}) + (W_2/Q_{21} + T_2/Q_{22})] \cdot D + C_2$$

式中 R_C——节水减碳指标（处理每吨水的 CO_2 换算量，kg/m^3）；

W_1——自来水厂日均耗电量（kWh/d）；

W_2——污水厂日均耗电量（kWh/d）；

Q_{11}——给水厂日均处理水量（m^3/d）；

Q_{12}——给水管网日均加压量（m^3/d）；

Q_{21}——污水厂日均处理水量（m^3/d）；

Q_{22}——污水管网日均提升量（m^3/d）；

T_1——给水管网提升泵站日均耗电量（kWh/d）；

T_2——污水管网提升泵站日均耗电量（kWh/d）；

D——每度电的 CO_2 换算量（0.748）；

C_2——污水厂处理工艺过程中碳源转化为 CO_2 的量（kg/m^3）。

4.1.4 "节水减碳"指标值

从以上分析可以看出，"节水减碳"指标值与城市给水排水系统的管网布局、地形高差、处理工艺、能耗折算等直接相关。调查表明，我国目前多数城市自来水厂、污水处理厂的处理工艺流程基本相同，差异较大的是自来水水源地位置、地形造成的自来水和污水管网高差、建筑高度和每度电的二氧化碳换算量等，其中每度电的二氧化碳换算量直接关系到该地使用的电源种类。采用案例分析法，通过对"花桥低碳国际商务城"从水源至用户的过程分析，得出案例条件下的该项目供水排水系统"节水减碳"指标值为 $0.876kg/m^3$。

4.2 基于水资源综合利用方面的绿色低碳建筑技术

我国《绿色建筑评价标准》GB/T 50378—2019 中，与水资源综合利用绿色低碳技术相关的内容主要体现在第 5 章健康舒适、第 7 章资源节约和第 8 章环境宜居。概括起来包括以下两个方面。

4.2.1　直接产生减少碳排放效应的节约用水技术

（1）编制水资源综合利用方案

水资源综合利用方案是指在绿色建筑评价的范围内，在适宜于当地环境与资源本底条件的前提下，提出应采取的节水与水资源综合利用技术，并对其效益进行评价，以达到"高效、低耗、节水、减排"目的的专业专项规划。其主要内容应包括城区使用节水器具、降低管网漏损、雨水回用、海绵城市措施等。方案应明确提出节水减碳目标，并给出实施路径和指标分解。

（2）建筑内部给水系统节水

建筑内部给水系统的节水技术主要包括选用较高效率等级的节水器具、末端水压控制、安装三级计量水表等。节水器具与传统的卫生器具相比有明显的节水效果，可以减少无效耗水量，是重要的末端节水措施。在绿色低碳建筑设计时应明确提出采用不小于二级节水效率等级的节水器具，满足《节水型生活用水器具》CJ/T 164—2014 及《节水型产品通用技术条件》GB/T 18870—2011 的要求。

（3）采用微喷灌等节水绿化技术，用非传统水源替代自来水

采用微喷灌、滴灌、渗灌等节水浇灌技术比人工漫灌用水量少，可以在建筑周边绿地推广使用。该技术不仅可以降低建筑给水系统用水量，还可以节约人工。绿化和冲厕用水水质标准低于自来水，有条件的项目可以用雨水或者再生水替代自来水，具有较好的节水效果。值得强调的是雨水、再生水等在处理、储存、输配等环节要采取一定的安全防护和监测控制措施，其水质指标不得低于《城镇污水再生利用工程设计规范》GB 50335—2016 及《建筑中水设计标准》GB 50336—2018 的相关要求，保证卫生安全，不对人体健康和周围环境产生不利影响。

年平均降水量在 800mm 以上的多雨但缺水地区，适宜建设雨水收集、处理、储存、利用等配套设施，对雨水进行收集、调蓄、利用。根据雨水利用系统技术经济分析，可结合蓄洪要求设计雨水调蓄池。雨水收集利用系统可与海绵城市建设、水景观设计相结合，优先利用景观水体（池）调蓄雨水，回用于绿化、道路冲洗、垃圾间冲洗等。

4.2.2 保障用水安全，有益于资源节约和环境保护的绿色低碳技术

（1）建筑用水安全保障措施

绿色低碳建筑的生活饮用水水质必须满足国家标准《生活饮用水卫生标准》GB 5749—2006 的要求；如果给水系统设置了水池水箱，则应制定定期消毒清洗的计划，并应有确保储水不变质的设施；应使用构造内自带水封的便器，水封深度不应小于 50mm；所有的给水排水、非传统水源等的管道、设施应设置明显、清晰的永久性标识等，确保建筑用水安全。

（2）强化雨水入渗，建设海绵设施

场地竖向设计应有利于雨水的收集或排放。合理规划地表雨水径流途径，采用多种措施增加雨水调蓄量和渗透量，达到城区"年径流总量控制率"不小于 60%。结合项目当地气候、地形、土壤、地下水位、年降水量和降水类型等本底条件，合理规划绿色雨水基础设施。优先选用雨水入渗、下凹式绿地、土壤渗滤、雨水花园和生态浅沟等自然净化系统，适当地设置雨水调蓄装置，配合自然净化措施，达到年雨水径流减量的目的。具体做法包括但不限于：在人行道、慢车道、广场等公共区域采用透水下垫面铺装；景观水体采用生态护坡；利用原有地形或水体等建设雨水调蓄构筑物或设施等，达到"年径流总量控制率"指标不低于 60% 的控制目标。

上述水资源综合利用方面的绿色低碳技术适用于新建或改扩建的公共建筑、居住建筑和工业建筑等，其中的雨水回用技术限于年降水量大于等于 600mm 的地区。不论是直接产生减少碳排放效应的节约用水技术，还是保障用水安全，有益于资源节约和环境保护的绿色低碳技术，都可以在建筑给水排水系统设计的基础上进行应用，且投资增量有限。

4.3 结语与展望

2021 年 12 月 23 日，中国建筑节能协会、重庆大学在线发布的《2021 中国建筑能耗与碳排放研究报告：省级建筑碳达峰形势评估》显示，2019 年全国建筑全过程（包含建材、施工、建筑运行三部分）碳排放总量为 49.97 亿 t 二氧化碳，占全国碳排放的比重为 49.97%，建筑碳减排成果与我国碳达峰和碳中和目标关联密切。如前所述，我国 2020 年生活与工业用水合计 1893.5 亿 m^3，按本文给出的案例中"节水减碳"指标值 0.876kg/m^3 估算，其每年

的碳排放量可达 1.659 亿 t，节水与水资源综合利用对碳减排的贡献潜力不容忽视。

在推广应用前述各项节水技术的基础上，还应继续强化高效率节水器具推广普及工作；加强自主研发，利用我国大数据领域的技术优势，提升城市给水排水系统的智慧化控制水平，进一步降低水的生产、使用、排放等环节的能耗水平；推进城市市政中水系统建设；开发集成化、模块化的建筑中水回用设备等。

作者：吕伟娅（南京工业大学）

5 城市绿地低碳建设技术综述

5.1 技 术 条 件

5.1.1 技术背景

低碳建筑技术内涵由建筑本体不断向周边环境扩展,《绿色建筑评价标准》GB/T 50378—2019 和《绿色生态城区评价标准》GB/T 51255—2017 等系列标准在不同空间尺度上均将环境生态作为绿色低碳技术体系的重要内容,对场地水、绿生态要素及与光、风、热等环境条件的协同调控提出了技术要求。2021 年,《关于推动城乡建设绿色发展的意见》《中共中央 国务院关于完整准确全面贯彻新发展理念做好碳达峰碳中和工作的意见》等文件发布,进一步明确了加快转变城乡建设方式。对建筑外环境城市绿地低碳建设技术的重视程度日益提升。

5.1.2 应用意义

作为城乡建设体系中唯一有生命的基础设施,城市绿地占建设用地总面积的 1/3,是城市范围内重要的碳汇空间,同时还能提供调节小气候、涵养水源、削减污染物等多种生态服务,间接降低碳排放,相关低碳技术应用对提升城市低碳建设水平具有重要意义。

5.2 技 术 内 容

5.2.1 技术介绍

城市绿地低碳技术总体可分为"增加碳汇"和"减少碳源"两个方面,"增加碳汇"方面包括选择固碳能力强的乡土植物、增加绿量及合理植物配置三种途径,"减少碳源"方面包括项目建造过程中,自身碳减排及养护管理和使用阶段的直接或协同碳减排,整个技术应用贯穿于"规划/设计—建设—运维"的全生命周期过程。

5.2.2 适用范围

城市绿地低碳建设技术适用于城市、片区、项目(建筑外环境)等多尺度环境低碳生态建设。需要指出的是,不同尺度适用技术的侧重点也有所不同。

5.3 技术现状综述

5.3.1 城市绿地碳汇功能提升技术

(1)优化空间布局

合理构建连续的线性生态廊道,完善跨尺度、跨区域的城市园林绿地系统架构;构建有利于气体交换与污染物扩散的空气流动通道和"冷桥系统"。根据相关研究,城市通风廊道长度需达 1000m 以上,宽度为 100~150m,保持风道走向与城市主风向一致,能够形成较为理想的通风效果。充分尊重场地的现状地形地貌,保护其原有生态环境。结合场地的光照、风速等自然因素,改善场地微气候空间布局,通过构建风廊促进空气循环、缓解城市热岛效应。

(2)合理竖向设计

充分利用原有的地形地貌就低挖湖、就势堆山,减少土石方的填挖,从而降低建设维护成本,减少碳足迹。通过微地形景观增加园林绿地的竖向变化,利用地形自然排水和进行雨水的收集利用,实现节能减排目标;回收利用场地原有表土,减少土方运输带来的能源消耗。

(3)低碳植物群落配置

从高固碳植物筛选和高固碳植物群落配置及低维护模式方面综合构建绿地碳汇功能提升技术。选择适应力强、病虫害少且固碳释氧能力强的乡土树种,能提高园林的整体固碳效益,并减少植物碳排放量和养护成本;低碳植物配置方法应以自然式为主,形成乔、灌、草、地被相结合的复合式群落配置模式,注重不同植物碳汇能力的优势互补,形成的群落绿量指数、冠幅指数高,单位面积固碳效益高。长三角地区测定和筛选出高固碳适生园林植物 200 余种,如垂柳、乌冈栎、糙叶树、乌桕、麻栎、醉鱼草、木芙蓉等〔固碳值大于 12g/

(m² · d)]，并进行高碳汇植物配置技术应用，植被固碳能力提升20%。不同覆被类型绿地40年固碳量见表1。

不同覆被类型绿地40年固碳量　　　　　　　　　　　表1

覆被类型	阔叶大乔木	阔叶小乔木、针叶乔木	密植灌木	草本	乔木、灌木、草本
固碳量（kg/m²）	900	600	300	20	1200

（4）因地制宜利用水资源

雨水资源或地表水资源丰富的地区可多设计水体景观，反之就要减少水体景观的运用，并尽量设计循环给水系统，通过透水铺装、下凹式绿地、人工生态湿地、截水沟、滞留塘等海绵设施，建设海绵型绿地，蓄积利用雨水，从而减少直接水资源的消耗。

5.3.2　城市绿地低碳建设技术

低碳建设是城市绿地"减少碳源"的重要方面，包括减少建设期间碳足迹、顺应及利用现有地形减少土方量施工、选用碳友好材料、重构及改装废弃材料、综合利用水资源、绿色构筑物及小品设施的营建、减少后期维护管理的碳排放、使用可再生能源以及延长景观生命周期等多种技术途径。

针对绿化工程，根据当地气候条件、水文特征、土壤地形等条件选择合适的树种，并根据不同树种的生长特点、习性、所需的生长空间来合理搭配和布置，综合实现降本增效。实施低碳种植工程，采用先进的移栽技术与器具，提高移栽、种植效率，在种植过程中实施精细化管理，降低苗木枯死、补种的比例和频次，减少资源浪费。

实施低碳化的施工组织管理。施工前期加强实地勘察和数据收集，选择节能减排的施工方法及施工工艺，并注重优化施工环境；合理部署各分项工程施工任务，妥善安排施工进度，使人力及物力在时间安排上能够有序进行；将施工过程中产生的剩余材料进行收集和再利用，从而实现低碳化的节能减排目标。

5.3.3　城市绿地运维减碳技术

绿化灌溉、绿地照明、农药和化肥的施用等绿地管护措施都产生了较高的碳排放，在一定程度上抵消了绿地土壤的固碳效益。以晋中市社火公园为研究对象，对运行维护阶段不同养护措施碳排放量进行比较发现，灌溉类措施产生的碳排放可达公园绿地碳排放总量的 70% 以上。城市绿地运维减碳对全过程固碳及综合减排效能提升具有重要意义。

(1) 灌溉节水

在绿地养护过程中，使用具有节水潜力的喷灌、微喷灌等节水技术，不仅成本较低，还能提高水资源的利用率，相对于传统的浇灌技术，节水灌溉技术可节省用水 30%～50%，而且还可节省劳力，进而降低养护碳排放。各类节水灌溉技术汇总见表 2。

节水灌溉技术汇总表　　　　　　　　　　　　　　表 2

灌溉技术		用途	优点
喷灌		大面积的低矮草坪、灌木	降低局部温度，射程多变，灌水均匀，不易产生地表径流和深层渗漏，节水率 30%～40%
微灌	滴灌	草坪、道路绿带、墙体绿化、坡地绿化、花卉、灌木、行道树	不影响地面景观，成本低，减少人工，能从植物根部进行供水，抑制杂草，节水率 50%～70%，流量广泛
	滴箭		
	微喷灌	花卉	
	涌泉灌	灌木、乔木	
	根部灌水系统器	大树移植与老树复壮	
渗灌		花卉、乔木	比滴灌节水 20%，比漫灌节水 70%，表层土壤水分含量较低的情况下优势明显，避免了地面灌溉中水分在土壤中的深层渗漏、株间蒸发、水分流失
负压灌溉		—	自动补给、自我调控
自动灌溉		低矮植物、密植植物	降低人工管理的费用，提高水的利用率，根据不同植物适时、适量灌溉

(2) 施肥技术

施用有机肥和生物药剂。根据测算，生产 1t 复合肥料所产生的碳排放量为 308.53kg，而有机肥料则为 72.77kg，是无机肥料碳排放量的 23.6%。因此以有机肥料为主的施肥模式，使用生物药剂等，可有效减少公园因施肥、打农药以及肥料和农药生产所产生的碳排放。

水肥一体化技术主要利用滴灌或喷灌系统将水和液态肥料直接运输至植物的根系，与传统的撒施和沟施方法相比，不但节约了人力，还减少了肥料与土

106

壤的接触，提高了肥料和水的利用率，降低了成本及养护碳消耗。该方法平均节约劳动力 15 人/hm²，节约成本 5289 元/hm²。

（3）病虫害绿色防控技术

根据不同绿地结构、养护条件和病虫害发生情况，选择有针对性的绿色防控技术措施，能够有效降低病虫害药剂使用频次，降本增效。林带养护粗犷、乔木较多，蛀干害虫为害严重，采用增加植物多样性、合理修剪和生物防治为主的绿色防控技术；行道树品种单一，长势积弱，重点病虫长期为害，采用土壤改良、加强养护管理和科学用药为主的绿色防控技术；公园养护精细，观赏植物较多，病虫害种类多样，综合应用生态调控、生物防治、理化诱控和科学用药技术。上海病虫害绿色防控示范研究发现，采用病虫害绿色防控技术后每年用药次数减少 1~3 次，防治成本平均降低 10.2%。

（4）园林废弃物循环利用

通过资源化再利用等措施，实现园林废弃物低碳处理。城市园林废弃物的资源属性体现在三个方面：能源、材料、作物养分。相应地，城市园林废弃物的资源化利用方向可分为：能源化利用，如生物质燃料、沼气发酵等；材料化利用，如制浆造纸、生产人造板、生物炭、生态混凝土、吸附剂等；肥料化利用，如有机肥、园林覆盖物、土壤改良剂等。城市园林废弃物的资源化处理技术包括：生物方法，如厌氧发酵和好氧堆肥；化学方法，如水热炭化、烘焙、热裂解、裂解气化；物理方法，如固化成型。根据园林绿化废弃物木质纤维含量大、含水率小、碳氮比（C/N）较高，而厨余垃圾具有含水率高、有机质多和碳氮比小等特点，利用现有的厨余垃圾处理设施进行协同堆肥，从而可实现资源互补与综合利用。

5.4 结语与展望

我国地域辽阔，区域城市发展多样，城市绿化骨干树种、植物群落、绿地湿地类型的固碳能力定量研究数据缺乏，低碳植物筛选应用与绿地低碳技术发展尚不能满足"双碳"背景下城市低碳建设发展的需求。下一步，需要在加大基础研发的基础上，开展城市绿地低碳技术的系统集成，加强"规划设计—建设—运维"的全生命周期过程低碳技术的适用性与协同性。

作者：王国玉　王文静　李洪澄（中国城市建设研究院有限公司）

6 绿色生态城区发展现状及技术路径

6.1 技 术 条 件

6.1.1 发展背景

可持续发展的核心是经济发展、社会进步和环境保护的协调一致，其理念已成为全球共识。伴随着改革开放和工业化的推进，人们的物质生活和城市经济得到了极大丰富和发展，城镇化成绩斐然；然而，高速的城镇化发展伴随着环境污染、资源浪费、交通拥堵等一系列问题。在城镇化进程受资源与环境约束并不断严重的背景下，城乡发展模式转型已成为必然趋势。2017年，中国共产党第十九次全国代表大会首次提出"高质量发展"表述，表明中国经济由高速增长阶段转向高质量发展阶段。同时，基于推动实现可持续发展的内在要求和构建人类命运共同体的责任担当，我国宣布了碳达峰、碳中和的目标愿景，把碳达峰、碳中和纳入生态文明建设整体布局，这一目标也奠定了绿色生态发展的战略基础。

6.1.2 应用意义

绿色生态城区是在空间布局、基础设施、建筑、交通、生态和绿地、产业等方面，按照资源节约环境友好的要求进行规划、建设、运营的城市建设区。面对城市发展中空间、人口、资源、环境、产业的统筹协调难题，绿色生态城区以创新、生态、宜居为发展目标，通过科学统筹规划、低碳有序建设、创新精细管理等诸多手段，建设空间布局合理、公共服务功能完善、生态环境品质提升、资源集约节约利用、运营管理智慧高效、地域文化特色鲜明的人、城市及自然和谐共生的城区，是实现高质量发展和"双碳"目标的重要路径。

2018年我国首个绿色生态城区评价标准《绿色生态城区评价标准》GB/T 51255—2017颁布实施。标准主要包含土地利用、生态环境、绿色建筑、资源与碳排放、绿色交通、信息化管理、产业与经济、人文8类指标，对城区进行系统性评价，并单独设立创新加分项，旨在鼓励绿色生态城区的技术创新和提高。绿色生态城区的评价分为规划设计评价、实施运管评价两个阶段。它既保证了规划阶段的目标导向，又在城区主要基础设施投入使用运行后对实施效果进行运营评估，反馈规划阶段的具体目标。在中央政策引导下，各地方政府也积极出台相关政策和激励措施，以期调动市场各方参与的积极性，推动城镇绿色生态发展。

6.2 技 术 内 容

6.2.1 技术介绍

绿色生态城区建设遵循因地制宜的原则，涵盖土地利用、生态环境、绿色建筑、资源与碳排放、绿色交通、信息化管理、产业与经济、人文等多个技术领域，引领城市绿色低碳、生态宜居发展。

（1）土地利用

土地利用关系到落实土地宏观调控政策、强化土地用途管制、保护生态环境、实现土地的节约集约使用，是绿色生态城区建设的先决条件。该领域主要包括土地混合开发和规划布局两方面，旨在节约土地资源、集约土地利用、实现节能减排。在混合开发方面，通过土地功能的混合利用、公共交通导向的土地开发模式及地下空间的合理开发来实现居民出行便利，减少钟摆交通，节约集约利用土地资源。在规划布局方面，通过控制城区市政路网密度，降低居住区公共服务设施服务半径，提升公共开放空间和城区绿地率，建设都市农业等措施，降低交通拥堵、改善城区生态环境、提升城区服务功能、提高居民生活质量。同时考虑居住建筑朝向以及城市重点地段城市设计，以减少能耗、体现地域特色和时代风貌。

（2）生态环境

生态环境是指影响人类生存与发展的水资源、土地资源、生物资源以及气候资源等的数量与质量，良好的生态环境是绿色生态城区的基本特征之一，关系到社会和经济可持续发展。城市生态环境是人工—自然复合的生态系统，通过生物多样性的保护、湿地资源保存、园林绿地的规划养护、节约型绿地建设、海绵城市的建设等措施，及大气、水、噪声、土壤等环境质量控制，营造良好的城市生态系统，实现自然生态系统与人工环境系统的协调发展。

（3）绿色建筑

绿色生态城市建设应合理确定区域绿色建筑发展目标，明确项目应达到的绿色建筑标准要求。通过推进星级绿色建筑认定标识、提升建筑能效水效、推进近零能耗建筑与超低能耗建筑、推广装配化建造方式、加强绿色建材应用等技术措施，提升城区的绿色建筑综合发展水平。同时严格落实绿色建筑在项目审批、建设管理、竣工验收等环节的管理，确保建筑在设计、施工和运营管理全生命周期满足绿色建筑相关要求。

（4）资源和碳排放

资源节约是绿色生态城区的基本特征之一，绿色生态城区应充分发挥在能源和水资源利用、废弃物资源化利用等方面的集约节约利用优势，提升资源循环利用水平，促进城市实现绿色发展。该领域的技术包括能源管理平台、区域能源系统、光伏等可再生能源利用、预热废热利用、天然气热电冷联供系统、高效光源及给水排水设备系统、智能微电网等能源相关技术，低损漏率的城区供水管网系统、市政再生水供水系统、非传统水源综合利用等水资源相关技术，绿色建材、再生资源回收利用、建筑废弃物资源化利用、生活垃圾资源化利用等材料和固废资源相关技术，并结合碳排放分析和减碳综合规划实现城区的资源集约节约利用和低碳发展。

（5）绿色交通

交通是城市大系统的重要组成部分，承载着为城市生产生活提供便利出行条件的功能，绿色交通是绿色生态城市的重要组成部分。该领域技术包括结合自然条件的道路规划、完善的公共交通系统、连续通达的慢行交通系统、多种交通方式接驳的交通枢纽、完善的自行车租赁网络、完善的机动车充电网络、人性化的交通服务设施等方面，通过提升绿色交通出行率及新能源汽车的使用率，减少交通能耗及碳排放。以最小的资源投入、最小的环境代价、最大限度地满足合理的交通需求，使城市交通通达有序、高效、安全舒适、低能耗、低污染。

（6）信息化管理

绿色生态城区要求应用信息技术全面监测、管理城区，以实际的数据来反映绿色生态目标的实现效果。该领域技术包括能源与碳排放信息管理系统、绿色建筑建设信息管理系统、公共交通信息平台、城区的公共安全系统、环境监测系统、水务信息管理系统、道路监控与交通管理信息系统、停车管理信息系统、市容卫生管理信息系统、园林绿地管理信息系统、信息通信服务设施、市民绿色生态信息服务和道路景观照明控制系统等一系列信息系统，统筹城市发展的物质资源、信息资源和智力资源的利用，促进政务信息共享和业务协同，使城区管理信息化、智能化、便捷化、现代化。

（7）产业与经济

绿色生态城区建设需要统筹推进产业与经济部分，实现"生产、生态、生活"和谐发展。通过调整产业结构，负面清单管控，增加第三产业、高新技术产业、战略新兴产业比重，规划循环经济产业链，提高工业用地投资强度，提升职住平衡比，建立绿色投融资机制等措施，降低单位生产总值能耗及水耗，实现资源环境友好、产业结构合理、产城融合发展，促进城区绿色生态建设与产业经济联动。

（8）人文

在新时代背景下，推动绿色生态城区建设，除了注重硬技术，还应同时考虑绿色人文的软性政策及制度，实现软硬结合。通过多样化的公众参与形式、公益性设施的免费开放、完善的养老服务体系、人性化的无障碍设施、绿色低碳的生活方式、绿色教育与宣传平台、绿色展示与体验平台、非物质文化遗产的保护与传承等措施，在规划设计和城市管理中体现对人和文化的关怀和重视，通过教育和引导改变居民的行为，实现可持续的城市生活模式，以配合绿色生态城市的发展，真正实现生态城市节能减排效益的提升。

6.2.2 技术指标

上述 8 个技术领域中涵盖了 41 项关键技术的控制内容及指标赋值，具体介绍其中 6 个技术领域，见表 1。

关键技术的控制内容及指标赋值　　　　　　　　　　表 1

领域	控制内容	指标赋值
土地利用	混合开发比例	≥50%
	混合开发的站点数量占总交通站点数量的比例	≥50%
	路网密度	≥8km/m²
	开放空间 500m 服务范围覆盖率	≥40%
	城区绿地率	≥36%
	有利于节能朝向的建筑比例	≥80%

续表

领域	控制内容	指标赋值
生态环境	城区生活污水收集处理率	100%
	垃圾无害化处理	100%
	综合物种指数	≥0.5
	本地木本植物指数	≥0.6
	节约型绿地建设率	≥60%
	城区湿地资源保存率	≥80%
	无土壤污染（土壤氡浓度）	≤20000Bq/m³
	城区最低水质指标	达到Ⅳ类
	年空气质量优良日	≥240d
	年 PM2.5 平均浓度达标天数	≥200d
	城市热岛效应强度	≤3.0℃
	环境噪声区达标覆盖率	≥80%
绿色建筑	新建二星级及以上绿色建筑面积比例	≥35%
	既有建筑改造项目通过绿色建筑星级认证的面积比例	≥10%
	装配式建筑面积占新建建筑面积比例	≥3%
资源与碳排放	可再生能源利用总量占城区一次能源消耗总量的比例	≥2.5%
	城区供水管网漏损率	≤8%
	再生水供水能力和与之配套的再生水供水管网覆盖率	≥20%
	非传统水源利用率	≥5%
	获得评价标识的绿色建材使用率	≥5%
	主要再生资源回收利用率	≥70%
	生活垃圾资源化率	≥35%
	建筑废弃物综合利用率	≥30%
绿色交通	绿色交通出行率	≥65%
	公交站点 500m 覆盖率	100%
	轨道交通站点 800m 覆盖率	≥70%
	城市万人公共交通保有量	≥15 标台
	地下停车和立体停车的停车位占总停车位的比例	≥90%
	新建住宅配建停车位预留电动车充电设施安装条件的比例	100%
	大型公建配建停车场与社会公共停车场停车位电动车充电设施的比例	≥10%

领域	控制内容	指标赋值
产业与经济	单位地区生产总值能耗的年均进一步降低率	≥0.3%
	单位地区生产总值水耗的年均进一步降低率	≥0.3%
	第三产业增加值比重	≥55%
	工业用地投资强度高于指标准入值	≥10%
	职住平衡比 JHB	≥0.5 且 ≤5

6.2.3　适用范围

《国家新型城镇化规划（2014—2020年）》明确提出城市"三区四线"规划管理，即满足禁建区、限建区、适建区和绿线、蓝线、紫线、黄线的规划管理。绿色生态城区必须是在由上级批准的明确的规划用地范围内的新建或更新改造城区，对城区规模没有上下限要求。

6.3　效　益　分　析

6.3.1　应用情况

截至2021年底，全国共获评17个国家级绿色生态城区（表2），包括10个三星级绿色生态城区和7个二星级绿色生态城区。其中90%以上的城区位于中国东部地区，尤其是上海市和浙江省，绿色生态城区建设与发展较为蓬勃。获评的城区规模最小的为1.14km²，最大的为13.03km²，多数城区规模在3～10km²范围内。

国家绿色生态城区名单　　　　　　　　　　　　　　表2

编号	项目名称	标识星级	类型	地区	面积（km²）
1	上海市虹桥商务区核心区	★★★	实施运管	上海市	3.7
2	中新天津生态城南部片区	★★★	实施运管	天津市	7.8
3	烟台高新技术产业开发区（起步区）	★★	规划设计	山东省	3.5
4	广州南沙灵山岛尖片区	★★★	规划设计	广东省	3.85
5	上海新顾城	★★	规划设计	上海市	8.3
6	漳州西湖生态园片区	★★★	规划设计	福建省	4.88

续表

编号	项目名称	标识星级	类型	地区	面积（km²）
7	杭州亚运会亚运村及周边配套工程项目	★★	规划设计	浙江省	1.14
8	桃浦智创城	★★	规划设计	上海市	1.14
9	衢州市龙游县城东新区（核心区）	★★	规划设计	浙江省	4.08
10	中新天津生态城中部片区	★★★	规划设计	天津市	4.42
11	苏州吴中太湖新城启动区	★★★	规划设计	江苏省	10.13
12	桂林市临桂新区（中心区）	★★★	规划设计	广西壮族自治区	13.03
13	中新广州知识城南起步区	★★★	规划设计	广州市	6.27
14	海宁鹃湖国际科技城	★★	规划设计	浙江省	7.81
15	湖州市南太湖新区（长东片区）	★★★	规划设计	浙江省	6.62
16	上海市西软件园项目	★★	规划设计	上海市	3.72
17	天津津南区葛沽镇中轴片区	★★★	规划设计	天津市	2.15

6.3.2 社会效益

加快推动城区生态化建设，落实国家绿色发展规划。绿色生态城区建设契合国家、地方政府关于建设生态文明、推动城市更新的发展理念，是落实国家绿色发展规划的重要措施，也是实现社会与经济可持续发展、永葆建设发展活力的重要探索。绿色生态城市的建设将带动当地绿色低碳产业的全面发展，为当地形成良好的绿色、低碳、生态人文奠定基础，积极推动城市规划与建设向绿色生态化、精细化、本地化过渡，为全面促进区域社会、经济的可持续发展提供基础保障。

6.3.3 经济效益

绿色生态城市的建设有助于减少城市建设全生命周期的成本。绿色、低碳、生态技术的应用将大大降低城市整体用能水平，降低用能设备规模和初期投资，以及设备在运营过程中的用能费用；通过绿色生态城市的建设，每年将可节约可观的能源消耗和水资源消耗，经济效益明显。此外，绿色生态城市的建设有利于改善投资环境，促进招商引资：相比于传统城市开发建设，绿色生态城市拥有生态化和集约型城市空间、大规模的绿色建筑群落、健全高效的城市管理机制、绿色的自然与生态环境，对提升整个城区的发展前景和建设水平，降低产业发展的投资建设风险，具有重要意义。

6.4　结语与展望

　　绿色生态城区建设应依据各自的城市和区域定位、自然地理环境等，合理选择适合自身特点的生态目标及相应的绿色、生态技术。当前我国绿色生态城区开发主要采取了政府主导、市场响应、社会有限参与的模式，从政策、标准、技术、管理等多领域全面推进，以明确的技术标准作为引领，已在实践探索过程中取得了一定的成效。

　　城镇化中后期的国情决定了我国的绿色发展将面临经济增速及建设速度放缓的新常态，绿色生态城区的建设不仅指新建城区，还应考虑老旧城区改造和更新等多个层面、多类型的协同推进，注重精细化设计，体现本地化原则。此外，在"双碳"目标下，对于中小尺度的低碳/零碳规划及建成区的低碳/零碳改造可能是未来绿色生态城区实践的发展趋势。

作者：葛坚（浙江大学）

115

7 国内外建筑碳排放计算研究综述

为推动以二氧化碳为主的温室气体减排，2020年9月22日，在第七十五届联合国大会一般性辩论上，习近平总书记明确提出"3060"目标，即在2030年之前达到碳排放峰值，努力争取在2060年前实现碳中和。2021年两会上，碳达峰、碳中和被首次写入《政府工作报告》。全社会主要碳排放来自建筑、工业、交通三个领域。据世界银行统计，全球大约70%的温室气体排放来自基础设施的建设和运营。2019年，中国建筑全过程碳排放量占全国碳排放总量的比例在51.2%以上，其中运行阶段碳排放量占全国碳排放总量的21.9%。建筑领域节能减排将是我国实现碳达峰与碳中和的关键部分。在此背景下，本文对建筑碳排放计算范围、计算方法、数据来源进行了梳理和归纳。

自1992年联合国大会通过《联合国气候变化框架公约》以来，为了应对气候变化，减少全球气候变化对人类社会的不利影响，控制温室气体排放已成为关键问题。温室气体是指大气中吸收和重新放出红外辐射的自然和人为的气态成分，包括二氧化碳（CO_2）、甲烷（CH_4）、氧化亚氮（N_2O）、氢氟碳化物（HFCs）、全氟碳化（PFCs）、六氟化硫（SF_6）和三氟化氮（NF_3）。

7.1 碳排放计算范围

7.1.1 国外相关标准

（1）《温室气体核算体系（GHG Protocol）》

2009年由世界可持续发展工商理事会（WBCSD）与世界资源研究所（WRI）共同发布的《温室气体核算体系（GHG Protocol）》中将碳排放根据来源分为三个范围（图1），为核查提供指导。

范围1排放，即直接排放，指实体拥有或控制的排放源所产生的温室气体排放。典型的范围1排放涵盖燃煤发电、自有车辆使用、化学材料加工和设备的温室气体排放。

范围 2 排放，即间接排放，指与特定实体的活动直接相关，而发生于其他实体拥有或控制的能源生产所产生的温室气体排放。

范围 3 排放，即其他间接排放，指价值链上下游各项活动的间接排放，包括活动所产生的，发生于其他实体拥有或控制的，且不属于范围 2 排放的温室气体排放。范围 3 排放不受项目直接控制，量化难度较大，因此在实际根据该体系进行温室气体排放核算时，排放主体可选择是否涵盖范围 3 的排放和减排量。

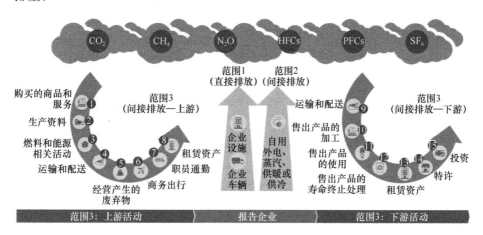

图 1 温室气体排放核算范围示意图

（2）ISO 14064 系列标准

在国际标准化组织 ISO 制定的 ISO 14064 系列中将温室气体排放源进一步细化为 6 类。其中，类别 1、2 与《温室气体核算体系（GHG Protocol）》的范围 1、2 相似，分别指直接排放和输入能源产生的间接排放。而 ISO 标准中类别 3、4 则将其他间接排放分为运输活动、产品生产、产品使用和其他来源的间接温室气体排放（表 1）。此外，2018 版本中特别强调，在进行温室气体核算时，需包括类别 3～6 中所有重大间接排放源，并加以证明。

ISO 14064 温室气体排放源分类方式 表 1

类别	排放源	例子
1	直接温室气体排放	直接拥有或控制的用电、用能
2	输入能源的间接温室气体排放	外购电力、热力
3	运输产生的温室气体排放	原料运输、通勤、商旅

类别	排放源	例子
4	组织使用产品的间接温室气体排放	外购原料的生产
5	与使用本组织产品相关的间接温室气体排放	消费者使用商品
6	其他来源的间接温室气体排放	上述类型之外的排放

(3)《环境管理-生命周期评估-原则与框架》ISO 14040：2006

ISO 14040：2006 中指出，生命周期是指某一产品从取得原材料，经生产、使用直至废弃的整个过程，即从"摇篮"到"坟墓"的过程。评估与某一产品或服务相关的环境因素和潜在影响可使用生命周期评估（LCA）的方法。

(4)《建筑工程的可持续性-建筑物环境性能评估-计算方法》BS EN 15978：2011

BS EN 15978：2011 规定了基于生命周期评估等量化环境信息对建筑环境绩效进行评估的计算方法。该标准适用于新建、现有建筑和翻新工程，并将建筑生命周期（从"摇篮"到"坟墓"）分为建材生产和运输、建造施工、运营维护、拆除及材料处置 4 个主要阶段（图 2）。此外，此标准还关注到了系统边界外回收再利用所带来的排放和减排的可能。

7.1.2　国内相关标准

建筑物全生命周期不仅时间跨度大，产业链上下游还涉及多部门，且建筑全生命周期各阶段的碳排放源，还涉及众多种类和形式的生产活动。我国《建筑碳排放计算标准》GB/T 51366—2019 和《建筑碳排放计量标准》CECS 374—2014 两部标准对建筑的碳排放计算范围进行了规范。

(1)《建筑碳排放计算标准》GB/T 51366—2019

为保证在建筑碳排放计算过程中，不出现与建材工业碳排放计算、交通运输碳排放计算等重叠，《建筑碳排放计算标准》GB/T 51366—2019 将建筑全生命周期分为建材生产及运输、建造及拆除、建筑物运行 3 个阶段，并进行了明确的边界划分（表 2）。

GB/T 51366—2019 建筑全生命周期碳排放计算范围　　　　　表 2

建筑全生命周期阶段	碳排放计算范围
建材生产及运输	建材生产、建材运输
建造及拆除	建筑建造、建筑拆除
建筑物运行	暖通空调、生活热水、照明及电梯、可再生能源、建筑碳汇系统

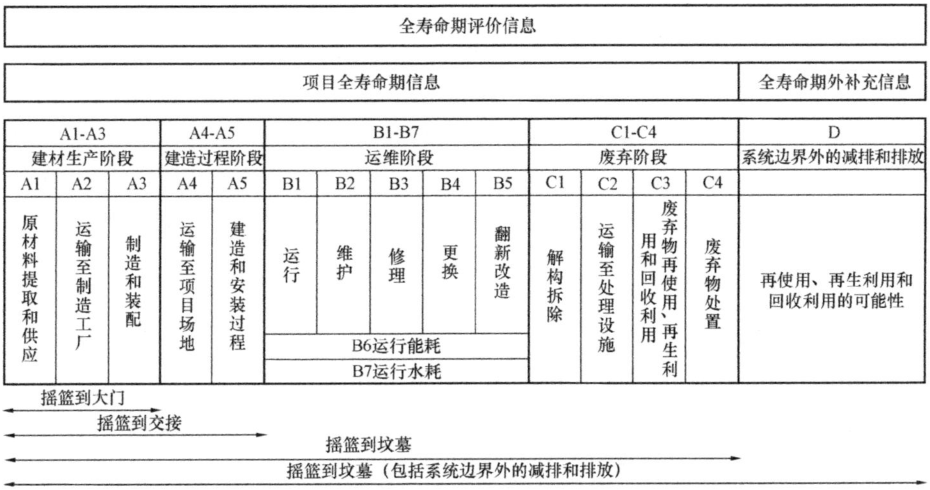

全寿命期评价信息														
项目全寿命期信息													全寿命期外补充信息	

A1-A3			A4-A5		B1-B7					C1-C4				D
建材生产阶段			建造过程阶段		运维阶段					废弃阶段				系统边界外的减排和排放
A1	A2	A3	A4	A5	B1	B2	B3	B4	B5	C1	C2	C3	C4	
原材料提取和供应	运输至制造工厂	制造和装配	运输至项目场地	建造和安装过程	运行	维护	修理	更换	翻新改造	解构拆除	运输至处理设施	废弃物再使用、再生利用和回收利用	废弃物处置	再使用、再生利用和回收利用的可能性

B6运行能耗

B7运行水耗

摇篮到大门
摇篮到交接
摇篮到坟墓
摇篮到坟墓（包括系统边界外的减排和排放）

图 2 BS EN 15978：2011 全生命周期框架

（2）《建筑碳排放计量标准》CECS 374—2014

该标准将建筑全生命周期分为材料生产阶段、施工建造阶段、运行维护阶段、拆解阶段、回收阶段 5 个阶段，每个阶段排放单元计算范围见表 3。

CECS 374—2014 建筑全生命周期碳排放计算范围   表 3

建筑全生命周期阶段	碳排放计算范围
材料生产阶段	建筑主体结构材料、构件的使用； 建筑围护结构材料、构件、部品的使用； 建筑填充体材料、构件、部品、设备的使用
施工建造阶段	建筑材料、构件、部品、设备的运输； 施工机具的运行； 施工现场办公
运行维护阶段	建筑设备系统的运行； 建筑材料、构件、部品、设备的维护与更替； 更替的建筑材料、构件、部品、设备的运输
拆解阶段	拆解机具的运行； 废弃物的运输
回收阶段	建筑主体结构可循环材料、构件的回收； 建筑围护结构可循环材料、构件的回收； 建筑填充体可循环材料、构件的回收

7.2 国内外建筑碳排放计算方法

2007 年 IPCC 第四次评估报告指出，不同温室气体对地球温室效应的贡献程度不同，为统一计算不同温室气体排放量，可将其换算为二氧化碳当量。目前，碳排放计算方法主要有物料衡算法（质量平衡法）、实测法及碳排放因子法三种。

7.2.1 物料衡算法

物料衡算法也称质量平衡法，其基本思路遵循质量守恒定律，确定物料转变的定量关系。根据投入物料总和等于产品量总和加上物料和产品流失量总和，对核算范围内物料的投入量与产出量进行全面的跟踪统计与估算。

$$\sum G_{投入} = \sum G_{产品} + \sum G_{流失} \tag{1}$$

式中 $\sum G_{投入}$——投入物料总和；

$\sum G_{产品}$——所得产品量总和；

$\sum G_{流失}$——物料和产品流失量总和。

环境影响评价中可对某污染物质进行物料平衡计算以得出其排放总量，当投入的物料在生产过程中发生化学反应时，可按式（2）进行计算。

$$\sum G_{排放} = \sum G_{投入} - \sum G_{回收} - \sum G_{处理} - \sum G_{转化} - \sum G_{产品} \tag{2}$$

式中 $\sum G_{投入}$——投入物料中的某物质总量；

$\sum G_{产品}$——进入产品结构中的某物质总量；

$\sum G_{回收}$——进入回收产品中的某物质总量；

$\sum G_{处理}$——经净化处理的某物质总量；

$\sum G_{转化}$——生产过程中被分解、转化的某物质总量；

$\sum G_{排放}$——某物质以污染物形式排放的总量。

采用物料衡算法时，必须对整个生产过程中工艺、物理变化、化学反应及副反应和环境管理等情况进行全面了解，并获得材料、能源使用数据。其计算结果精确，不仅适用于整个生产系统的碳排放计算，也适用于部分过程的碳排放计算。但本方法所需数据量大，且计算过程较为繁杂。

7.2.2 实测法

实测法基于排放源现场实测数据，根据空气流量、排放浓度及相应转换系数来计算相关碳排放总量。其计算公式如式（3）所示。

$$G = KQC_i \tag{3}$$

式中 G——某气体排放量；

      Q——介质（空气）；

      C_i——介质中的某气体浓度；

      K——单位换算系数。

此方法基于排放源的现场实测基础数据，因此结果较为准确。但实际用于建筑环境时，数据获取相对困难，需要长期准确地监测，投入较大，目前在我国应用较少。

7.2.3 碳排放因子法

碳排放因子法最初由 IPCC 于 1996 年提出，随后在《2006 年 IPCC 国家温室气体清单指南》中得以完善。在计算时需根据碳排放清单构建各排放源的活动数据和排放因子。最终碳排放估算值为各项生产活动数据与其相对应的碳排放因子乘积的总和。

基于碳排放清单的碳排放因子法计算公式如式（4）所示，主要输入量有燃料消费量和碳排放系数，输出量为二氧化碳排放量。

$$E_m = AD \times EF \tag{4}$$

式中 E_m——温室气体碳排放量；

      AD——活动数据，某排放源与碳排放直接相关的具体使用、投入数量；

      EF——碳排放因子，单位某排放源所释放的温室气体数量。

在现有建筑碳排放计算相关研究中，物料衡算法和实测法应用实例较少，而多数采用了碳排放因子法，即建筑碳排放等于建筑碳排放计算范围内各活动数据与其碳排放因子的乘积。《建筑碳排放计算标准》GB/T 51366—2019 和《建筑碳排放计量标准》CECS 374—2014 均使用了碳排放因子法。

在对建筑部门碳排放进行计算时，通常根据核算目的不同，分为宏观和微观两个层面。宏观层面的计算即自上而下地统计一定区域、城市、国家甚至全球范围内建筑行业的温室气体排放。而微观层面的计算则关注于单一建筑或建筑群产生的温室气体排放。而根据计算规模不同，在选择和梳理活动数据来源时也需要选择适合的方法，以保证碳排放计算的结果全覆盖，不重复。

宏观层面建筑碳排放的核算通常使用投入产出法，对一定时期内部门投入的来源和产出的去向计算消耗基数。此自上而下的计算方法数据来源权威，但仅可反映宏观范围内的平均水平。

　　微观层面建筑碳排放的核算通常使用过程分析法，对建筑碳排放各阶段的水平活动数据进行收集、量化和汇总，通过各活动相应的碳排放因子进行计算，得到各阶段的碳排放量，再将各结果相加得到最终建筑的碳排放量。通常，微观层面自下而上的计算可考虑温湿度、建筑性能、末端设备和运行特点等细节，其结果较为精确。

7.3 数 据 来 源

　　在运用碳排放因子法进行建筑碳排放计算时，建筑全生命周期生产活动数据以及相应碳排放因子来源的可靠性和准确性是影响计算结果的重要因素。因不同生产活动数据和碳排放因子来源不同，计算结果可能存在不同程度的差异。为减少误差，需选择与项目相适应的数据来源。

7.3.1 生产活动数据

　　当碳排放计算发生在建筑设计阶段时，需要通过工程概预算清单及相关软件模拟结果获得生产活动数据。而当碳排放计算发生在建筑已投入运行后，则可通过使用清单统计法收集的实际数据进行计算。因建筑拆除阶段数据较难获得，相关研究通常采用拆除及材料处置阶段碳排放量公式进行预测。建筑全生命周期生产活动数据来源统计见表4。

建筑全生命周期生产活动数据来源　　　　　　　　　　表4

建筑全生命周期阶段	生产活动数据来源	
	软件模拟法	清单统计法
建材生产和运输	基于BIM模型生成工程量清单	建筑材料、构件、部品、设备使用量根据工程决算清单、施工图纸、材料设备采购清单等资料统计确定
建造施工	美国的Construction Carbon Calculator	现场能耗实测、设备检测记录、能耗账单（预决算书等）
运营维护	美国的 DOE-2、EnergyPlus、BLAST、eQUEST； 加拿大的 Hot2000； 英国的 ESPr、DesignBuilder； 日本的 HASP； 中国的 DeST（DeST-h）、PKPM 等	运行能耗账单统计、能耗监测数据

建筑全生命周期阶段	生产活动数据来源	
	软件模拟法	清单统计法
拆除回收	美国的 Construction Carbon Calculator	现场能耗实测、能耗账单
全过程	美国标准和技术研究院开发的 BEES； 英国的 Envest； 加拿大的 Athena； 日本的 AIJ-LCA； 澳大利亚的 LISA； 荷兰的 ECOQUANTUM； 法国的 EQUER 及 TEAMTM	—

7.3.2 碳排放因子

因碳排放因子在不用区域、不同年份差异较大，需注意选择。建筑全生命周期碳排放计算所需的碳排放因子来源统计见表 5。

建筑全生命周期碳排放计算所需的碳排放因子来源　　　　表 5

建筑全生命周期阶段资源和能源消耗	生产活动数据来源	
	国外数据	国内数据
建材	英国的 Boustead、荷兰的 SimaPro、加拿大的 TEAM、Athena 及 PEMS、日本的 CASBEE、德国的 GaBi、瑞典的 SPINE、美国的 EIO-LCA、韩国的 OGMP 等 LCA 建材数据库	清华大学的 BELES 建材数据库、北京工业大学的 LCA 建材数据库、浙江大学的建材能耗及碳排放清单数据库、四川大学的可嵌套于 eBalance 软件中的 CLCD 数据库等建材 LCA 数据库
燃料	《2006 年 IPCC 国家温室气体清单指南》。 美国环境保护署（EPA）于 2014 年发表的《Emission Factors for Greenhouse GAS Inventories》给出了各项燃料的碳排放因子	化石燃料的二氧化碳排放因子采用 $EF_i = CC_i \times OF_i \times 44/12$ 计算。 式中　EF_i——第 i 种化石燃料的二氧化碳排放因子，tCO_2/GJ； 　　　CC_i——第 i 种化石燃料的单位热值含碳量，tC/GJ； 　　　OF_i——第 i 种化石燃料的碳氧化率，%； 　　　$44/12$——二氧化碳与碳的相对分子质量之比

续表

建筑全生命周期阶段资源和能源消耗	生产活动数据来源	
	国外数据	国内数据
电力	国际能源署（IEA）*CO₂ Emissions from FUEL Combustion*，涵盖了一百多个国家的电力碳排放因子	国家气候战略中心 2010、2011、2012 年发布了中国区域电网平均碳排放因子。根据政府主管部门发布的官方数据保持更新。 生态环境部发布《企业温室气体排放核算方法与报告指南 发电设施（2021 年修订版）》中采用全国电网平均碳排放因子缺省值 0.5839 tCO_2/MWh

7.4 小 结

本文梳理并总结了国内外现有建筑碳排放计算范围和计算方法，并对计算中涉及的生产活动数据和碳排放因子数据来源进行了归纳，得出结论如下。

（1）国内外碳建筑排放计算相关标准和研究中，碳排放计算范围均包括了建筑系统的直接碳排放和其他重要的间接碳排放。在时间范围层面上，虽然各标准和研究采取了不同的分类方式，但都涵盖了建筑全生命周期的各个阶段，包括建材生产和运输阶段、建造施工阶段、运营维护阶段和拆除回收阶段。

（2）目前，碳排放计算方法主要有物料衡算法（质量平衡法）、实测法及碳排放因子法三种，在建筑层面的碳排放计算通常使用的是碳排放因子法。

（3）在运用碳排放因子法进行建筑碳排放计算时所涉及的数据来源复杂，本文梳理并总结了国内外建筑全生命周期生产活动数据以及相应碳排放因子来源。

作者：孟冲（中国建筑科学研究院有限公司）

参考文献

[1]　World bank. Low-carbon infrastructure essential solution climate change[EB/OL]. https：//blogs. worldbank. org/ppps/low-carbon-infrastructure-essential-solution-climate-change.

[2]　中国建筑节能协会. 2021 中国建筑能耗与碳排放研究报告：省级建筑碳达峰形势评估[EB/OL]. https://mp. weixin. qq. com/s/tnzXNdft6Tk2Ca3QYtJT1Q.

[3]　世界可持续发展工商理事会，世界资源研究所. 温室气体核算体系[M]. 北京：经济科学出版社，2012.

[4]　ISO. ISO 14064 Greenhouse gases — Part 1：Specification with guidance at the organization level for quantification and reporting of greenhouse gas emissions and removals[EB/OL]. https：//www. iso. org/standard/66453. html.

[5]　ISO. ISO 14040：2006 Environmental management — Life cycle assessment — Principles and framework[EB/OL]. https：//www. iso. org/standard/37456. html.

[6]　CEN. EN 15978：2011[EB/OL]. https：//standards. cencenelec. eu/dyn/www/f？p=CEN：110：0：：：：FSP _ PROJECT，FSP _ ORG _ ID：31325，481830&cs=1729D03D257298239197DBE314322D488.

[7]　中国工程建设标准化协会. 建筑碳排放计量标准 CECS 374：2014[S]. 北京：中国建筑工业出版社，2014.

[8]　清华大学建筑节能研究中心. 中国建筑节能年度发展研究报告 2021[M]. 北京：中国建筑工业出版社，2021.

[9]　中华人民共和国住房和城乡建设部建筑碳排放计算标准 GB/T 51366—2019[S]. 北京：中国建筑工业出版社，2019.

[10]　IPCC. Fourth Assessment Report （AR4）[EB/OL]. https://archive. ipcc. ch/report/ar4/.

[11]　环境保护部环境工程评估中心. 建设项目环境影响评价培训教材. 北京：中国环境科学出版社，2011.

[12]　刘娜. 建筑全生命周期碳排放计算与减排策略研究[D]. 石家庄铁道大学，2014.

[13]　国家环境保护总局规划与财务司. 环境统计概论[M]. 北京：中国环境科学出版社，2001.

[14]　IPCC. 2006 IPCC Guidelines for National Greenhouse Gas Inventories[EB/OL]. https://www. ipcc-nggip. iges. or. jp/public/2006gl/.

[15]　李小冬，朱辰. 我国建筑碳排放核算及影响因素研究综述[J]. 安全与环境学报，2020，1.

[16]　彭渤. 绿色建筑全生命周期能耗及二氧化碳排放案例研究[D]. 清华大学，2012.

[17]　张又升. 建筑物生命周期二氧化碳减量评估[D]. 台湾成功大学，2003.

［18］ 武昊．基于 BIM 技术的建筑产品物化阶段的碳排放计量研究［D］．哈尔滨工业大学，2015.

［19］ BuildCarbonNeutral. Estimate the embodied CO2 of a whole construction project.［EB/OL］. http：//www. buildcarbonneutral. org/.

［20］ 鞠颖，陈易．全生命周期理论下的建筑碳排放计算方法研究——基于 1997～2013 年间 CNKI 的国内文献统计分析［J］．住宅科技，2014，34 No. 40605：32-37.

［21］ PKPM. PKPM 绿建与节能系列软件 V3. 3.［EB/OL］. https：//www. pkpm. cn/product/download/downloadDetail？id＝474.

［22］ EPA. Emission Factors for Greenhouse GAS inventories［EB/OL］. https：//www. epa. gov/sites/default/files/2018-03/documents/emission-factors ＿ mar ＿ 2018 ＿ 0. pdf.

［23］ IEA. CO2 Emissions from FUEL Combustion［EB/OL］. https：//www. iea. org/data-and-statistics/data-product/greenhouse-gas-emissions-from-energy.

［24］ 生态环境部办公厅．企业温室气体排放核算方法与报告指南 发电设施（2021 年修订版）（征求意见稿）［EB/OL］. http：//www. mee. gov. cn/xxgk2018/xxgk/xxgk06/202112/t20211202 ＿ 962776. html.

8 城区绿色交通发展策略

8.1 引 言

近些年来，城市交通出现拥堵、热岛效应、噪声大、能耗大、空气污染、环境混乱等问题，直接影响了城市居民的生产、生活水平。我国交通运输业能耗年复合增长率达 5.2%，2019 年到达 4.5 亿 t 标准煤，占全国能耗总量的 10%。土地利用不协调、职住不平衡、路网结构不合理、需求管理滞后等问题，阻碍了城市交通的可持续发展。交通发展的主要矛盾将转变为有限的城市空间和环境资源与无序的交通现实及居民对交通服务多样化需求之间的矛盾。

通过推行绿色交通模式解决以上矛盾已成为共识，2017 年交通运输部印发的《关于全面深入推进绿色交通发展的意见》明确提出，到 2035 年，"绿色交通发展总体适应交通强国建设要求"。

8.2 绿色交通概念与内涵

早在 2003 年，建设部与公安部就将绿色交通定义为适应人居环境发展趋势的城市交通系统。2016 年，联合国"人居三"大会从人居环境视角提出交通领域应更加注重"人"这一要素，"以人为本"成为绿色交通发展的关键。国际上主要采用"可持续交通"表述，提倡在多个维度上取得交通发展的平衡。

《绿色生态城区评价标准》GB/T 51255—2017 将绿色交通定义为"满足交通需求，提高交通效率，使城市交通通达有序、安全舒适、低能耗、低污染的城市交通体系"。该定义明确了绿色交通的几个基本目标：安全、高效、低能耗、低污染。在"绿色交通"一章中也提出：绿色交通与城市土地利用、人居环境、社会经济发展、信息化水平都有关系，绿色交通理念应该影响城市规划以及整个交通体系的建立。

8.3 城区绿色交通发展策略

8.3.1 优化城市功能布局

城市扩张、土地利用不协调、职住分离导致的出勤时间过长，不仅增加了交通量及交通能耗，也影响人们的生活质量与幸福感。45min公共交通通勤不仅是全球城市的规划愿景，更是城市运行的基本保障，而中国主要城市仅45％的通勤人口可以实现45min公共交通可达。

建立符合城市绿色交通内涵的土地利用模式是改善交通状况的重点举措。很多城市已提出城市复合功能建设模式，如打造15 min生活圈，使居民在步行范围内即可进行消费、娱乐、社交等日常活动，减少非必要的机动化出行；TOD规划理念让公共交通系统与城市土地利用互动发展；在大城市通勤方面，多中心空间结构具有缩短通勤时间和距离的潜力；对于老城区，需要相关政策介入，帮助居民优化职住空间关系，有助于更好地发挥多中心空间结构的通勤效率。

8.3.2 提高城市路网密度

根据2019年度《中国主要城市道路密度网监测报告》，全国城市中心区路网密度整体较低，达到$8.0km/km^2$的只有深圳、厦门和成都三市，占8％。很多城市在有限的土地资源情况下，为了形象工程建设，以路网间距为代价，加大道路宽度，带来很多交通问题，如：道路交叉口的尺度越大，行人要一次完成过街，必须使过街信号周期加长，造成一个信号周期机动车延误较长；公交车主要在干线上运行，难以到达大型居住区内部，致使公交服务渗透力不够，覆盖率较低。

《绿色生态城区评价标准》GB/T 51255—2017将路网密度$8km/km^2$作为最低得分项，对应的街区宽度约为250m。从近两年评价的生态城区中可以看出，虽然城市空间尺度和空间形态不同，但城区路网密度都达到或超过了这个目标值（表1），并取得了很好的效果。

生态城区路网密度统计表　　　　　　　　　　　　　　表1

序号	项目名称	评价星级	路网密度（km/km²）
1	上海虹桥商务区核心区	3星（实施运管）	8.8

序号	项目名称	评价星级	路网密度（km/km²）
2	中新天津生态城南部片区	3星（实施运管）	8.42
3	上海新顾城	2星（规划设计）	8.4
4	广州南沙灵山岛片区	3星（规划设计）	9.5
5	漳州西湖生态园区	3星（规划设计）	8.54
6	桃浦智创城	3星（规划设计）	12
7	杭州亚运会亚运村及周边配套工程项目	2星（规划设计）	10.67

8.3.3　建立以绿色出行为本、多元并行的城市交通结构

目前城市公共交通主要问题是出行效率不高，服务水平低。中国各大城市交通综合调查数据显示，地铁"门到门"平均速度为13.7km/h，公交"门到门"平均速度仅为10.3km/h，出行者在"换乘等候"和"最后一千米"损耗的时间占到了总时间的约50%。自行车与步行出行存在混行不安全，道路不连续，配套设施不完善等问题。

解决以上问题需要调整城市交通结构，将重心由"汽车尺度"向"人本尺度"转变，从小汽车主导模式转型为公共交通＋自行车交通＋步行交通为主导的多元交通结构。

2019年，国家发展改革委印发的《绿色生活创建行动总体方案》中提到，加强城市公共交通和慢行交通系统建设管理。到2022年，力争60%以上的创建城市绿色出行比例达到70%以上，绿色出行服务满意率不低于80%。

提升绿色出行比例不仅需要改善道路体系，更要提升公共交通与慢行系统的吸引力。优化交通环境，以环保、人性化的精细化服务与设施保障提升公共交通的乘坐舒适度与效率，如设立公交专用道；建设公共交通系统的人性化服务设施；解决最后一千米的交通衔接；强化城市轨道交通、公共汽电车等多种方式的融合衔接，提高换乘效率。

根据目前我国生态城区的相关资料统计数据（表2），各新建生态城区的绿色交通出行率都在75%以上，随着城区建成区的扩大，交通设施日趋完善，远期绿色交通出行量还会有较大幅度的提高。

生态城区绿色出行率统计表 表2

序号	项目名称	评价星级	绿色出行比例（含公共交通、自行车、步行）
1	中新天津生态城南部片区	3星（实施运管）	75%
2	上海新顾城	2星（规划设计）	75%
3	烟台高新技术产业开发区（起步区）	2星（规划设计）	80%
4	广州南沙灵山岛片区	3星（规划设计）	76%
5	漳州西湖生态园区	3星（规划设计）	76%
6	桃浦智创城	3星（规划设计）	79.5%
7	杭州亚运会亚运村及周边配套工程项目	2星（规划设计）	75%
8	衢州市龙游县城东新区	2星（规划设计）	76%

8.3.4 提升交通信息化水平

在城市交通体系中还存在依靠人工采集数据、依靠主观臆断进行交通设计与管控等问题，对交通体系的合理性与效率都有极大影响。

随着科技的发展，在交通设施建设和交通工具中应用大数据、5G、人工智能、智能感知、区块链和云平台等创新技术，在建设期通过数据分析作出科学决策，在运营期通过实时监测及时调整交通管控措施。

交通信息化为出行者提供更多的出行选择，提高了出行效率与舒适性，如很多城市通过手机导航系统为乘客提供公交到站时间；地铁站中设置电子设施显示周边交通衔接信息等。

交通信息化也可用于交通碳排放的科学精细管控，基于多源动态大数据，精准监测车辆碳排放量，提高交通碳排放时空溯源、成因诊断的精度，全方位评估不同时空交通碳排放特征和不同政策措施的减排降污效果。

随着交通信息化水平的不断提高，未来交通体系将达到全面数字化，将底层的数据资源打通，找到深层次的关联性，实现"智慧交通"。

8.3.5 研发与推广使用绿色低碳交通工具

数据显示，全球交通部门碳排放量的70%以上来自道路车辆，为了实现城区的碳中和目标，城区车辆也面临着由化石能源向低碳新型能源的转型过程。

目前我国新能源汽车发展速度较快，纯电公交车、纯电共享汽车、纯电网车、新能源出租车等绿色低碳交通工具在我国都得到了广泛应用。新能源形式也从电力扩展到可持续生物燃料和氢能等。

未来的关键点在于一方面抓住新一轮技术革命和产业变革的历史机遇，特别是挖掘新能源汽车动力电池储能潜力以及新能源的研发与安全使用；另一方面尽快完善相关配套设施，如充电桩、换电站以及用电保障设施的建设。

此外，政策层面的支持对推广绿色低碳交通工具的使用也尤为重要，我国早在 2009 年就已由财政部、科技部发出《关于开展节能与新能源汽车示范推广工作试点工作的通知》，之后在北京、上海、重庆、长春、大连、杭州、济南、武汉、深圳、合肥、长沙、昆明、南昌 13 座城市开展节能与新能源汽车示范推广试点工作。近几年各地方也随之发布了多项购置层面到使用层面的政策引导，推进了新能源汽车的广泛使用。

8.3.6　宣传与培养绿色出行意识

在加快绿色出行基础设施建设的同时，也需要宣传与培养绿色出行意识，积极推进环保理念的宣传，提升人们的环保意识，使人们外出时能够自觉选择更绿色、更节能的出行方式。

2019 年国家发展改革委为贯彻落实习近平生态文明思想和党的十九大精神，在全社会开展绿色生活创建行动，印发了《绿色生活创建行动总体方案》，预计到 2022 年，绿色生活创建行动取得显著成效，绿色生活方式得到普遍推广，形成崇尚绿色生活的社会氛围。

2017 年发布的国家标准《绿色生态城区评价标准》GB/T 51255—2017 创新性地增加了"人文"一章，提出了绿色教育与绿色生活的理念，提倡通过各类网上平台、公众号、自媒体、电梯广告、社区电子版公告、小程序等多样创新的方式进行绿色生活的宣传与教育，减少和控制对高碳生活方式的依赖。

8.4　结　　语

城区的绿色交通不仅涉及道路、车、人这三个要素，还与城市空间布局、自然环境、经济与科技发展等都有着密切的关联，需要在多个维度上取得交通发展的平衡。为了达到城区碳中和的目标，绿色交通规划给产业结构布局、能源结构调整，乃至给人们生活、出行方式都会带来深刻变革。

作者：刘京（北京城建设计发展集团股份有限公司）

9 外墙保温一体化系统技术

9.1 技 术 条 件

9.1.1 技术背景

随着建筑行业的飞速发展，建筑能耗在社会总能耗中所占比例越来越高，目前已达 30%。在建筑各类能耗中，建筑外墙热损失约占建筑总能耗的 32.1%～36.2%，因此加强外墙保温对建筑节能降耗起着极为重要的作用。

外墙保温系统是由保温层、防护层和固定材料组成的外墙保温构造的总称，可分为外墙保温一体化系统、外墙外保温系统、外墙内保温系统、外墙自保温系统和外墙组合保温系统等。目前应用最广泛的是外墙外保温系统和外墙保温一体化系统。随着全国各地建筑外墙外保温层脱落、起火等各类事故的发生，外墙外保温系统的"痛点"逐渐引起国家和各地住房和建设管理部门的高度重视。自 2020 年起，上海、新疆、重庆、河北等省市区针对外墙外保温系统纷纷出台了禁用限用通知。在现有趋势下，外墙保温一体化系统得到了广泛的推广和使用。

外墙保温一体化系统是通过利用连接件将保温材料置于预制混凝土墙体中，或利用保温板反打一体化预制、保温模板一体化现浇等安全、可靠技术，使保温材料和混凝土墙体结合成有机整体，进而实现墙体和保温同步施工的墙体系统。外墙保温一体化系统具有以下三个特点：①建筑墙体保温与结构同步施工，同时保温层外侧有足够厚度的混凝土或其他无机防护层；②施工后结构保温墙体无需再做保温即能满足现行节能标准要求；③能够实现建筑保温与墙体同寿命。由上可知，该系统集结构、保温隔热于一体，保温性能好且能有效避免外墙外保温系统中途维修和更换的问题，对降低建筑运行阶段能耗与碳排放具有重要的意义。

9.1.2 应用意义

外墙保温一体化系统不仅是装配式建筑施工的常用技术之一，也是实现零能耗建筑、近零能耗建筑和超低能耗建筑的重要围护结构之一。目前，我国已经形成了多种外墙保温一体化建筑体系，并且应用广泛。截止 2022 年初，上海地区在超低能耗建筑强有力的推广之下，成为了外墙保温一体化系统应用项目最多的城市。

2022 年 3 月，国家《建筑节能与绿色建筑发展"十四五"专项规划》提出在京津冀及周边地区、长三角等有条件地区全面推广超低能耗建筑，鼓励政府投资公益性建筑、大型公共建筑、重点功能区内新建建筑执行超低能耗建筑、近零能耗建筑标准。到 2025 年，建设超低能耗、近零能耗建筑示范项目 0.5 亿 m² 以上。此外，住房和城乡建设部发布的装配式建筑行业中长期发展目标中提出，至 2025 年，全国装配式建筑的增量约为 9 亿 m²，其中长三角城市群约占 40%。这些政策的出台给建筑业和建材业带来了新的发展机遇。大力发展外墙保温一体化系统结合装配式建筑，可以促进建造方式现代化的转变，推动近零能耗、超低能耗建筑的发展。

9.2 技 术 内 容

9.2.1 技术介绍

根据上海市住房和城乡建设管理委员会在 2021 年发布的《外墙保温系统及材料应用统一技术规定》，外墙保温一体化系统主要有以下 3 种形式：预制混凝土夹心保温外墙板系统、预制混凝土反打保温外墙板系统和现浇混凝土复合保温末班外墙保温系统。这 3 个系统也是目前最常见且应用较多的系统形式，本文将就这 3 个系统展开介绍。

1. 预制混凝土夹心保温外墙系统

预制混凝土夹心保温外墙系统由内、外叶混凝土墙板、夹心保温层和保温拉结件（又称连接件）等组成，如图 1、图 2 所示。该系统起源于欧美，至今已有 50 多年的历史。2000 年后，在我国初步形成了产业化发展道路。因具有良好的保温、防火、经济效益及结构性能，预制混凝土夹心保温外墙系统在国内工程的应用数量不断上升，目前所占市场份额超过 20%。

133

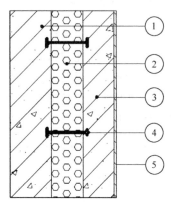

图1 预制混凝土夹心保温外墙实物图　　图2 预制混凝土夹心保温
外墙板剖面示意图

①—内叶板；②—保温材料；③—外叶板；
④—连接件；⑤—饰面层

预制混凝土夹心保温外墙板通常采用卧式加工，结构层、保温层与保护层同时加工，结构层、保温层与保护层间设拉结件。拉结件是预制混凝土夹心外墙板的关键元件，应具有良好的耐久性、低导热性能、锚固性能和抗火性能。经过几代的发展，拉结件从最初的金属拉结件、不锈钢拉结件、非金属拉结件发展到目前的高强复核材料拉结件。高强复合材料由于其强度高、导热系数低、弹性和韧性好，目前被认为是制造保温拉结件的理想材料。高强纤维增强塑料（FRP）拉结件和不锈钢连结件是当前工程中主要应用的拉结件产品。拉结件一旦发生破坏，会造成外叶墙板整体坠落，产生十分严重的后果。因此，在应用拉结件时，应重点关注产品的性能指标和检测结果。

预制混凝土夹心外墙板与主体结构直接的连接方式可采用点支撑连接或线支撑连接。支撑系统设计涉及主体结构支撑构件、夹心外墙板与主体结构的连接节点形式及布置、墙板板形和尺寸、墙板板缝及板缝填充材料等内容。

预制混凝土夹心保温外墙系统接缝应做防水排水处理，根据预制混凝土夹心保温外墙板系统不同部位接缝的特点及使用环境要求，采用构造与材料相结合的防排水系统。

不同外墙外挂板型的设计参数不同，具体如表1所示。

外墙挂板的板型划分及设计参数要求 表1

外墙立面划分		立面特征简图	模型简图	挂板尺寸要求	使用范围
围护板系统	横条板体系			板宽 $B \leqslant 9.0$m 板高 $H \leqslant 2.5$m 板厚 $\delta = 140 \sim 300$mm	混凝土框架结构 钢框架结构
	整间板体系			板宽 $B \leqslant 6.0$m 板高 $H \leqslant 5.4$m 板厚 $\delta = 140 \sim 240$mm	
	竖条板体系			板宽 $B \leqslant 2.5$m 板高 $H \leqslant 6.0$m 板厚 $\delta = 140 \sim 300$mm	
装饰板系统				板宽 $B \leqslant 4.0$m 板高 $H \leqslant 4.0$m 板厚 $\delta = 60 \sim 140$mm 板面积 $\leqslant 5$m²	混凝土剪力墙结构 混凝土框架填充墙构造 钢结构龙骨构造

2. 预制混凝土反打保温外墙板系统

预制混凝土反打保温外墙板系统是在保温板上方放置钢筋，在其上浇筑混凝土，并设置连接件、钢丝网等可靠连接及增强措施，将保温层与混凝土墙体一体化预制成型的外墙保温系统。相比预制混凝土夹心保温外墙系统，预制混凝土反打保温外墙板系统属于新工艺，墙板新增的制作环节在众多 PC 构件厂未普及，造价偏高。根据保温板外侧保护层的不同做法，预制混凝土反打保温外墙系统可分为预制混凝土厚层反打保温外墙板系统（图 3）和预制混凝土反打保温外墙板薄抹灰系统（图 4）。目前上海市超低能耗建筑广泛采用反打保温薄抹灰系统。

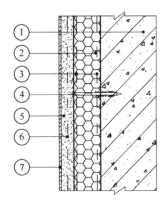 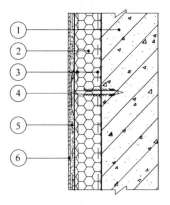

图 3　预制混凝土厚层反打　　　　图 4　预制混凝土反打保温
保温外墙板系统构造　　　　　外墙板薄抹灰系统构造

①—混凝土墙体；②—保温材料；　　①—混凝土墙体；②—保温板；
③—双层钢丝网；④—连接件；　　　③—双层钢丝网；④—连接件；
⑤—防护层；⑥—钢丝网；⑦—饰面层　⑤—抗裂砂浆复核耐碱玻纤网；
　　　　　　　　　　　　　　　　　⑥—饰面层

连接件是预制混凝土反打保温系统的关键技术，保温层与主墙体之间应有锚固件等可靠连接措施，应采用具有增强拉拔力构造的尼龙塑料锚栓、不锈钢、经过表面防腐处理的金属锚栓或节能型锚栓连接件。

当外墙采用预制混凝土反打保温系统时，建议采用装饰型防护层或涂料饰面，以确保其安全性。梁、柱部分可采用现浇混凝土复合保温外墙保温体系，在预制混凝土反打保温体系的墙板接缝之间，以及女儿墙、阳台、门窗与主墙体连接之间应做预排水处理。

3. 现浇混凝土复合保温模板外墙保温系统

如图 5 所示，现浇混凝土复合保温模板外墙保温系统是施工现场以保温板为外侧模板，并设置连接件，与现浇混凝土墙体形成保温层和主墙体为一体的外墙保温系统。

复合保温模板是经工厂化预制并在现浇混凝土施工中起外模板作用的复合保温板，由保温层、内侧粘结层、外侧粘结层、保温过渡层、增强层、连接件等部分并辅以耐碱玻纤网布构成，如图 6 所示。

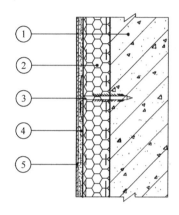

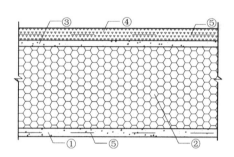

图 5　现浇混凝土复合保温模板
外墙保温体系构造示意图
①—混凝土墙体；②—保温模板复合双层钢丝网；
③—连接件；④—抗裂砂浆复核耐碱玻纤网；
⑤—饰面层

图 6　复合保温模板示意图
①—内侧粘结层；②—保温层；
③—外侧粘结层；④—增强层；
⑤—耐碱玻纤网布

预制混凝土复合保温外墙板系统应做好密封和防水构造设计，保温板和现浇墙体之间应有锚栓等可靠连接措施，保温模板设计安装宜从阳角部位开始，水平向阴角方向铺平。阴阳角应采用抗裂砂浆抹压补缝找平，并铺设耐碱玻纤网。

预制混凝土复合保温模板外墙系统采用的保温模板，在选择上应考虑具有足够承载能力、刚度和稳定性的模板，能够承受现浇混凝土自重、侧压力和施工过程中所产生的荷载及风荷载。

9.2.2　技术指标

预制混凝土夹心保温外墙板系统用保温材料的厚度应根据节能设计要求确

定，其性能应符合表 2 的规定。

预制混凝土夹心保温外墙板系统用保温材料的性能要求　　表 2

项目	指标	试验方法
密度（kg/m³）	18～35	《泡沫塑料及橡胶表观密度的测定》GB/T 6343—2009
垂直于板面的抗拉强度（MPa）	≥0.10	《外墙外保温工程技术标准》JGJ 144—2019
尺寸稳定性（％）	≤1.0	《硬质泡沫塑料尺寸稳定性试验方法》GB/T 8811—2008
体积吸水率（％）	≤3.0	《硬质泡沫塑料吸水率的测定》GB/T 8810—2005
导热系数（25℃）[W/（m·K）]	≤0.033	《绝热材料稳态热阻及有关特性的测定防护热板法》GB/T 10294—2008 或《绝热材料稳态热阻及有关特性的测定热流计法》GB/T 10295—2008
燃烧性能等级	不低于 B1 级	《建筑材料及制品燃烧性能分级》GB 8624—2012

预制混凝土厚层反打保温外墙板系统用保温材料的厚度不宜小于 50mm，其性能应符合表 3 的规定。

预制混凝土厚层反打保温外墙板系统用保温材料的性能要求　　表 3

项目	指标	试验方法
干密度（kg/m³）	150～300	《无机硬质绝热制品试验方法》GB/T 5486—2008
抗压强度（MPa）	≥0.30	《无机硬质绝热制品试验方法》GB/T 5486—2008
垂直于板面的抗拉强度（MPa）	≥0.20	《外墙外保温工程技术标准》JGJ 144—2019
压缩弹性模量（kPa）	≥20000	《硬质泡沫塑料压缩性能的测定》GB/T 8813—2020
抗弯荷载（N）	≥3000	《玻璃纤维增强水泥轻质多孔管隔墙条板》GB/T 19631—2005
弯曲变形（mm）	≥6	《绝热用模塑聚苯乙烯泡沫塑料》GB/T 10801.1—2021
导热系数（25℃）[W/（m·K）]	≤0.055	《绝热材料稳态热阻及有关特性的测定防护热板法》GB/T 10294—2008 或《绝热材料稳态热阻及有关特性的测定热流计法》GB/T 10295—2008

项目	指标	试验方法
软化系数	≥0.8	《胶粉聚苯颗粒外墙外保温系统材料》JG/T 158—2013
干燥收缩值（%）	≤0.3	《蒸压加气混凝土性能试验方法》GB/T 11969—2020
燃烧性能等级	A 级	《建筑材料及制品燃烧性能分级》GB 8624—2012

预制混凝土反打保温外墙板薄抹灰系统用保温材料的厚度不宜小于50mm，其性能应符合表4的规定。

预制混凝土反打保温外墙板薄抹灰系统用保温材料的性能要求　　表4

项目	Ⅰ型	Ⅱ型	试验方法
干密度（kg/m³）	150～300	≤300	《无机硬质绝热制品试验方法》GB/T 5486—2008
抗压强度（MPa）	≥0.30		《无机硬质绝热制品试验方法》GB/T 5486—2008
垂直于板面的抗拉强度（MPa）	≥0.20	≥0.12	《外墙外保温工程技术标准》JGJ 144—2019
弯曲变形（mm）	≥6	—	《绝热用模塑聚苯乙烯泡沫塑料》GB/T 10801.1—2021
导热系数（25℃）[W/（m·K）]	≤0.055		《绝热材料稳态热阻及有关特性的测定防护热板法》GB/T 10294—2008 或《绝热材料稳态热阻及有关特性的测定热流计法》GB/T 10295—2008
软化系数	≥0.8	≥0.6	《胶粉聚苯颗粒外墙外保温系统材料》JG/T 158—2013
干燥收缩值（%）	≤0.3	≤0.8	《蒸压加气混凝土性能试验方法》GB/T 11969—2020
燃烧性能等级	A 级		《建筑材料及制品燃烧性能分级》GB 8624—2012

现浇混凝土复合保温模板外墙保温系统用保温材料性能应符合表5的规定。

现浇混凝土复合保温模板外墙保温系统用保温材料的性能要求　　表 5

项目	指标	试验方法
干密度（kg/m³）	150～300	《无机硬质绝热制品试验方法》GB/T 5486—2008
抗压强度（MPa）	≥0.30	《无机硬质绝热制品试验方法》GB/T 5486—2008
垂直于板面的抗拉强度（MPa）	≥0.20	《模塑聚苯板薄抹灰外墙外保温系统材料》GB/T 29906—2013
压缩弹性模量（kPa）	≥20000	《硬质泡沫塑料压缩性能的测定》GB/T 8813—2020
抗弯荷载（N）	≥3000	《玻璃纤维增强水泥轻质多孔管隔墙条板》GB/T 19631—2005
弯曲变形（mm）	≥6	《绝热用模塑聚苯乙烯泡沫塑料》GB/T 10801.1—2021
导热系数（25℃）[W/（m·K）]	≤0.055	《绝热材料稳态热阻及有关特性的测定防护热板法》GB/T 10294—2008 或《绝热材料稳态热阻及有关特性的测定热流计法》GB/T 10295—2008
软化系数	≥0.8	《胶粉聚苯颗粒外墙外保温系统材料》JG/T 158—2013
干燥收缩值（%）	≤0.3	《蒸压加气混凝土性能试验方法》GB/T 11969—2020
燃烧性能等级	A 级	《建筑材料及制品燃烧性能分级》GB 8624—2012

9.2.3　适用范围

外墙保温一体化系统具有高牢固性以及与建筑同寿命的优点，用在高层建筑上也能有效防止高空脱落，可在以下建筑形式中得到广泛应用：

（1）各类公共建筑、民用建筑，包含多层、小高层、高层的建筑外墙。

（2）全国冬季保温、夏季隔热的工业建筑。

9.3　效 益 分 析

9.3.1　应用情况

以上海地区为例，截至 2022 年 2 月，在超低能耗建筑推广应用的前提下，上海所有新建超低能耗建筑项目全部采用外墙保温一体化系统，预计使用面积约在 500 万 m^2。上文中提到的三种保温系统在上海超低能耗建筑中都有应用。其中，预制混凝土反打保温外墙板系统和预制混凝土夹心保温外墙系统使用比率在 85% 左右。

根据装配式建筑行业中长期发展目标，长三角城市群装配式建筑的增量约 3.6 亿 m^2。设外围护结构占建筑面积的 60%，则"十四五"期间长三角城市群的装配式外围护结构待建面积约为 2.16 亿 m^2，前景不容小觑。

9.3.2 社会效益

随着"双碳"目标的提出，"稳步发展装配式建筑，大力推广超低能耗建筑"成为主流政策导向和定位，其中以上海和江苏两地的政策最为鲜明。

2021 年 11 月 3 日，上海市住房和城乡建设管理委员会印发了《上海市绿色建筑"十四五"规划》的通知。规划中提出，推广应用超低能耗建筑，"十四五"期间累计落实超低能耗建筑示范项目不少于 500 万 m^2，引导完成 2000 万 m^2 以上的既有建筑节能改造示范项目。同期，2021 年 4 月 15 日，江苏省住房和城乡建设厅印发了《关于推进碳达峰目标下绿色城乡建设的指导意见》，提出大力发展超低能耗、近零能耗、零能耗建筑，到 2025 年，新建建筑全面按超低能耗标准设计建造，在 2020 年提高节能 30% 的基础上再提升 30%。

由以上政策可见，在双碳、近零能耗和装配式大背景下，必将发生一系列深刻全面的变化。在可见的未来，外墙保温一体化系统的发展会催生一批新型建筑材料、新型结构系统、新型生产方式以及施工安装工艺，为我国的"双碳"目标贡献自己的力量。

9.3.3 经济效益

欲实现近零能耗建筑节能减排、环境友好的初衷，应从建筑全生命周期进行总量控制。从建材生产运输、建筑施工、建筑运行以及建筑拆除清理阶段对不同地区的建筑进行碳排放核算，经业内统计分析发现，建材生产运输、建筑施工及建筑运行阶段碳排放量之和占建筑全生命周期碳排放总量的 95% 以上。

在建材生产阶段，外墙保温一体化系统采用工厂化生产，与传统现浇混凝土墙体相比，减少了材料的浪费，提高了利用率，节约了资源。

在建筑施工阶段，外墙保温一体化系统安装操作简单，现场人工费约是现浇混凝墙体的 20%。因为外墙保温一体化系统无需现场支模、钢筋绑扎，所以现场模板制作、钢筋绑扎和混凝土浇捣量大大减少，从而减少了现场湿作业的材料与水资源等的浪费。致力于装配式建筑研究的地产集团对外发布的研究数据显示，外墙保温一体化系统较传统施工可节能 10%～30%，节水 20%～36%，减少 24%～36% 的垃圾废弃物。同时也明显减少了施工中产生的粉尘，改善施工现场环境，降低环境污染程度。总体说来，外墙保温一体化系统的综合人工消耗约为传统砌筑保温墙体的 1/3，围护墙体的施工周期可缩短约50%，总工期缩短 19%～30%，经济效益明显。

在建筑运行阶段，建筑外墙对建筑能耗和碳排放的影响主要体现在两个方面：①外墙系统的热工性能；②建筑使用年限内外墙保温系统的维修保养。超低能耗建筑所采用的外墙保温一体化系统具有良好的保温隔热性能，可使建筑物的运行能耗降低 5%，节省了能源支出。在维修保养方面，传统的外墙外保温层理论寿命只有 25 年，在建筑生命周期内需要更换 2～3 次。还有一些外保温材料可能三五年、七八年就会出现开裂脱落等问题，维修费用不少，并且产生大量的建筑垃圾。而外墙保温一体化系统具有保温材料与墙体同寿命的特点，且其优良的自身结构与墙体紧凑的安装方式，减少了雨、雪、冻、融、干、湿循环造成的结构破坏，消除了墙面的渗水之忧，有效地延长了建筑的使用寿命。据估计，建筑运行阶段，外墙保温一体化系统的使用成本可节省约 34%。

9.4 结 语 与 展 望

外墙保温是一项系统的工程项目，涉及保温材料及其配套材料选取、系统性能优化、工程设计、施工及验收等诸多方面。外墙保温一体化系统采用工厂化加工，效率高、损耗小，具有良好的保温性能，耐久性好，与建筑同寿命。同时，具有降低工程成本、加快施工进度、节约资源等优点，可以实现超低能耗建筑的建设，符合当前"双碳"的发展趋势，是建筑业发展的必由之路。随着超低能耗建筑和近零能耗建筑的推广和发展，外墙保温一体化系统必将是今后国内建筑墙体发展与应用的大趋势。

作者：乐园　鞠然　孙大明（建研科技股份有限公司上海分公司）

参考文献

[1] 周丽红. 装配式建筑用外墙保温材料[J]. 砖瓦, 2022(1): 57-58.

[2] 王磊. 努力推动建筑保温与结构一体化技术健康发展[J]. 粉煤灰综合利用, 2018 (3): 83-84.

[3] Holmberg, A., and Pelm, E.. Behaviour of load-bearing sandwich-type structures[M]. Handout No. 49, State Institute for Constructional Research, Lund Sweden, 1965.

[4] 郑东华, Rk Pradhan. 预制混凝土夹心保温外墙板性价比分析[J]. 山西建筑, 2016, 42(13): 199-200.

[5] 冯国会, 崔航, 常莎莎, 等. 近零能耗建筑碳排放及影响因素分析[J/OL]. 气候变化研究进展: 1-12[2022-03-20].

[6] 董凯红. 南方大型综合体建筑全寿命期碳排放计算研究[D]. 广州: 华南理工大学, 2018.

[7] 马康维. 寒冷地区办公建筑全生命周期碳排放测算及减碳策略研究[D]. 西安: 西安建筑科技大学, 2019.

[8] 张红霞. 装配式住宅全生命周期经济性分析[D]. 山东农业大学, 2013.

[9] 涂胡兵, 谭宇昂, 王蕴, 等. 万科工业化住宅体系解析[J]. 住宅产业, 2012(7): 3.

[10] 马建荣, 王丽红. 装配式多功能保温节能钢筋混凝土预制墙板的开发应用[J]. 建筑施工, 2007(12): 979-982.

[11] 张招华. 工业化建筑PC外墙施工技术与经济效益的研究[D]. 华南理工大学, 2013.

[12] 张君. 建筑节能与结构一体化墙体保温系统[J]. 中华建设, 2021(7): 132-133.

[13] 赵雅清. 建筑外墙保温与结构一体化技术应用[J]. 门窗, 2019(20): 28.

10 绿色低碳生活方式

10.1 要 素 背 景

10.1.1 政策背景

2015 年 9 月 25 日，联合国 193 个成员国在联合国可持续发展峰会上正式通过了 17 个可持续发展目标（SDGs）。其中，"目标 4：优质教育"提出，到 2030 年，确保所有进行学习的人都掌握可持续发展所需的知识和技能，包括可持续生活方式等；"目标 12：负责任消费和生产"提出，到 2030 年，确保各国人民都能获取关于可持续发展以及与自然和谐的生活方式的信息并具有上述意识。从全球发展角度来看，绿色生活方式和绿色消费的转变是实现可持续发展和应对气候变化的一项重要目标，是除了技术发展以外，每一位全球公民均能参与的变革。

2021 年 9 月 22 日发布的《中共中央 国务院关于完整准确全面贯彻新发展理念做好碳达峰碳中和工作的意见》提出需要扩大绿色低碳产品供给和消费、将绿色低碳发展纳入国民教育体系、开展绿色低碳社会行动示范创建，以加快形成绿色低碳生活方式。2021 年 10 月 24 日发布的《国务院关于印发2030 年前碳达峰行动方案的通知》，其中第九项重点任务提出"绿色低碳全民行动"，要求加强生态文明宣传教育，增强社会公众绿色低碳意识；推广绿色低碳生活方式，坚决遏制奢侈浪费和不合理消费，在全社会倡导节约用能，开展绿色低碳社会行动示范创建。从国家发展层面，绿色低碳生活方式将成为未来公民教育和价值观培养的一个重要方向。

从绿色生态城区发展的角度，我国也开始了软硬结合的尝试，在国家标准《绿色生态城区评价标准》GB/T 51225—2017 中首次设置了绿色人文章节，从以人为本、绿色生活、绿色教育、历史文化四个角度切入，在城区的顶层规划层面融入绿色低碳生活的要求。

10.1.2 重要意义

根据联合国的数据，每年食品产品中预计有 1/3，即相当于 13 亿 t、价值 1 万亿美元的食品，会在消费者和零售商的垃圾箱里腐烂。如果世界范围内人们都改用节能灯泡，那么，每年全球将节省 1200 亿美元。到 2050 年，如果世界人口增加到 96 亿，那么，要维持现有生活方式所需的自然资源相当于三个地球总资源的总和。从联合国的数据可知，绿色生活方式和消费方式的变革，其意义是从源头上减少资源和碳排放的需求，尤其是不恰当的行为所造成的浪费。

根据 2020 年和 2021 年发布的《中国建筑能耗研究报告》对 2018 年和 2019 年的建筑建设和运营过程碳排放量的统计，建材生产和建筑施工阶段、建筑运行阶段的碳排放量比较接近，前者碳排放量约为 28 亿 t，约占全国碳排放总量的 29%，而后者约为 21 亿 t，占比约为 22%。绿色低碳生活方式的转变，是除了技术创新以外，降低建筑运行碳排放的其中一环。以某品牌一级能效空调为例，额定制冷功率取 800W，额定制热功率取 1300W，每年制冷、制热时段各取 4 个月。若一个人平均每天在使用空调时多开 1h，即每年制冷、制热时段各多开 120h，那么每年就会多消耗 252kWh 电，接近一般家庭一个月的用电量。以一级节水器具为例，单位用水量取《水嘴水效限定值及水效等级》GB 25501—2019 的一级指标限值——6L/min 水。若一个人平均每天在使用水嘴时浪费 1min 的水，即每天浪费 6L 水，那么每年就会浪费 2190L 水，足够一个年满 14 岁的人喝两年以上。

由上可见，民众意识的转变和价值认同是实现绿色低碳生活的核心，而绿色低碳生活方式的转变和绿色教育的推广是实现此目标的两个重要途径。

10.2 实施途径与案例

10.2.1 绿色低碳生活方式

绿色低碳生活方式是指在不降低生活质量的前提下，通过改变人行为方式，减少能耗等各项资源的消耗，降低二氧化碳排放量。而人作为绿色建筑运营的主体，是实现建筑绿色低碳运营管理的关键。《绿色建筑目标实现核心的用户行为分析——以城设绿色办公室为例》一文通过实际案例剖析了人的行为对建筑能耗的影响。在未进行任何使用者行为管理的情况下，通过分项计量等手段统计各级能耗，调研结果显示获得 LEED 金级认证并按照绿色建筑要求开展室内设计的绿色办公楼，在工作时间、人员数量、建筑面积均未发生改变的条件下，其夏季办公室整体能耗较往年相比并没有实现降低。通过观察调研法并综合分项计量数据分析，发现了以下四点使用者行为造成能源浪费的问题。

（1）连续一个月没有一天电脑设备在下班后是完全关闭的；

（2）无人时，有 83％的时间内空调并未全部关闭；

（3）中午午休时，空调温度依然保持在 24～25℃，员工为了避免着凉反而增加被子的厚度，并没有考虑提高午休时段的室内温度；

（4）午休时下降窗帘，下午便忘了升起，然后窗帘基本保持永久下降状态，室内照明在日间基本上全部开启，没有进行照明分区控制，充分利用自然采光。

通过对员工实施行为管理的培训，让员工认知到不恰当的用能行为习惯后，办公室的总体能耗相较于前一个月下降了 11％，主要体现在电脑的耗电量上，行为节能的效果十分明显。配合行为节能，办公室进一步加强运营管理和行为管控，行政部门再通过对空调系统采取分时段集中控制，并监督照明控制，减少员工在无意识下的能源浪费，使得当月的总体能耗在上个月的基础又降低了 10％。其中空调耗能量较第一阶段降低了 29 ％。

由此可见，仅靠绿色建筑设计、绿色建材、绿色施工可以从技术上提升设备用能效率，较非绿色的设备系统而言，能满足节能减碳目的。但从考虑了人的行为因素影响在内的建筑运营阶段来看，改变并且进一步管控使用者的行为习惯，才能更好地实现可持续性的绿色建筑节能减碳的目标。

10.2.2　绿色低碳教育

通过绿色低碳教育，推广和宣传绿色低碳生活和消费观念，是一项长期的工作。虽然我国绿色建筑已经经历了十余年的发展，北京、上海、深圳等众多城市也全面实施新建建筑 100％符合绿色建筑标准，但人们对绿色建筑的感知度和获得感仍然有待提升。根据深圳市住房和城乡建设局开展的"深圳市可感知的绿色建筑价值及应用研究"的调研数据，有 52％的受访者不知道所在的办公居住空间是绿色建筑。

请受访者对绿色建筑中各项性能的敏感度和对个人的重要性进行排序，结论显示相较于绿色生态环境、健康环境和室内环境舒适性而言，受访者对于节约环保的敏感度相对较低。受访者对生活和办公环境品质的要求高于节约环保的要求。在国家"双碳"发展的背景下,绿色生活的价值认同仍需通过引导与教育大众来提升,人们对美好生活的向往与绿色低碳的要求应该并行推进。

提升绿色建筑的可感知度。通过数字化技术、物联网技术等手段,实现建筑环境与人的连接,能提高人们对于绿色建筑、绿色低碳生活的感知度,提升绿色建筑的价值和人们对绿色建筑的获得感。例如,在绿色建筑评价中考虑实施动态环境下的绿色建筑评价,通过动态运营数据来评价建筑物的绿色性能,向使用者实时动态显示用水用电量、废弃食物量以及低碳生活方式的提示等手段,间接影响人的行为方式,监督并引导公众践行绿色低碳生活。

中国城市科学研究会绿色建筑与节能委员会(以下简称中国绿建委)一直长期致力于开展绿色科普教育的活动,通过委员会的专业力量,向青少年和大学生普及绿色生活理念。2010年,中国绿建委成立绿色校园专业学组,由中国绿建委副主任委员、同济大学副校长吴志强教授担任学组组长;2015年,绿色校园专业学组出版了一套共5本的《绿色校园与未来》教材,分别针对不同年龄段的青少年(小学、初中、高中)和大学生开展绿色建筑相关的教育。同年,由中国绿建委主办的"全国青少年绿色科普教育巡回课堂"和"全国青年学生绿色建筑夏令营"正式启动。至今,科普教育课堂已分别在深圳、大连、天津、桂林、香港、澳门等地开展活动。2016年,中国绿建委成立了教育委员会,同年启动了全国"绿色建筑科普知识竞赛"。2019年,由中国城市科学研究会主编,同济大学等单位参与编制的《绿色校园评价标准》GB/T 51356—2019发布。绿色教育已逐渐成为向青少年推广中国绿色建筑的一个重要阵地,并且形成了多样化的活动和宣传途径。

绿色教育甚至已经进入幼儿园,深圳市第六幼儿园作为深圳市市属幼儿园之一,从设计之初便融入了绿色建筑设计,最大限度地利用自然资源,并将其设计理念融入幼儿园教育当中,绿色已经成为幼儿园的办学和教育方针之一,并且从园内管理、课程设计、家长教育方面等全面渗透,探索成为"设计—运营—行为—教育"融合的绿色低碳范本。

10.3 效 益 分 析

10.3.1 环境效益

从环境效益分析,通过绿色低碳建筑,构建和引导人们践行绿色生活方式，能够从源头减少能源、水资源、废弃物等各类资源的消耗，适度消费和避免不恰当的行为模式导致的资源浪费，从而从源头减少碳排放。

10.3.2 社会效益

从社会效益分析，通过对绿色低碳建筑的推广和绿色教育，提高人们对绿色价值的认知，尤其是针对青少年的绿色教育和绿色校园建设，能够让绿色生活在年轻人当中成为一种文化和价值认同，构建绿色未来，培养更多未来力量加入"双碳"发展中。

10.3.3 经济效益

从经济效益分析，绿色生活方式的引导和构建能够带动全新的绿色消费方式和绿色产品选择，绿色低碳建筑也将作为人们更优先选择的产品，实现更高的市场价值和经济效益。同时，绿色低碳建筑空间的数字化和智慧化场景技术，可以更好地引导绿色生活方式，也将能推动新的行业技术发展，创造新市场。

10.4 结语与展望

绿色低碳生活方式对实现"双碳"目标有着重要作用，与低碳技术发展一起实现"软硬结合"，共同推动。当全社会形成绿色低碳生活的普遍共识，减少不必要的奢靡浪费，才能真正实现从源头上减少碳排放。绿色低碳建筑作为承载人们日常生活、学习、生产、工作的空间载体，如何引导和改变人的行为，朝着更绿色低碳的方向发展，在技术发展层面和宣传教育层面，都有很大潜力。

通过数字化和物联网技术，构建可感知的绿色建筑，连接人与环境，提升老百姓对绿色低碳建筑的感知，增强老百姓对绿色低碳建筑的获得感和幸福感，能更好地提升人们对绿色低碳生活的价值认同，且智能化环境控制能更好地引导和实现行为管理，实现场景化的绿色生活方式构建。

另一方面，绿色教育也扮演着重要角色，绿色教育不仅体现在针对不同年龄段的绿色生活方式、绿色材料产品、绿色低碳建筑等方面相关的课程教育；而且从建筑层面来看，自确定设计理念开始便考虑营造更适应绿色低碳生活方式的环境和空间，从而引导物业运营团队实践绿色低碳运营，并引导使用者实践绿色低碳生活，最终在建筑环境中创造出一种绿色低碳生活的文化，实现设计建造者—运营者—使用者的完整的绿色低碳价值传递。

作者：张智栋　王翔臻　黄桂琴　王瑞杰（城设科技研究（深圳）有限公司）

11 北方地区地热能在建筑供热领域的应用

11.1 技 术 条 件

11.1.1 技术背景

目前，在我国北方地区建筑供热领域中应用较为成熟的地热能类型为浅层地能以及水热型地热能。

浅层地能是指地表以下 200m 深度范围内，蕴藏在地壳浅部岩土体和地下水中，温度低于 25℃ 的低温地热资源。浅层地能包括浅层岩土体、地下水所包含的热能，也包括地表水所包含的热能。

水热型地热能也就是我们常说的深层地热，指的是相对较深的地下水或蒸汽中所蕴含的地热资源，是目前地热勘探开发的主体。地热能主要蕴含在天然温泉和通过人工钻井直接开采利用的地热流体中。其中，水热型地热资源按温度分类，可分为高温地热资源（温度≥150℃）、中温地热资源（90℃≤温度＜150℃）和低温地热资源（温度＜90℃）三级。一般根据地热田分布，开发深度在一千米至三四千米。

近年来，北方地区逐渐兴起的"干热岩"，实为中深层地热能的应用，开发深度在 2km 以上，利用方式为"取热不取水"，通过与岩土体的换热实现热能的提取。

11.1.2 应用意义

近年来，为了加强能源体系建设，优化能源消费结构，提高清洁能源的比重，地热能作为清洁可再生能源受到了国家的重视，国家出台的一系列政策为行业发展指明了方向。

中国科学院 2012 年发布的《中国地热资源中长期战略规划》显示，在地热直接利用方面，到 2030 年我国浅层地热能利用将达 1 万 MWh，地热（温泉）直接利用 6500MWh；到 2050 年我国浅层地热能利用将达 2.5 万 MWh，地热（温泉）直接利用 1 万 MWh，地热能直接利用空间巨大。

此外，全国各省市也围绕新能源产业的装机规模、投资规模等内容，提出了"十四五"时期的发展目标。我国部分省市政策汇总见表 1。

我国部分省市政策汇总　　　　　　　　　　　　　　　　　表 1

地方	政策文件名称	具体内容
天津	《天津市可再生能源发展"十四五"规划》	科学有序开发地热能。有序开发中深层水热型地热能，加快浅层地热能推广应用。鼓励水热型地热能梯级利用，以供热为主，提高地热资源利用效率
黑龙江	《关于加强黑龙江省地热能供暖管理的指导意见》	充分发挥市场在资源配置中的决定性作用，鼓励各类投资主体参与地热能供暖项目的建设和运营，形成政府大力推进、市场有效驱动、企业主体作用充分发挥的地热能开发利用新格局。重点开发中深层土壤源热泵供暖
辽宁	《关于印发沈阳市加快推进清洁供暖实施方案的通知》	充分挖掘浅层地热能资源，提升现有地（水）源热泵供暖潜力，在污水处理厂和大型排污管网附近，积极推广污水（中水）源热泵供暖技术应用
山东	《省生态环境厅与省直有关部门职责边界清单》	省自然资源厅负责做好城乡清洁取暖和储气调峰设施建设有关项目的用地保障，积极推进地热能的开发应用

11.2　技　术　内　容

11.2.1　技术介绍

（1）浅层地能

浅层地能根据开发利用方式不同，可分为地源型（地埋管）、地表水源型和地下水源型三种。地表水源的利用需要具有相应的资源条件，如湖泊、河道等，但由于北方地区受冬季室外气温影响，水源温度较低，利用受限。地下水源利用受地质构造影响，在无法实现采灌平衡的情况下，会造成地下水位下降、地面塌陷等不良后果，在部分地区被明令禁止。因此，在北方地区建筑供热领域应用较广泛的为地源型浅层地能。

常规的地源型浅层地能利用方式为土壤源热泵系统。土壤源热泵是通过敷设于土壤中的埋管换热器提取土壤内的低品位能源，通过热泵机组将热能品位提升实现建筑供暖，是一种清洁低碳的供暖方式。但严寒地区常规浅层地源热泵所出现的埋管长度剧增、机组能效低、土壤冷堆积等技术问题，制约了其推广应用。因此，通过加大钻井深度，提高土壤温度，解决浅层地源热泵在严寒地区应用存在的技术问题，应用中深层地源热泵系统供暖技术是实现严寒地区清洁供暖的可行途径之一。

（2）深层地热

水热型地热能通常被称为"深层地热"，利用过程是抽取地下水提取其中热量为建筑供热，降温后的地热尾水回灌至地下原水层。"深层地热"一般采用"换热直供＋尾水热泵"的梯级利用方式实现其高效利用（图1）。深层地热由于具有持续、稳定的供热能力与特性，特别适合于24h供热的建筑。

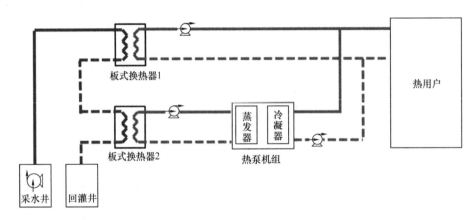

图1　深层地热利用图

（3）中深层地热

中深层地热的利用方式与浅层地能土壤源热泵系统类似，是以深度在1000～3000m的中深层岩土体为热源，通过中深层的地热换热器提取热量并通过热泵机组向建筑供热，现被称为"中深层地源热泵供热系统"。随着能源和环境问题的日益突出，中深层地热应用越来越受到人们重视，目前已建成投入运行和正在施工的中深层地源热泵工程已达到数百万平方米。中深层地源热泵供热技术在快速发展的同时，也存在一些诸如换热系统设计方法依据缺乏、没有相关技术标准、系统监测及调试技术要点缺失等问题。据了解，《中深层地埋管地源热泵供暖技术规程》T/CECS 854—2021已颁布实施。

11.2.2 技术指标

（1）浅层地能

在北京、天津地区，应用较为广泛的浅层地能利用方式为垂直埋管土壤源热泵，且目前已有大量成功案例，如北京副中心、天津文化中心，其埋管数量均有数千口。项目采用的"室外埋管"为双 U 形垂直式埋管换热器，埋管材质为高密度聚乙烯管，钻孔深度 100~150m，钻孔直径 200mm。在 5℃/8℃设计工况下，其取热能力在 40W/延米左右；在 30℃/35℃设计工况下，其排热能力在 70W/延米左右。

在严寒地区，如黑龙江省应用传统浅层地源热泵技术（孔深 200m 以内）虽不存在技术难题，但更大的负荷需求、更低的土壤温度和土壤冷热的不匹配导致相同建筑面积的供暖需要更大的埋管长度，极大地削弱了经济性。初步测算表明，对居住建筑而言，哈尔滨所需埋管土地面积与建筑面积之比大约为 1：1.8，埋管长度大约是北京的 3 倍。这意味着，需要 3 倍的土地用于埋管、3 倍的初投资和近 2.5 倍的运行费用。由于土壤温度是随着土壤深度的增加而升高，故通过加大钻孔深度，采用中深层地源热泵技术（孔深 500~1500m），浅层地源热泵技术遇到的技术问题可以很大程度地得到缓解。在目前的经济、技术条件下，黑龙江省地温能资源的适宜开采深度在 500m 以下。以哈尔滨地区为例，每平方千米地温能资源可持续开采资源量为 500m 深度 3.11×10^{12}kJ/a，折合标准煤 10.6 万 t/年，可供暖面积 400 万 m²；600m 深度 4.56×10^{12}kJ/a，折合标准煤 15.6 万 t/年，可供暖面积 600 万 m²。

（2）深层地热

深层地热资源依赖于地质条件，以天津市为例，其主要利用的地热田为雾迷山组与奥陶系。

1）雾迷山组，采用"对井"利用方式，即一采一灌、以灌定采，采水温度约在 90℃，回灌流量约为 100t/h，采用"换热直供＋尾水热泵"梯级利用方式，在回灌温度为 10℃的前提下，约可提供 10.5MW 供热能力。按照四步节能住宅计算，可实现约 40 万 m² 住宅的供暖。

2）奥陶系，采用"对井"利用方式，即一采一灌、以灌定采，采水温度约在 55℃，回灌流量约为 60t/h，采用"换热直供＋尾水热泵"梯级利用方式，在回灌温度为 10℃的前提下，约可提供 3.8MW 供热能力。按照四步节能住宅计算，可实现约 15 万 m² 住宅的供暖。

（3）中深层地热

中深层地热能利用采用"取热不取水"方式，常见的地热换热器为同轴套管式。钻孔孔径不宜小于220mm，钻孔深度一般在2000m以上。受地温梯度、岩土导热率的影响，同轴套管换热器在不同地质条件下的取热能力是不同的，在地热条件较好的地区，一定的边界条件下，2000m深换热孔的稳定换热量可达300kW，单个换热孔的供暖季总取热量可达到2800~3300GJ。

11.2.3　适用范围

地热资源根据其自身不同的特点，适用于不同的建筑供暖系统。对于土壤源热泵系统，由于北方大部分地区地下水径流有限，土壤自身热恢复能力有限，为保证供暖系统长期稳定运行，必须考虑土壤的跨季节蓄热，维持土壤温度稳定。因此，土壤源热泵系统一般应考虑既供暖又供冷，特别适合于夏季有供冷需求、冬季有供暖需求的公共建筑。

深层地热梯级利用及中深层地源热泵系统，由于其具有持续、稳定的供热能力，特别适合于需要24h供热的建筑，如住宅、公寓等。该系统也可为公共建筑提供热源，但由于公共建筑非连续供暖的特性，系统满负荷利用率会降低，能源利用率不如其应用于居住建筑。

11.2.4　特色分析

地热能属于可再生能源，相较于其他可再生能源，具有能源密度大、供能稳定性高等特点。同为可再生能源，与利用空气能的空气源热泵系统相比，在供热能效、项目经济性等方面均具有较大的优势。以地热能中能效较低的浅层地热能地源热泵系统为例，其系统供热平均能效可以达到4.5左右，而空气源热泵仅为2.5左右；从经济性角度看，地源热泵系统相较于空气源热泵系统初投资高，但运行费用明显降低，综合寿命周期成本约可节省15%。以上对比参数所基于的项目位于北京、天津等同纬度地区，若项目位于纬度更高的严寒地区，空气源热泵系统的供热能效将进一步降低，地源热泵系统相较于空气源热泵系统优势更为明显。

11.3 效 益 分 析

11.3.1 应用情况

地热资源在北方地区应用广泛，以天津市为例，到 2020 年，天津市水热型地热资源实现供暖面积 3422 万 m^2（约占全市 7%），浅层地热开发利用工程 279 个，供热面积约 835 万 m^2。到 2025 年，地热资源开发利用供热面积力争达到 6000 万 m^2。

近年来，天津市公共建筑地源热泵系统应用较多且效果明显，如天津市建筑设计院新建业务用房项目，总建筑面积 20100m^2，冷热源形式采用垂直埋管土壤源热泵耦合太阳能供冷供热系统。通过运行实测，垂直埋管土壤源热泵系统在供冷季贡献率为 74%，系统供冷平均 COP 为 6.74；在供热季贡献率为 91%，系统供热平均 COP 为 4.92。

11.3.2 社会效益

地热能作为可再生能源，具有"节能、环保、低碳、减排"的特点，充分利用可再生能源，顺应全球能源发展方向，符合国家政策导向。合理、高效利用地热能，可减少化石能源的消耗，降低二氧化碳及污染物排放，缓解能源紧张、环境恶化等一系列问题。

11.3.3 经济效益

地热能利用具有一定的经济效益，由于可再生能源的使用，可以降低系统运行费用。以天津市收取地热资源费的水热型地热能为例，其供应居住建筑的供热成本不超过 20 元/m^2，相较于 25 元/ m^2 的供暖费用完全可以实现"微利"运行。

11.4 结 语 与 展 望

地热能是一种可再生、可供持续利用的绿色地质资源，它赋存于地下岩土体中，并受控于地层温度、岩性、地下水渗流、构造发育、基底埋深等诸多地质因素。在地热能的利用过程中，水热型地热能需特别关注"采灌平衡"问题，土壤源热泵更需关注"土壤热平衡"问题，而目前干热岩型的中深层地源热泵受到重点关注的是其"经济性"。因此在地热能的利用方面，可以通过"多能耦合"的方式实现不同类型的能源优势互补，在确保供能安全可靠的前提下，最大限度地实现地热能的高效利用。

虽然地热能的开发利用存在一定的限制条件，但在大力推进节能、减排的前提下，地热能确实是最有效的资源条件。地热能的高质量开发利用有利于推进能源发展和结构优化调整，保障能源需求。地热能可持续、安全高效利用，有利于可再生能源的建筑规模化应用，促进建筑节能、低碳发展，构建生态宜居城市，助力实现碳达峰、碳中和。

作者：张津奕（天津市建筑设计研究院有限公司）

12 绿色建筑技术与减碳关联指标分析

本文从国家现行的《绿色建筑评价标准》GB/T 50378—2019 中梳理与碳减排相关的技术指标，共有 54 项，其中与建筑相关的有 36 项。具体情况见表 1。

《绿色建筑评价标准》GB/T 50378—2019 中关于碳排放指标的调研数据 表 1

指标分项		数量	建筑	工业	交通	与碳排无关
安全耐久	控制项	8				8
	得分项	9		3		6
健康舒适	控制项	9	6			3
	得分项	11	6	2		3
生活便利	控制项	6			3	3
	得分项	13	4		1	8
资源节约	控制项	10	6	3		1
	得分项	18	6	4		8
环境宜居	控制项	7				7
	得分项	9	3			6
提高与创新	加分项	10	5	2		3
共计		110	36	14	4	56

在提取出与建筑碳排放相关的 36 个指标后，将指标从绿色建筑分值、所属技术类型、对减碳影响度、指标可量化、碳排放分类等方面进行进一步的分析。将与碳排放相关的条文划分为标准体系要求、运行调控、冷热源和碳汇 4 种技术类型。在 36 个指标中共梳理出 22 项可以量化的指标和 2 项部分可量化的指标。具体情况见表 2。

36 个指标碳排放分类分析表　　　　　　表 2

一级指标	二级指标	三级指标	分值	技术类型	对碳减排影响度	是否可量化	量化方法	碳排放分类
健康舒适	控制项	5.1.1 室内空气污染物、室内和建筑主出入口禁烟	—	标准体系/运行调控	★	否	—	间接（外购电力）
		5.1.5 建筑照明	—		★	否	—	
		5.1.6 室内热环境保障	—		★★	是	计算对建筑能耗的影响	
		5.1.7 围护结构热工性能	—	标准体系	★★	是		
		5.1.8 独立热环境调节装置	—		★★	否	—	
		5.1.9 地下车库一氧化碳浓度监测与排风设备联动装置	—	标准体系/运行调控	★	是	计算排风系统能耗	
	评分项 Ⅰ 室内空气品质	5.2.1 控制室内空气污染物浓度	12		★★	是	计算通风系统能耗	
		5.2.2 装饰装修材料要求	8		★★	否		
	评分项 Ⅲ 声环境与光环境	5.2.8 充分利用天然光	12		★★★	是		
	评分项 Ⅳ 室内热湿环境	5.2.9 良好的室内热湿环境	8		★★★	是	计算对建筑能耗影响	
		5.2.10 自然通风优化	8		★★★	是		
		5.2.11 可调节遮阳	9	运行调控	★★	是		
生活便利	评分项 Ⅲ 智慧运行	6.2.6 用能远传计量系统与能源管理系统	8		★★	否	—	
		6.2.7 空气质量监测系统	5		★★	否	—	
		6.2.9 智能化服务系统	9		★★	否	—	
	评分项 Ⅳ 物业管理	6.2.12 建筑用能用水公共设备运营评估与优化	12	标准体系	★★	否	—	

158

续表

一级指标	二级指标	三级指标	分值	技术类型	对碳减排影响度	是否可量化	量化方法	碳排放分类
资源节约	控制项	7.1.1 建筑设计优化	—	标准体系	★	否	—	间接（外购电力）
		7.1.2 部分负荷节能	—	标准体系/运行调控	★★	部分可以	计算机组设备能耗	
		7.1.3 分区温度设定	—		★★	是	计算对建筑能耗的影响	
		7.1.4 照明节能控制	—		★★★	是		
		7.1.5 能耗分项计量	—		★	否	—	
		7.1.6 节能电梯	—		★★	是	计算对建筑能耗的影响	
	评分项Ⅱ 节能与能源利用	7.2.4 围护结构热工性能	15	标准体系	★★★	是		间接/直接（涉及冷热源类型）
		7.2.5 冷热源机组能效提升	10	标准体系/冷热源	★★★	是	计算机组设备能耗	
		7.2.6 输配系统效率提升	5		★★★	是	计算输配能耗	间接
		7.2.7 其他电气设备提升	10		★★	部分可以	计算其他设备能耗	
		7.2.8 暖通系统优化	10		★★★	是	计算暖通系统能耗	
		7.2.9 可再生能源	10		★★★	是	计算可再生能源提供能源量	直接
	评分项Ⅲ 节水与水资源利用	7.2.10 节水器具	15	标准体系	★★★	是	计算节水量	间接
环境宜居	评分项Ⅰ 场地生态与景观	8.2.3 绿地率	16	碳汇	★★	是	计算绿植碳汇量	直接
	评分项Ⅱ 室外物理环境	8.2.8 场地风环境	10	标准体系	★	否	—	间接
		8.2.9 降低热岛效应	10		★	否	—	

一级指标	二级指标	三级指标	分值	技术类型	对碳减排影响度	是否可量化	量化方法	碳排放分类
提高与创新	加分项	9.2.1 暖通系统优化	30	标准体系/冷热源	★★★	是	计算暖通系统能耗	间接
		9.2.4 绿容率	5	碳汇	★★	是	计算绿植碳汇量	直接
		9.2.7 碳排放	12	标准体系	★	是	通过建筑碳排放计算模型计算	间接
		9.2.8 绿色施工	20	标准体系/运行调控	★	是	计算施工过程中能耗	
		9.2.10 其他创新技术	40	标准体系/运行调控/冷热源	★	—	需根据具体创新技术确定	

由于北京市新建建筑强制执行绿色建筑一星级，因此绿色建筑的基本级和一星级是每个北京市的项目必须达到的底线要求。本文对碳排放量的测算更多的是建立在绿色建筑高等级（二星级和三星级）的基础上，因此控制项和一星级普遍能达标的项目不在本次计算范围内。另外，一些创新项不易达标，仅有极少量项目能做到的条目如9.2.4条绿容率也不在本次计算范围内。根据该项原则，从22项可量化的指标中梳理出11项对建筑碳排放最具影响力、可实现、可计算的指标。其主要有围护结构的热工性能、充分利用天然光、自然通风优化、可调节外遮阳、冷热源机组能效提升、输配系统效率提升、节水器具、其他电气设备提升、建筑能耗优化、可再生能源和降低热岛效应。指标体系中的具体指标值见表3。不同星级绿色建筑对碳减排的贡献量见表4。

绿色建筑影响建筑碳排放的指标体系 表3

序号	三级指标	分值	对碳减排影响度
1	7.2.4 围护结构热工性能	15	★★★
2	5.2.8 充分利用天然光	12	★★★
3	5.2.10 自然通风优化	8	★★★
4	7.2.5 冷热源机组能效提升	10	★★★

续表

序号	三级指标	分值	对碳减排影响度
5	7.2.6　输配系统效率提升	5	★★★
6	7.2.10　节水器具	15	★★★
7	7.2.8　建筑能耗优化	10	★★★
8	7.2.9　可再生能源	10	★★★
9	5.2.11　可调节遮阳	9	★★
10	7.2.7　其他电气设备提升	10	★★
11	8.2.9　降低热岛效应	10	★

绿色建筑不同星级对碳减排的贡献量表　　　　表4

序号	三级指标	住宅碳减排贡献量		公共建筑碳减排贡献量	
		二星	三星	二星	三星
1	5.2.8　充分利用天然光	0.33	0.33	0.02	0.02
2	5.2.10　自然通风优化	0.91	0.91	0.12	0.12
3	5.2.11　可调节遮阳	—	0.12	—	0.03
4	7.2.4　围护结构热工性能	0.4	1.25	0.17	0.42
5	7.2.5　冷热源机组能效提升	3.83	7.5	0.70	1.41
6	7.2.6　输配系统效率提升	—	—	1.67	3.33
7	7.2.10　节水器具	0.005	0.01	0.005	0.01
8	7.2.7　其他电气设备提升	—	—	—	0.12
9	7.2.9　可再生能源	4.24	5.22	0.64	1.07
10	7.2.8　建筑能耗优化	2.29	4.57	5.36	10.73
11	8.2.9　降低热岛效应	—	—	—	—
	总计（1~9）	9.72	15.34	3.33	6.53

结 论 与 展 望

（1）在我国绿色建筑标识较为普及，本文根据建筑对碳减排的影响度、指标可否量化及量化方法，从绿色建筑技术指标中筛选出 11 个指标，着重探讨绿色建筑技术标准实施对建筑减碳的影响。

（2）住宅建筑三星级比二星级每平方米减碳 5.63kg/（m² · a），公共建筑三星级比二星级每平方米减碳 3.19kg/（m² · a）。采用绿色建筑技术对于居住建筑减碳效果更好。由于公共建筑的特性，单位面积能耗大，所以体现综合节能技术应用的建筑能耗优化减碳效果比居住建筑更好。

（3）公共建筑和居住建筑对于减碳影响较大的技术指标基本一致，以主动式的冷热源机组效率提升、输配系统优化、围护结构热工性能优化和可再生能源的利用为主，以被动式的自然采光、自然通风和遮阳的设计与应用为辅。

绿色建筑中的建筑碳排放包含三个部分，分别为直接碳排放、间接碳排放和隐含碳排放。其中，直接碳排放主要相关条款为低碳导向型的高性能建筑设计方法、建筑采用高性能围护结构、建筑室内环境控制与采用高能效机电设备和建筑全面电气化技术。隐含碳排放主要与建筑结构体系和建筑材料相关，主要包含建筑采用绿色建材、绿色消纳关键技术、采用高强度钢等高性能结构体系、建筑的工业化技术等。间接碳排放主要与建筑用能有关，能源在输送到建筑前已经产生了碳排放，涉及的技术包含城镇新型低碳清洁供暖系统、光储直柔新型供配电系统等。因此，建筑碳排放涉及多方面的内容。建筑减碳需要从多角度发力，今后我国建筑减碳的主要方向为以下几点。

（1）建筑可再生能源与围护结构结合进行综合利用。建筑运行即存在能源的消耗，因此发展低碳建筑必须要合理利用可再生能源。目前光伏与幕墙结合的技术已经较为成熟，可以通过幕墙的发电将太阳能更好地转化成建筑正常运营的动能，实现太阳能与建筑一体化。

（2）绿色建筑中很多条目涉及采用绿色建材、长寿命的部品和部件、使用本地建材、推荐采用利废建材等，这些均对降低建筑的隐含碳意义重大。但建材品类较多，产品工艺、运输等方面均需要考虑，计算难度非常大，因此本文没有囊括。数据显示建材生产阶段的碳排放占全国碳排放的比例达到 28.3％，有效降低建筑建材量、提升建筑的使用寿命、推广低碳建材是后续建筑降碳持续研究的重点。

（3）建筑运营碳排放是建筑碳排放的核心，智慧建筑管理的兴起和建筑电气化的全面应用为建筑运营碳排放降低提供了新的思路。BIM-IoT 空间实测技术、多维环境/能耗场和人体健康关联的海量数据挖掘技术、健康低碳的 AI 运维技术、基于室内环境参数时空分布特征的环境健康与安全识别诊断及风险预警保障技术等给建筑运营降碳提供了可落地可实施的方案，未来必将在建筑降碳中发挥重要作用。

作者：白洋（清华同衡规划设计研究院生态研究所）

第三篇 | 地域篇

1 因地制宜减碳 探索实践并行

城镇化进程中，"绿色"理念深入贯穿建筑全生命周期每个环节，包括规划、设计、施工、运维、后评估及拆除后循环再利用等。绿色低碳建筑是指全寿命周期内，最大限度实现人与自然和谐共生的高质量建筑：在规划阶段，通过合理布局，充分利用自然采光和自然通风，使得建筑以最低的影响干预环境；在方案和设计阶段，通过对能源方式、设备系统、结构和材料等要素的综合考量，做到绿色技术与建筑本体的融合；在施工过程中，倡导绿色施工、智能建造等方式；在运维过程中，系统考虑低碳减排，以及建筑拆除后循环再利用时，积极应对节能降碳发展趋势。

江苏省绿色低碳发展始终坚持"以人为本，民生共享"的基本原则，城乡建设领域在节能减排、低碳发展、环境友好、绿色生态方面久久为功，充分结合江苏省的气候、环境、资源、经济和文化实际，因地制宜推进绿色低碳发展，从政策引导、技术创新、项目试点及规模化推广等不同维度，努力践行"碳达峰、碳中和"重大战略决策，深入推动绿色城乡高质量发展。

1.1 技 术 条 件

绿色低碳建筑应遵循因地制宜原则，结合建筑所在地域的气候、地理、能源和发展情况，考虑全生命周期的性能指标和效益贡献。

1.1.1 气候条件

江苏省地处中国大陆东部沿海中部地区，地跨北纬 $30°45'\sim35°08'$，东经 $116°21'\sim121°56'$，属于东亚季风气候区，处在亚热带和暖温带的气候过渡地带，地形以平原为主，同时拥有 1000 多千米长的海岸线。在太阳辐射、大气环流及特定地理位置、地貌特征的综合影响下，江苏省基本气候特点是：气候温和、四季分明、季风显著、冬冷夏热、春温多变、秋高气爽、雨热同季、雨量充沛、降水集中、梅雨显著、光热充沛。

江苏省受季风影响，夏季盛行东南风，冬季盛行西北风，春秋较短，冬夏偏长，南北温差明显，六七月份为高温潮湿的梅雨季，年平均气温在 13.6～16.1℃之间，年降水量为 704～1250 mm，其中夏季降水量占全年降水量的一半，梅雨季降水量在 250mm 左右；太阳能资源属于第三类、第四类地区，年日照时数为 1400～3000h，年辐射量为 4190～5852MJ/(m² · a)。

江苏省共辖 13 个设区市，大部分为夏热冬冷地区，徐州、连云港两个城市为寒冷地区。冬季平均气温为 3℃，各地极端最低气温通常出现在冬季的 1 月或 2 月，夏季平均气温为 25.9℃，各地极端最高气温通常出现在盛夏的 7 月或 8 月，春季平均气温为 14.9℃，秋季平均气温为 16.4℃。冬季平均天数为 134 天，省内寒冷地区供暖期为 11 月 21 日至次年 3 月 10 日，供暖天数 109 天。

绿色低碳建筑规划时注重环境融合与生态绿化，根据江苏省地域的气温、雨水、日照、供暖等气候条件，在建筑选址、朝向、平立面布置、建材与设备选用等阶段，充分考虑自然采光、自然通风、可再生能源等优化设计，可以有效减少能源、资源消耗，实现建筑与环境和谐共生。

1.1.2 地理环境

江苏省地域气候特征显著，配套交通运输也被列入第一批交通全国建设试点。截至 2020 年，江苏省高速公路里程 4924km；铁路干线运营里程 4204km；航空年客货保障能力超 7000 万人次、160 万 t；港口综合年通过能力达 22.9 亿 t，万吨级以上泊位数 524 个，货物吞吐量达 29.7 亿 t，三级以上航道里程达 2363km，千吨级航道覆盖全省 78％的县级及以上节点和 50％的省级及以上开发区。总体来说，水运承担了江苏省全省 90％以上的能源和外贸物资运输。

防灾减灾方面，"十三五"期间江苏省在体制机制改革、政策法规体系、灾害救助能力、综合减灾工程、科技支撑水平、宣传教育与共治水平等方面均取得了显著成效。据统计，"十三五"期间因灾害造成的直接经济损失占全省生产总值的比重比"十二五"期间下降 63.6％。积极应对气候变化，提升灾害防御能力，是绿色低碳发展的重要一环。建筑领域老旧小区改造、农村危房改造、学校抗震加固、医院灾害设防、避难场所建设、避灾减灾宣传等，是贯彻落实绿色低碳发展理念的积极举措。

2020 年江苏省常住人口城镇化率为 73.44％，高于全国平均水平近 10 个百分点，城市更新从"增量时代"进入"存量时代"，城市结构、功能体系、产业结构、人居环境等多种形态的改造转变，需向绿色低碳转型发展，包括住区环境和功能提升、建筑用能结构优化、运维能效提升改造、绿色建造及低碳建材等。

1.1.3　能源利用

江苏省是经济大省，但又是能源小省。根据《江苏统计年鉴2021》，2020年江苏省能源消费总量32672.49万t标准煤，一次能源生产量3620.89万t标准煤，由此估算能源净调入量约29051.6万t标准煤。截至目前，江苏省能源格局以煤炭为主体、电力为中心，石油天然气和可再生能源全面发展。近年来省委、省政府不断加大能源供给侧结构性改革，以新能源替代化石能源，创新能源生产体制机制，着力构建清洁低碳、绿色高效的现代能源体系，包括风电、光伏发电、生物质发电和核电。截至2021年10月，江苏省单位面积陆上风电资源、太阳能资源开发强度已处于国际领先水平，风电、光伏等可再生能源装机容量3598.95万kW，接近全省总装机容量的1/4，发电量超617亿kWh。

建筑领域主要能源消费类型为煤、油、天然气、液化天然气、热力、电力及其他。因平均低位发热量以及碳氧化率的不同，煤、油、天然气等能源类型的碳排放因子也不尽相同，其中单位电力碳排放因子远低于其他能源类型，江苏省2018年至2020年电力碳排放因子分别为$0.619kgCO_2/kWh$、$0.612kgCO_2/kWh$、$0.670kgCO_2/kWh$（表1）。

	江苏省碳排放因子				表1
年份	煤 ($kgCO_2/kg$)	油 ($kgCO_2/kg$)	天然气 ($kgCO_2/m^3$)	液化天然气 ($kgCO_2/kg$)	电力 ($kgCO_2/kWh$)
2018	1.9003	3.0202	2.1622	3.1013	0.619
2019	1.9003	3.0202	2.1622	3.1013	0.612
2020	1.9003	3.0202	2.1622	3.1013	0.670

1.1.4　技术背景

政策法规方面，《江苏省绿色建筑发展条例》（以下简称《条例》）从规划、设计、建设、运营、改造、拆除等流程环节，以及技术、政策、法律等全方位规范了绿色低碳建筑活动，旨在节约资源，提高人居环境质量，推动新型城镇化建设。江苏省建筑领域发展规划中，将绿色建筑、可再生能源建筑应用、既有建筑改造等工作目标按发展要求划分成各年度工作任务指标，并分解到各设区市，纳入年度绩效考核。考核评价结果将作为设区市人民政府能源消费总量和强度"双控"、省生态文明建设、高质量发展、建筑市场和工程质量安全监督执法检查（建筑节能与绿色建筑）等评价的重要依据。各设区市为落实《条例》规定，以及响应国家、江苏省相关政策要求，结合当地实际情况，分别发布了绿色低碳建筑相关的政策，进一步明确绿色低碳建筑相关工作的各项指标和要求。

财政支持方面，江苏省财政厅、江苏省住房和城乡建设厅设立"省级建筑节能专项引导资金"，对绿色低碳项目给予扶持。各设区市也相继出台绿色低碳建筑相关奖补政策，南京、无锡、苏州、南通、扬州、镇江6个城市从市财政资金申请设立了市级建筑节能（绿色建筑）专项引导资金，用于绿色建筑项目的奖励，每年财政支持规模在400~1000万元不等。

市场环境方面，江苏省在碳交易、绿色金融等方向开展尝试和探索：①江苏省政府办公厅印发《江苏省重点单位温室气体排放报告暂行管理办法》（苏政办发〔2015〕37号）、《江苏省碳排放权交易市场建设实施方案》（苏政办发〔2015〕96号）等文件，从温室气体排放管理和碳排放权交易市场建设目标方面，开展了基础准备工作；②江苏省生态环境厅等七部门印发《江苏省绿色债券贴息政策实施细则（试行)》《江苏省绿色产业企业发行上市奖励政策实施细则（试行）》《江苏省环境污染责任保险保费补贴政策实施细则（试行）》《江苏省绿色担保奖补政策实施细则（试行）》（苏环办〔2019〕24号）等文件，出台绿色金融相关发展政策，并从企业"需求侧"入手，集成运用金融、财政、环保等激励政策，建立了覆盖全省的多层次、多元化绿色金融产品供给体系，在全国率先推出"环保贷"绿色金融产品，发行江苏省首单"碳中和"绿色债券等，绿色金融日益升温。

综上所述，江苏省在自身气候条件、地理环境、能源利用及技术背景等条件下，遵循因地制宜发展策略，推行绿色低碳技术应用，努力构建城乡建设绿色发展新格局。

1.2 技 术 内 容

　　绿色低碳建筑通过充分利用自然采光、自然通风、太阳辐射得热等技术，实现室内舒适的湿热环境和声光环境，在此基础上，通过高性能的外围护结构技术、热回收技术来大幅度降低建筑用能需求，结合提高能源系统效率进一步降低能耗，运用可再生能源技术和储（蓄）能技术实现建筑的能源产出、储蓄与输配。

1.2.1　技术介绍

　　江苏省绿色低碳建筑关键技术包含外围护结构节能技术、高性能设备技术、可再生能源技术、新型节能技术等，如图1所示。

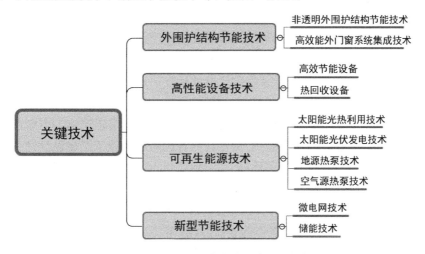

图 1　江苏省绿色低碳建筑关键技术分类图

　　江苏省大部分地区为夏热冬冷气候区域，执行节能50％标准，重点解决夏热冬冷保温隔热问题；执行节能65％标准，递增解决集中供暖和楼地面噪声问题；执行节能75％标准，递增解决新风（空气质量）、低能耗和可再生能源问题；绿色低碳建筑，执行节能75％及以上标准，并贯彻落实安全耐久、健康舒适、生活便利、资源节约、环境宜居等绿色性能指标。

　　在设计施工过程中，外围护结构的保温隔热性能是绿色低碳建筑的基本要求，应选择耐久、安全、可靠且满足标准规定热工性能的材料，并配备有效配件；高效外门窗系统集成技术还应在窗框型材、玻璃结构、遮阳部件和整体气密性方面具备优良性能。高性能设备选择能源利用效率高或是能量回收利用的技术，以新风热回收为例，对不同功能房间对送风量和排风量的要求予以整体考虑，使气流在特定功能空间整体流通，不仅可以减少风量、降低通风能耗，同时还可降低施工成本。可再生能源技术可解决建筑内供暖、通风以及照明等不同需求，具体可细分为太阳能光热利用技术、太阳能光伏发电技术、地源热泵技术等。以微电网、储（蓄）能为代表的新型节能技术，通过物理、电化学、电磁等方式发生作用，为低碳建筑向零碳建筑、产能建筑迈进提供支撑。

1.2.2 关键指标

绿色低碳建筑的关键指标包含四方面，一是规划设计，二是建材与设备选用，三是建造方式，四是运维能耗。

规划设计方面，《江苏省绿色建筑发展条例》第十条规定："新建民用建筑的规划、设计、建设，应当采用基本级以上绿色建筑标准。使用国有资金投资或者国家融资的大型公共建筑，应当采用高于基本级的绿色建筑标准进行规划、设计、建设。"江苏省《绿色建筑设计标准》DB32/3962—2020 对绿色建筑的场地、建筑、结构、暖通空调、给水排水、电气、智能化、室内装饰装修、景观环境等设计要求予以了明确规定；《江苏省民用建筑施工图绿色设计文件编制深度规定（2021 年版）》和《江苏省民用建筑施工图绿色设计文件技术审查要点（2021 年版）》（苏建科〔2021〕146 号）进一步提升了江苏省民用建筑施工图绿色设计质量。

建材与设备选用方面，《财政部 住房和城乡建设部关于政府采购支持绿色建材促进建筑品质提升试点工作的通知》（财库〔2020〕31 号）提出了"在政府采购工程中推广可循环可利用建材、高强度高耐久建材、绿色部品部件、绿色装饰装修材料、节水节能建材等绿色建材产品，积极应用装配式、智能化等新型建筑工业化建造方式，鼓励建成二星级及以上绿色建筑"。

建造方式方面，《江苏省建筑业"十四五"发展规划》明确了建造方式变革路径，"十四五"期间将打造更高水平的"装配式建造、智能建造、绿色建造、精益建造"的江苏建造"四造"体系。新开工装配式建筑占同期新开工建筑面积的比例达 50%，成品化住房占新建住宅的 70%，装配化装修占成品住房的 30%，绿色建筑占新建建筑的比例达 100%。

运维能耗方面，《江苏省住房城乡建设厅关于推进碳达峰目标下绿色城乡建设的指导意见》（苏建办〔2021〕66 号）提出"大力发展超低能耗、近零能耗、零能耗建筑，推动政府投资项目率先示范，持续开展绿色建筑示范区建设。到 2025 年，新建建筑全面按超低能耗标准设计建造，在 2020 年提高节能30％的基础上再提升 30％"。

上述规划设计、建材与设备选用、建造方式、运维能耗等是绿色低碳建筑的关键指标，主要是从法规政策和标准规范方面予以宏观要求，具体绿色低碳技术参数的指标要求，详见国家或地方相关技术性文件。

1.2.3 适用范围

在绿色低碳发展战略上，江苏省依托行业专家力量，开展了系列绿色建筑技术专家访谈，见表 2。从专家视野分析和探索适宜江苏省发展的绿色低碳建筑技术。

专家访谈之绿色低碳发展策略 表 2

专家	发展策略
缪昌文	紧抓机遇 加快推动绿色低碳发展
崔恺	着眼未来 用设计提升绿色建筑品质
岳清瑞	碳减排目标下的建筑业转型思考
仇保兴	多措并举 实现建筑全寿命周期碳减排
王建国	城市更新与城市魅力
刘加平	因地制宜 开展既有建筑绿色化改造
吴志强	紧抓数字化机遇 领跑绿色建筑未来之路
庄惟敏	前策划后评估体系下的绿色建筑新探索
李玉国	提升建筑室内外空气品质 共建人类健康家园
刘少瑜	多元素整合 推进超低能耗建筑发展
孟建民	着眼建筑健康 实现全方位人文关怀
李兴钢	胜景几何 绿色冬奥的探索和实践
贺风春	做好园林碳汇加法 传播中华园林文化

在细节应用层面，江苏省依托 8 亿 m^2 的绿色建筑规模，开展了绿色低碳技术的下沉落地，从一项项"普绿"的建筑技术到多项"绿色建筑＋"的技术创新，不断推动绿色低碳相关工作在原有基础上综合提升和拓展深化，促进了装配式建筑、超低（近零）能耗建筑、建筑信息模型、智能智慧等技术与绿色建筑深度融合。列举部分常用绿色低碳建筑技术，见表 3。

部分常用绿色低碳建筑技术 表3

类别	适用技术	适用范围	备注
安全耐久	防滑地面	建筑出入口、公共走廊、电梯门厅、厨卫等	
	灵活、开放、可变空间	室内空间	
	耐久性部品	管材、管线、管件等	
健康舒适	自然采光	室内空间	
	自然通风	室外场地、室内空间	
	可调遮阳	南向、西向	
	热湿环境	室内空间	
	空气监测	公共建筑密集场所	
	管道标识	所有给水排水管道、设备	
生活便利	出入口步行距离	新建民用建筑	
	远程抄表	新建民用建筑	
资源节约	设备机组能效	供暖空调机组	
	节能型电气设备	照明产品、电气设备	
	可再生能源	太阳能、地源热泵	
	节水灌溉	绿化、景观	
	循环材料	利废建材	
环境宜居	声光热环境	场地规划、平立面布局	
	雨水设施	道路、屋面等	
……	……	……	

综上，江苏省在绿色低碳发展战略、技术创新、落地实施等方面，具有多维度、多层次的技术体系，充分考虑地域、文化、经济等特征对绿色低碳发展的互融影响，寻找一条适宜江苏省发展的低碳之路。

1.3 工 程 案 例

1.3.1 案例一（图2）

本项目用地面积 17.7 万 m^2，建筑面积 4.9 万 m^2，选用冰蓄冷空调系统、太阳能光伏发电和雨水回用等技术，结合装配式和建筑信息模型设计，显著降低建筑能耗和水耗，减少碳排放量。收集的雨水，经处理后用于绿化灌溉、道路冲洗等，可改善城市水环境和生态环境。本项目结合多种绿色技术，营造出更加人性化、生态化的建筑综合体，结合文化广场全天对外开放的特点，为市民提供了环境优美、健康舒适、高效节能的绿色建筑和公共空间环境。项目投入使用后，年光伏发电量 4.6 万 kWh，年雨水收集量 1.1 万 m^3。年节能量 288.1t 标准煤，折合碳减排量约 754.8t。

混合结构体系

项目鸟瞰图

"拱桥"自遮阳效果

冰蓄冷系统冷水机组

光伏电站智能监控系统界面

屋面光伏系统

图 2　案例一

1.3.2　案例二（图 3）

本项目用地面积 13.8 万 m^2，建筑面积 32.3 万 m^2，通过地下空间连接各街区与轨道站点，使交通、商贸等各项城市公共服务功能立体化，采用下沉庭院和天窗、区域能源站、光伏发电、绿色照明、区域雨水收集等一系列被动及主动节能技术，实现了地下空间的集约综合开发，成为全国地下商业综合体的绿色标杆。本项目投入使用后，年节能量为 1930.0t 标准煤，年节水量 3.1 万 m^3，折合碳减排量 5018.0t。

项目鸟瞰图

机房BIM模型及建成效果

光伏电站智能监控系统

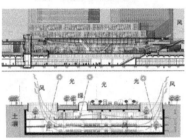

自然通风、采光设计示意图

各层功能示意图

地下空间自然采光

图 3 案例二

1.3.3 案例三（图 4）

本项目用地面积 19109m²，建筑面积 23061m²，使用功能为办公，集中应用和展示超低能耗被动房技术、绿色建筑技术、建筑智能化技术、可再生能源建筑一体化技术四大项集成示范技术。经测算，本项目年节能量为

174.40 万 kWh，全年常规能源替代量为 575.53t 标准煤，每年二氧化碳减排量 1507.90t，每年二氧化硫减排量 4.89t，每年烟尘减排量 4.26t。

可移动围护结构

项目鸟瞰图

百叶遮阳

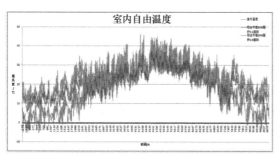

模拟计算指导空调系统设计和运行策略

新风系统室内机

图 4　案例三

1.3.4　案例四（图 5）

本项目建筑面积 1526m²，采用高标准围护结构设计和施工，其中外墙采用岩棉外保温系统，外门窗采用高效保温铝包木窗，整窗传热系数为 0.9W/(m²·K)，整窗无热桥构造安装，窗框与外墙连接处采用室内侧防水隔汽膜和室外侧防水透气膜组成的密封系统。

175

铝包木外门窗

项目鸟瞰图

智能感应可调节外遮阳及控制面板

室内空气污染物指标监测界面

图 5 案例四

1.4 结语与展望

江苏省依托自身气候、地理、能源等发展现状,通过建立健全政策体系,不断强化技术创新,在建筑领域转型发展、绿色发展、低碳发展方面取得了积极成效。面对新征程,江苏省将立足新发展阶段,贯彻新发展理念,构建新发展格局,推动高质量发展,将碳达峰、碳中和纳入经济社会发展全局。在融合地域、文化、经济等多元要素基础上,通过提升建筑节能标准、开展节能改造、探索能源替代等技术方式,强化建筑用能管理、鼓励低碳建筑等政策措施,结合技术推广应用和工程示范,推进江苏建设领域绿色低碳发展,助力"双碳"目标实现。

作者:刘永刚[1] 季柳金[1] 尹海培[2] 杨玥[3] 刘奕彪[3](1. 江苏省建筑科学研究院有限公司;2. 江苏省住房和城乡建设厅科技发展中心;3. 江苏建科鉴定咨询有限公司)

2 夏热冬冷山地城镇绿色低碳建筑 技术应用实践

2.1 技 术 条 件

重庆市位于北半球副热带内陆地区，属于中亚热带湿润季风气候类型，北部和东南部分布有山，构成四川盆地边缘山地，形成了"夏热冬暖，无霜期长"的气候特点，为长江三大"火炉"之一。

2.1.1 气候条件

重庆市的气候特征如下。

（1）夏热冬暖，无霜期长。最冷月（1月）平均气温有 7.8℃，无霜期为 340～350d，大于 0℃活动积温 6000～6900℃，是同纬度无霜期最长的地区。

（2）降水量充沛，时空分配不均。多暴雨，受青藏高压和副热带高压的影响，7、8月份常出现 30～50d 的干旱。

（3）秋多阴雨，冬多云雾，日照时数少，素有"雾都"之称。

（4）气候垂直分布明显。因受地形影响，重庆市一般存在着 500～600m、800m 左右 2 个逆温层。降水量随海拔增高而增多，多雨带各地不一。

（5）重庆市全年以西北偏北风为主。由图 1 可知，全年室外风速较小，风速在 0～1m/s 的情况约占 26.9%，1～3m/s 的情况约占 48.6%。风速小于 5m/s 的情况占到全年的 99.79%，静风的比例也很高，占 21.78%。

（6）重庆市太阳年辐射总量为 3400～4180MJ/m²，年日照时数 1000～1400h，日照百分率仅为 25%～35%，属于中国太阳能资源中第 4 类——太阳能贫乏地区。由图 2 可知，重庆市太阳能资源不同季节分布极不平均，夏季总太阳辐射量最大，占了全年的 41% 左右，达到 1271MJ/m²，其中 7 月份最大，将近 500MJ/m²，春季的太阳辐射量占到 30% 左右，约为 874MJ/m²，而秋季 9～11 月份占到 20% 左右，冬季仅占 10% 左右，其中 1 月份和 12 月份月总辐

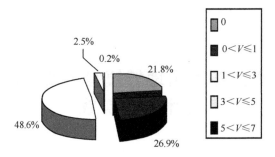

图 1 全年风速分布

射不足 100MJ/m², 和最大月份相差达到 400MJ/m²。

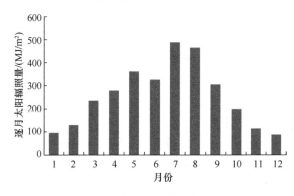

图 2 重庆市逐月太阳辐照量

由此可见，重庆市的太阳能资源具有非常明显的季节性分布特征，其中夏季太阳辐射强度最大，占全年辐射量的比例最高，而冬季受阴雨天的影响，其太阳辐射全年最低。

2.1.2 地理环境

重庆市地形复杂，地貌造型各样，以山地、丘陵为主，山地面积占全市土地总面积的 75.8%，丘陵面积占 18.2%，平地面积占 3.6%，平坝面积占 2.4%。根据交通运输部统计数据，2021 年（截至 12 月份），客运方面，公路客运量累计 25467 万人，水路客运量累计 610 万人；货物运输方面，公路累计货运量 121185t，水路累计货运量 21462t；公路水路交通固定资产投资总计 6307078 万元。重庆市交通运输业呈现以公路运输为主，水路运输为辅，铁路与航空运输随其后的特征。

由于重庆市的特殊地形条件及城市结构特点，总体来看，重庆市主城区交通基础设施防震减灾应急能力尚显薄弱。

2.1.3 能源利用

"十三五"时期，重庆市全市能源产品从原煤为主的单一格局向原煤、天然气、水电、风电等多元化格局发展，有力支撑了全市经济社会持续快速增长。从 2015 年以来的具体数据看，一次能源生产总量从 1128.50 万 t 标准煤增至 3251.60 万 t 标准煤，年均增长 2.7%。能源生产构成由原煤为主，占一次能源生产总量的 90.5%，发展为原煤、天然气、电力及其他能源齐头并进，分别占一次能源生产总量的 31.6%、43.7%和 24.7%。重庆市地方的不同种类能源的碳排放因子数据库尚不完善。

2.1.4 技术背景

根据《重庆市绿色建筑"十四五"规划（2021—2025 年）》（以下简称《规划》），2025 年，重庆市将力争城镇绿色建筑占新建建筑比重从 2020 年的 57.24%提升到 100%；全市新建建筑中绿色建材应用比例将超过 70%。《规划》指出，应因地制宜建立重庆市可再生能源利用主要实施技术路径，推进可再生能源的深度及复合应用，探索在具备资源利用条件的区域强制推广可再生能源建筑应用技术的措施。结合重庆市气候、资源条件，因地制宜地开展建筑太阳能系统应用示范，推进城镇新建公共建筑、新建厂房屋顶应用太阳能光伏。

2.2 太阳能辅助通风降温技术

2.2.1 技术介绍

随着传统化石能源日趋枯竭和环境污染日益加剧，太阳能作为一种取之不尽、用之不竭、清洁环保的可再生能源，已成为当前国际能源开发利用的重点领域。在建筑领域中，太阳能技术应用主要有主动式的太阳能光热、光电和被动式的太阳能通风降温、可控遮阳采光等，其应用规模和范围正在不断扩大。

重庆市属于我国太阳能资源贫乏地区，目前太阳能技术应用规模较小，太阳能的应用措施基本为常规应用模式，不适于当地的气候特征，无法实现高效利用，并且大都未与建筑形成一体化。根据重庆市的气候特征，太阳能建筑一体化应用应更多地考虑低成本投入的被动式技术。其中，太阳能辅助通风降温技术就是充分结合建筑构造，利用太阳能的热作用，强化"烟囱效应"，从而促进建筑内部自然通风的产生，实现改善环境和节能降耗的目的。该技术的原理是利用热空气形成的密度差，产生动力，促使气流流动，从而实现通风，工作原理如图 3 所示。作用原理可用式（1）表达。

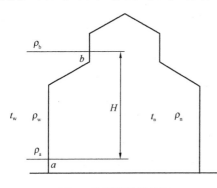

图 3　热压通风原理图

$$\rho = gH(\rho_{\mathrm{w}} - \rho_{\mathrm{n}}) = \rho gH\beta(t_{\mathrm{w}} - t_{\mathrm{n}}) \tag{1}$$

式中　ρ——标准状态下的空气密度，取为 $1.294\mathrm{kg/m^3}$；

g——重力加速度，$9.8\mathrm{m/s^2}$；

H——高差，m；

β——膨胀系数，取为 $1/216$；

ρ_{w}——室外空气密度，$\mathrm{kg/m^3}$；

ρ_{n}——室内空气密度，$\mathrm{kg/m^3}$；

t_{w}——室外空气温度，℃；

t_{n}——室内空气温度，℃。

从式（1）可以看出，室内外空气温差越大，进出风口高度差越大，产生的热作用压力就越强。

太阳能烟囱技术巧妙地应用太阳辐射能量和烟囱的拔风作用来强化室内空气流动。太阳能烟囱与传统的竖直安装的烟囱的不同之处在于它的一个或多个壁面是由玻璃构成的透明墙体，可以利用透过透明壁面的太阳辐射热增大烟囱内外温差，从而增加浮力和热压，促进室内外空气的流动；利用烟囱效应的抽吸作用强化自然对流换热，使流动加速，增加室内通风量，改善通风效果，从而达到通风、除湿、降温、排除有害气体的目的。常见的太阳能烟囱形式有 Trombe 墙体式结构（图 4）、竖直集热板屋顶式结构（图 5）、倾斜集热板屋顶式结构（图 6），另外还有墙壁—屋顶式结构、辅助风塔通风式结构等。

在重庆市，夏季晴天多，太阳辐射强度大，就充分利用夏季的太阳能资源，结合建筑结构的设计，形成室内外空气密度差，产生压力梯度，从而为空气流动提供动力，促进自然通风，实现太阳能的被动式利用。这既可以改善"山城"居民夏季酷暑闷热的热湿环境，减少空调的开启时间，达到节能的目的，又不需要大量的初期投资，并且不会产生附属设备对建筑外观的影响。同时，结合重庆市夏季主导风向，形成良好的建筑风环境，有利于太阳能辅助通风降温技术的应用，达到强化室内自然通风的效果。

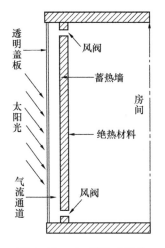

图 4　Trombe 墙体式结构

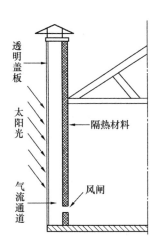

图 5　竖直集热板屋顶式结构

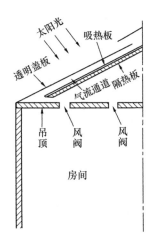

图 6　倾斜集热板屋顶式结构

2.2.2 技术指标

对太阳能烟囱结构进行优化设计的主要要求是寻找能够达到最大通风量的最佳太阳能烟囱结构，以改善自然通风效果。

建筑物安装太阳能烟囱后的通风量可根据式（2）确定。

$$Q = C_d A_0 \sqrt{\frac{2g\Delta TL}{T_{f,i}(1 + A_r^2)}} \qquad (2)$$

式中　Q——太阳能烟囱产生通风量的体积流量，m^3/s；

　　　C_d——流量系数，可取值为 0.57；

　　　A_0——出风口处面积，m^2；

　　　ΔT——进、出风口处的空气温度差，K；

　　　L——进、出风口高度差，m；

　　　$T_{f,i}$——进风口处的空气温度，K；

　　　A_r——出风口面积与进风口面积的比值。

2.2.3 适用范围

建筑的自然通风系统能否采用太阳能烟囱，首先要从 3 个方面来考虑。

（1）太阳辐射强度和日照率等气候条件。如果一个地区的太阳辐射强度很低，日照率也很低，例如靠近南北极地区，那么它一年中接受的太阳能也就十分有限，而在这些地方利用太阳能烟囱来强化通风显然并不合理，投入的成本远大于得到的效益。相反，如果是在太阳辐射强度大和日照率很高的地方，例如靠近赤道，那么一年中得到的太阳能是十分可观的，而且靠近这些地方温度也相对较高，利用太阳能烟囱就能强化通风，强化对流，让房间变得更加清新、舒适。

（2）进深及朝向。

（3）住者的热舒适要求。

风压也是影响自然通风的重要因素，因此烟囱的出口应处于风压负压区，从而可以利用风压来加强烟囱效应，同时还可以避免产生倒灌气流。如果不安装太阳能烟囱，普通房间要形成通风也必须让出口处于风压负压区，这样才能形成对流，不会出现倒灌气流。

对于较高的建筑，顶层的房间易处于热压中和面以上，从而使得其他房间的热空气可以流入，因此需要单独考虑，为此，可将那些热压中和面以上的房间隔断，同时在屋顶添加单独的风道来增加此层房间的热压，引入新鲜空气。

为了在夏季达到更好的冷却效果，可与夜间通风结合起来设计。另外，由于自然通风受气候变化的影响很大，为满足全年的使用要求，应结合机械通风来辅助控制。太阳能烟囱并不是单独使用比较好，而是应将其结合其他的通风设备一起使用，相辅相成，互相弥补弱点，以最小的成本换取最大程度的收益。

在设计太阳能烟囱系统时，可以将太阳能系统与其他建筑构件，如风塔、天井、楼梯间等结合起来构造整体系统，以充分利用太阳能，强化自然通风，从而使得太阳能烟囱发挥最大的利用率。

2.3　工　程　案　例

2.3.1　重庆市某节能示范楼

（1）项目概况

该建筑为板式建筑，东南朝向，一梯两户，共3层，高14m。结合建筑构造，在该建筑西南向外立面上设置了"阳光井"。该"阳光井"尺寸为850mm（长）×700mm（宽）×9000mm（高），由两面玻璃构成，以便太阳辐射透入"阳光井"内，加热井内空气，使"阳光井"内外空气产生密度差，形成"烟囱效应"，从而促使气流流动；"阳光井"中对应的每一楼层均设置可向"阳光井"开启的外窗，在"阳光井"内气流流动的带动下，诱导房间内空气流入"阳光井"内，从而实现了室内自然通风。

项目概况如图7所示。

（2）低碳技术应用

图7　某节能示范楼

为了测试低碳技术的实际应用效果，课题组在 2009 年 7 月对其产生的通风效果进行了实测。测试期间，天气酷暑闷热，室外最高空气温度达到 39.6℃，太阳辐射强烈，在中午 12：00 达到 790W/m²，日总辐射量达到 3076W/m²，是重庆市夏季的典型天气状态。为反映热压通风效果，选取 2、3 楼为研究的测试楼层。在与"阳光井"直接连通的起居室内分别根据《公共场所卫生检验方法　第 1 部分：物理因素》GB/T 18204.1—2013 的布点要求进行了现场测试点布置，测试布点情况如图 8、图 9 所示，其中起居室内取对角线的三等分点作为温湿度和风速测点，且离地高度均为 1.5m。测试仪器及测试安排见表 1。测试期间 1 楼朝向"阳光井"的外窗关闭。

图 8　2、3 楼平面测试布点图

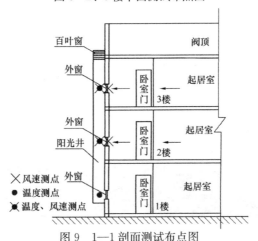

图 9　1—1 剖面测试布点图

184

测试仪器及测试安排表　　　　　　　　　　　　　　　　表 1

测试仪器	测试参数	型号	精度	量程	测试时间	测试时间间隔	测试布点数目	布置位置
温湿度自动记录仪	温湿度	8829	±0.6℃（−20~50℃），湿度为±3%	−40~85℃	0：00~24：00	2h	8个	1~3楼阳光井中心、2~3楼起居室、室外背阴处
风速仪	风速	Testo 425	±0.03m/s，5%测量值	0~20m/s	9：00~24：00	2h	8个	2~3楼阳光井中心及阳光井进口（开启外窗处）、2~3楼起居室、2~3楼推拉门处

1）温度分析

由于"阳光井"朝向西南，在下午时受到太阳辐射最为强烈，从图 10 中可以看出，在 8：00~12：00 之间，2 楼"阳光井"内温度略低于 3 楼，平均温差约为 0.3℃，最大温差达到 0.5℃；而在 12：00~18：00 之间，2 楼"阳光井"内温度明显低于 3 楼，平均温差约为 0.9℃，最大温差达到 2.3℃。由此可见，在太阳辐射的热作用下，"阳光井"内外空气产生密度差，从而促使气流流动，形成"烟囱效应"，产生抽吸作用，进而诱导室内空气从开启的外窗流入"阳光井"内，再由"阳光井"顶部排出，促使室内形成自然通风，同时将新鲜空气诱导入室内，尤其是在下午，"阳光井"内 2、3 楼平均温差较上午增大了 3 倍。

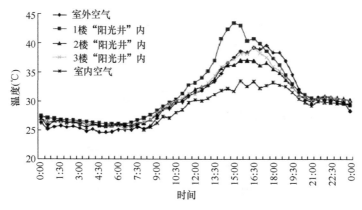

图 10　"阳光井"内温度与室内外温度的变化

分析图 10 中数据，"阳光井"内温度和室外温度都较室内温度高。测试期

间，室外平均温度为 33.5℃，2、3 楼"阳光井"内的平均温度分别为 32.7℃
和 33.3℃，而 2、3 楼室内的平均温度分别为 30.1 和 29.9℃，通过对比分析
可以得到，室外平均温度比室内平均温度高 3.4～3.6℃；"阳光井"内平均温
度比室内平均温度高 2.6～3.4℃。通过热压通风的计算公式可以计算得到，
此时室内外可形成的压力差为 0.46～0.62Pa，由此可见，该压力差形成了
"阳光井"的"烟囱效应"，从而在室内产生了一定的通风效果。研究表明，室
内风速的提高可使室内可接受温度上限提高到约 30℃，这比设计规范中夏季
室内设计温度上限 28℃提高了约 2℃。由此可见，虽然测试期间室外温度在下
午较高，最高温度达到 39.6℃，但由于"阳光井"的烟囱效应强化了室内通
风效果，从而使得 2、3 楼的室内平均温度仍然处于可接受范围内，从而可明
显缩短空调开启时间，达到节能降耗的目的。

2）风速分析

图 11 与图 12 分别为"阳光井"中心和"阳光井"外窗处、室内起居室和
推拉门处风速变化曲线图。从图中可以看出，在 9：00～12：00 之间，各测点
处的风速均比较平稳，波动很小；中午 12：00 的太阳辐射达到最大，约为
790W/m²，各个测点的风速出现明显的拐点，风速开始增大；在下午"阳光
井"接受太阳辐射量最多，形成的"烟囱效应"最强时，除了 3 楼室内风速和
3 楼"阳光井"进口风速外，其他测点的风速均达到最大。尤其是在推拉门
处，这是由于推拉门所处的进风断面的面积较小，风速的变化较为灵敏。在傍
晚，太阳落山后，各测点处的风速逐渐减小，并且波动平稳；由此可见，该
"阳光井"充分利用了白天的太阳辐射，起到了很好的室内通风效果。

在 2、3 楼的"阳光井"内截面面积和开启外窗的进风口面积分别相同的
前提下，2 楼室内的平均风速：上午为 0.15m/s，下午为 0.22m/s，增幅约为

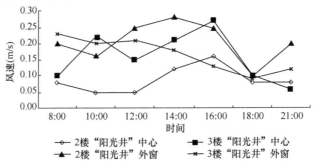

图 11　"阳光井"内和外窗处的风速变化曲线

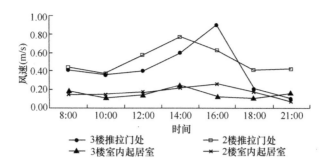

图 12　室内起居室和推拉门处的风速变化曲线

47%；2楼推拉门处的平均风速：上午为0.46m/s，下午为0.60m/s，增幅约为30%；3楼室内的平均风速：上午为0.14m/s，下午为0.16m/s，增幅约为14%；3楼推拉门处的平均风速：上午为0.39m/s，下午为0.56m/s，增幅约为44%。由此可见，在太阳能辅助通风措施下，室内通风速度得到了明显提高，增幅达到14%～47%，从而可明显改善室内热环境状态和空气品质。

基于此技术的工程应用实测数据，可得出以下结论：

①"阳光井"在太阳辐射的作用下，产生"烟囱效应"，可形成0.46～0.62Pa压差，促进了室内自然通风，尤其是在下午比较明显，由此说明利用太阳能促进通风效果明显，实用性强；

②该"阳光井"可促使室内产生0.16～0.22m/s的风速，使得室内通风速度同比提高14%～47%，从而可使室内平均温度比室外平均温度降低3.4～3.6℃；

③上述测试研究表明，在重庆市，结合太阳能资源分布特征，充分利用夏季太阳能资源实现太阳能的被动式应用，为建筑提供辅助通风措施，具有明显的应用效果，可利用程度高。

通过上述测试分析可见，在重庆市的气候特征和太阳能资源分布特点下，应该充分结合资源分布与气候特征需要，采用低成本的被动技术。这类技术不仅投入小，而且应用效果明显，可有效增强夏季室内通风效果，改善热环境质量，是值得推广的应用技术措施。

2.4　结语与展望

重庆市低碳绿色建筑应结合地区的经济发展水平、资源禀性、气候条件和建筑特点，因地制宜，突出自然通风、自然采光、太阳能建筑一体化等地方特色的被动式技术应用，强调能源系统及设备能效的提升，采用全专业协同的设计组织形式，充分应用建筑性能化设计等手段或方法，形成可实施、可推广、可复制的绿色低碳建筑技术路线。具体可分为以下几大重点任务。

（1）提升绿色建筑建设品质。完善绿色建筑相关标准，加强绿色建筑标识管理，推动星级绿色建筑、绿色生态住宅小区建设。

（2）提高新建建筑能效水平。实施高性能门窗推广工程，因地制宜地提出门窗节能性能提升目标，同时兼顾安全性、适用性、耐久性等综合性能提升，提高门窗工程质量，推广遮阳、通风技术，推广兼顾安全性、可靠性、耐久性和保温隔热性的建筑保温系统，提高雨水、中水、再生水的利用，使用较高用水效率的设备及卫生器具。

（3）推动绿色建筑与建筑产业化融合发展。以绿色建筑为终端产品，大力推行绿色化、工业化、信息化、集约化和产业化的新型绿色建造方式，装配式建筑中落实绿色建筑的各项指标要求，绿色建筑技术促进装配式建筑发展，两者互相促进和融合发展。

（4）促进区域绿色低碳发展。推进区域绿色低碳发展，构建区域绿色低碳发展指标体系、技术体系，完善绿色低碳发展相关标准，引领我市绿色建筑由单体的安全耐久、健康舒适、生活便利、资源节约、环境宜居提升至区域的绿色、生态、宜居、低碳、集约发展，提升绿色建筑综合发展水平。

（5）推动建筑用能清洁化、低碳化。因地制宜建立重庆市可再生能源利用主要实施技术路径，推进可再生能源的深度及复合应用，探索在具备资源利用条件的区域强制推广可再生能源建筑应用技术措施。强化可再生能源建筑应用项目实施质量，促进可再生能源建筑规模化应用。

（6）强调绿色化改造和功能提升。以商场、医院、学校、酒店和机关办公建筑为重点，推动既有公共建筑由单一型的节能改造向综合型的绿色化改造转变，探索利用绿色金融及其他多元化融资支持政策推动公共建筑绿色化改造的市场化机制。推进公共建筑能源环境动态监管制度。在尊重民意的基础上，积极开展既有居住建筑节能改造，提高用能效率和室内舒适度。

（7）加强绿色建筑运行管理，提高绿色建筑设施、设备运行效率。

（8）加大绿色建材应用力度。加快推动绿色建材认证制度，建立绿色建材采信机制，强化绿色建材推广应用，完善绿色建材和绿色建筑政府采购需求标准、政策措施体系和工作机制，研究完善绿色建材应用市场机制。

（9）促进建筑能源供需协同发展。推动建筑用能与能源供应及输配响应、互动，提升能源链条整体效率。

（10）开展碳达峰、碳中和研究及工程示范。开展超低能耗、近零能耗、低碳（零碳）建筑的适宜技术路径研究，编制《超低能耗建筑技术标准》，积极开展超低能耗建筑工程示范，探索近零能耗、低碳（零碳）建筑试点，强化近零能耗低碳产品和技术支撑。

作者：丁勇　何伟豪（重庆大学）

3 广东省绿色低碳建筑技术

3.1 技 术 条 件

3.1.1 气候条件

广东省属于东亚季风区，从北向南分别为中亚热带、南亚热带和热带气候，是全国光、热和水资源较丰富的地区，且雨热同季，降水主要集中在 4～9 月。年平均气温为 19～24℃，年平均降水量在 1300～2500mm 之间，年平均日照时数自北向南增加，年太阳总辐射量在 4200～5400MJ/m² 之间。

3.1.2 地理条件

广东省地处中国大陆最南部。全境位于北纬 20°09′～25°31′和东经 109°45′～117°20′之间。根据 2018 年土地变更调查统计数据，广东省土地总面积 17.97 万 km²，约占全国陆地面积的 1.87%。海域面积 42 万 km²，是陆地面积的 2.3 倍。

3.1.3 能源利用

2020 年，广东省 GDP 总量为 110760.94 亿元，连续 32 年居全国首位，全社会用电量 6926 亿 kWh，位居全国第二。煤炭在广东省终端消费中的比例呈下降趋势，而电力的比例呈上升趋势，能源消费品种日益多样化，优质能源在能源消费中的比重较大。中国南方电网公司为广东、广西、云南、贵州、海南五省区和港澳地区提供电力供应服务保障；南方电网公司 2012 年的平均碳排放因子为 0.5271kgCO₂/kWh。2021 年 12 月，广东省住房和城乡建设厅印发了《建筑碳排放计算导则（试行）》，其中给出的根据广东省供电能源消费结构确定的 2020 年电力平均碳排放因子参考值为 0.3748kgCO₂/kWh。

3.1.4 技术背景

广东省各级住房城乡建设主管部门不断健全绿色建筑政策法规和技术标准体系，努力推进全省绿色建筑量和质的提升，不断增强人民群众对绿色建筑的认同感和获得感。2019 年底城镇绿色建筑占新建建筑比例超过 60%，提前、超额完成"十三五"目标任务，绿色建筑总面积超过 5 亿 m^2。

《广东省绿色建筑条例》（以下简称《条例》）于 2021 年 1 月 1 日起施行。未来广东全省范围内，除农民自建住宅外，新建民用建筑将全部达到绿色建筑基本级或以上标准，并对粤港澳大湾区珠三角九市提出了更高的建设要求，引领大湾区成为国家乃至国际高星级绿色建筑聚集区，全力打造大湾区绿色建筑发展新高地；《条例》对绿色建筑建设全过程作出规范，明确建设流程中各主体的责任，规定对设计、施工图审查、施工、监理、工程质量检测、工程验收，直到绿色建筑认定，全过程严格把关；《条例》强化了绿色建筑运行主要环节的监督管理，明确了绿色建筑运行的责任主体，从六个方面提出了绿色建筑运行的具体要求，抓住物业管理、能耗监测、能耗限额管理等主要环节进行规范。为确保绿色建筑运行措施落实，《条例》设计了绿色建筑运行情况"后评估"制度，规定县级以上人民政府住房城乡建设主管部门应当对绿色建筑的运行实行动态监管；《条例》明确了广东省绿色建筑发展应当坚持的技术路线，即绿色建筑应当坚持因地制宜、绿色低碳、循环利用的技术路线，传承、推广和创新具有岭南特色、适应亚热带气候的绿色建筑技术。

2021 年 9 月 30 日，广东省住房和城乡建设厅等 13 部门联合印发了《广东省绿色建筑创建行动实施方案（2021—2023)》，明确了创建目标，确定了健全绿色建筑全寿命期政策标准体系、实施绿色建筑全流程管理、提高绿色建筑质量品质、推进绿色建筑技术发展四大类重点任务。

2021 年 12 月 30 日，广东省住房和城乡建设厅印发了《建筑碳排放计算导则（试行）》，按照建筑领域碳排放计算边界，给出了建造、运行、拆除三个阶段的碳排放核算方法，既可用于已建成建筑的碳排放计算，也可用于设计阶段的建筑碳排放估算。

3.2 技 术 内 容

城乡建设领域的碳排放范围主要包括建筑建造、建筑运行、市政基础设施的碳排放，主要对应能源平衡表中的建筑业、批发零售住宿餐饮业、其他行业、居民生活的能源消费，本文仅涉及降低建筑运行期间碳排放的主要技术。

3.2.1 适应岭南气候的被动式建筑节能技术

广东省在长期的建筑营造的实践与探索中，积累了丰富的被动式综合防热技术经验，以适应其气候条件。建筑物防热应综合采取有利于防热的建筑总平面布置与形体设计、自然通风、建筑遮阳、围护结构隔热和散热、环境绿化、被动蒸发、淋水降温等措施。建筑设计采用适宜的被动式综合防热技术，有利于减少建筑使用空调的时间和空间，是最有效的绿色低碳技术。

（1）建筑室外热环境的营造技术

城市中建筑群、地面、植被和人类活动等多种因素均影响城市局地气候，进而影响建筑周围的热环境，最终对建筑能耗及室内环境产生影响。街区微气候、建筑周围微气候和建筑三者之间相互作用、相互影响。城市微气候的太阳辐射、长波辐射、空气温湿度、风等要素主要通过两种途径对建筑能耗产生影响：一是改变建筑外围护结构的热湿传递过程；二是通过室内外空气交换对房间热平衡产生影响。此外，城市微气候对建筑空调系统的性能（COP）和照明耗电量也有影响。热环境问题要在规划设计阶段考虑，采取针对性的减缓措施，从根源上进行改善，通过加强室外的通风、遮阳，改善室外地面渗透与蒸发，合理设置绿地与绿化等措施，可有效改善室外的热环境。

（2）建筑通风技术

自然通风是具有很大节能潜力的技术措施，现代建筑对自然通风的利用是综合利用室内外条件来实现的。根据建筑周围环境、建筑布局、建筑构造、太阳辐射、气候、室内热源等来组织和诱导自然通风。在建筑构造上，通过中庭、双层幕墙、风塔、门窗、屋顶等构件的优化设计，实现良好的自然通风。广东省的建筑通风设计主要考虑夏季的通风，建筑群布置应尽量采用行列式和自由式，争取较好的建筑朝向，使大多数房间能够获得良好的自然通风和日照，其中又以错列式和斜列式的布局较好。建筑的间距应该适当避开前面建筑的涡流区，建筑布局为南向或东南朝向，结合天井、庭院、冷巷以及房间门窗开口的方位组织自然风气流路径，以形成"穿堂风"。自然通风效果的影响因素较多，不仅增大了设计的难度，也造成了运行时自然通风对室内热环境控制的不稳定性，因此常结合吊扇或其他机械通风设备改善通风效果。

（3）建筑遮阳技术

　　现代建筑的遮阳无论是在遮阳材料还是在遮阳构造及控制技术方面，都有了长足的发展，遮阳形式更加高效、智能、低碳。玻璃遮阳方面，不仅有中空玻璃、Low-E玻璃，还有内置百叶中空玻璃（图 1）、热致变色玻璃（图 2）、电致变色玻璃、光伏玻璃等技术，以及适用于既有建筑节能改造的各种遮阳玻璃膜。蜂巢遮阳帘、BIPV 遮阳、智能遮阳等技术均在各类建筑中应用。水发兴业新能源产业园研发楼采用集通风、遮阳、发电为一体的多功能光伏幕墙（图 3），南向的遮阳效果比较理想，东北向夏季遮阳效果很好，冬季对于直射采光得热要差一些，但因为项目位于珠海，主要的问题是夏季的遮阳问题，综合遮阳系数约为 0.66，有效地降低了建筑空调能耗。

图 1　内置百叶中空玻璃

图 2　热致变色玻璃

（4）建筑隔热技术

　　外围护结构的隔热技术主要是指不透明的围护结构，如外墙、屋顶所采用的隔热技术。全文强制标准《建筑节能与可再生能源利用通用规范》GB 55015—2021 于 2022 年 4 月 1 日实施，对夏热冬暖地区的不透明建筑围护结构的传热系数的要求进一步提升。采用加气混凝土自保温体系将比较难于满足要求，另外由于装配式建造方式的推广，预制墙板应用于建筑中，其保温问题也凸显出来，适宜的外墙及屋顶的保温材料与技术将在建筑中得到广泛应用。围护结构外表面采用浅色平滑的粉刷和饰面等对太阳短波辐射吸收率小的材料，或者采用外保温技术、内保温技术，或者自保温技术，以降低外墙及屋顶的传热系数。

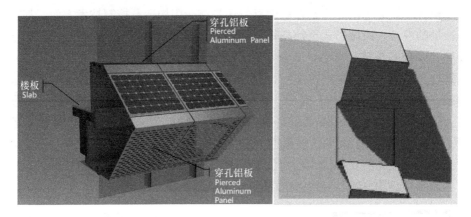

图3 集通风、遮阳、发电为一体的多功能光伏幕墙

3.2.2 建筑能源系统和设备效率提升

（1）绿色高效制冷

广东省的建筑运行能耗中空调能耗所占比重较大。近年来，高效机房产业在广东省开始蓬勃发展。高效机房服务的主要对象是大型公共建筑的空调系统，既包括新建建筑也包括既有建筑改造，针对各类型的冷水机组、冷却塔、空调水泵、暖通管道和末端设备，利用系统集成优化来实现系统制冷、制热效率的提高。目前高效机房技术主要集中在冷水机组群控方面，通过冷水机组大小机搭配、加减机高效运行、水泵及风机变频、冷冻水出水温度优化、冷却塔变频运行、管路阻力优化等，实现高效机房的能效要求。末端系统可采用利用自然冷源、新风热回收、温湿度独立控制、分区控制等方式。

（2）蓄冷空调技术

夏季城市空调用电负荷对城市高峰电力总负荷的影响不容忽视，大中城市空调用电负荷约占夏季高峰电力负荷的60%，而夜间绝大多数公共建筑的空调停止运行，造成电力系统发送电不均衡，夜间电力系统设备闲置，使用率低。蓄冷空调技术作为移峰填谷技术，可有效缓解用电供需矛盾。

（3）空调废热回收利用

把伴随空调制冷产生的废热收集起来，加热生活热水，对于广东省来说，是节能又减碳的技术，特别是对于酒店类建筑，冬季餐厅仍需供冷，可以全年利用空调废热，广州白天鹅酒店采用高效电驱动热泵热回收热水系统替代燃油热水系统，制热效率高达8.0。而且，在回收废热的同时，也提高了制冷的效率。

（4）光伏建筑一体化及交直流智能微网技术

建筑用能结构的优化是建筑减碳的又一项重要技术与措施，在建筑中大力推广可再生能源的利用，也是目前业内研究的热点。到 2022 年，全国城镇新增太阳能光电建筑应用装机容量达 10GW 以上。

1）负荷分级与重要负荷的安全供电

利用以建筑光伏智能微网作为重要负载的不间断电源供电系统来取代UPS 系统，既可确保绿色化运行和不间断安全供电，也可解决光伏发电的间歇性和随机性给供电系统带来的冲击问题，扩大了光伏微网系统的应用领域并增强了可靠性。

2）基于重要负荷永不断电的建筑智能微电网的拓扑结构研究

微电网的"发输配电"有别于传统大电网，在日照条件差的情况下，光伏发电量不能满足负荷用电需求时，储能逆变器将蓄电池中的存储电能经过逆变之后提供负荷使用，当蓄电池存储电能不足时，储能逆变器将通过消耗上一级电网的电能作为供电补充；在日照条件好的情况下，光伏组件发电能够满足负荷用电需求且还有富余时，富余电能通过储能逆变器存储在蓄电池或者传输到上一级电网中。智能微电网控制设备具有智能继电保护功能，将多种继保装置集成在微电网控制设备中，实时在线监测基础上及时发现潜在故障现象，并采取相应保护措施。

3）"源"与"用"的预测及系统控制策略研究

利用天气预报、通信软件和能量管理系统对太阳能光伏发电进行 1h 级别的短期预测，利用设计阶段的能耗模拟和运行阶段的实测数据对建筑用能进行1h 级别的短期预测，两种预测误差均不超过 10%。通过对"源"与"用"的预测以判定储能系统的充放电策略，从而对整个微网系统进行合理化控制，确保各种能源的优化利用以及对发电量、用电量及与电网交换电量三者进行调节，实现系统内的发电量、用电量及与电网交换电量三者的功率平衡。

4）储能系统的优化配置与控制

智能微电网配置锂电池组的储能系统，在蓄电池满电状态下，为负荷持续供电。微电网利用储能逆变器并机运行构成一套交流双端混合微电网冗余系统，能量多方向流动，过渡过程功率无波动，同时实现整流器与电池单元、电池单元与逆变器、整流器与逆变器之间的能量双向可控流动。

3.3 工 程 案 例

3.3.1 珠海水发兴业新能源产业园研发楼

珠海水发兴业新能源产业园研发楼项目（图 4）以"近零能耗"为目标，以"被动优先、主动优化"的建设原则合理组织，运用多项低碳技术的搭配以及运营阶段的基于建筑运行数据的节能管理系统实现产能、用能可控、可调，最终构建节能与人居舒适双重效果的近零能耗建筑。

图 4　珠海水发兴业新能源产业园研发楼实景照片

（1）光伏系统综合技术。

综合采用光伏双玻百叶女儿墙系统、园林式光伏屋面遮阳、多功能光伏幕墙集、双层点式光伏雨篷、光伏停车棚（图 5）等技术。

（2）控制系统。

控制系统采用桌面云系统、建筑能源管理系统以及智能微电网。

（3）围护结构。

竖向玻璃百叶幕墙的水平可开启面积达 80%，电动驱动，智能控制，营造大开敞、无空调的半户外空间，水平通风效果显著。

项目在 4 层采用了兴业公司自行研发的调光玻璃，在关态下雾度高达90%，开态下全光线透过率为 83%，具有采光、遮阳及隐私保护的多重效果。

（4）能量回馈电梯年节能约 30%。

图 5 光伏停车棚

（5）建立了基于办公建筑行为节能的建筑智能化控制模型，满足使用人员对环境服务质量的个性化需求。

珠海水发兴业新能源产业园研发楼经过 3 年多的调试运行，于 2020 年由第三方评测建筑综合节能率 101.94%，建筑本体节能率 69.56%，可再生能源利用率 106.37%，成功实现了建筑"零能耗"并荣获中国首个公共建筑"零能耗"运行标识证书。

3.3.2 广州白天鹅宾馆节能改造

广州白天鹅宾馆（图 6）改造项目在系统能源诊断和设计的基础上，实施精细化改造、管理和运营，实现了提升服务品质、大幅降低能耗、节约运营成本的三重效果。

广州白天鹅宾馆在改造之前，开展能源诊断，摸清了宾馆能源消耗现状。改造过程中，以提高系统效率为主要目标，综合采用多种技术手段：采用超高效制冷机房技术，保证机组全年高效运行；采用低阻力水系统，冷水大温差运行；采用高效燃气蒸汽锅炉替换燃油蒸汽锅炉，系统制热效率由 60% 提升至90%；采用高效电驱动热泵热回收热水系统替代燃油热水系统，制热效率高达8.0；运行性能实时监测，自动调整设备运行策略，相互协调、优化运行；采用全过程目标控制的保障机制，将节能目标落实到每个用能系统和设计、施工、调试、运营的每个阶段，确保整体目标的实现。

图 6 广州白天鹅宾馆

广州白天鹅宾馆建筑面积约 10 万 m^2，通过整体改造，运营能耗大幅下降，在 2016 年，年节约能源费用 1700 多万元；空调制冷机房年平均能效高达 5.91；蒸汽锅炉系统全年平均热效率为 92.3%；热回收热泵系统可利用空调废热，满足全年 80% 以上的生活热水需求。宾馆单位面积年综合能耗为 121kWh/m^2，远低于《民用建筑能耗标准》GB/T 51161—2016 的引导值。

3.3.3 广州大学城区域供冷项目

广州大学城位于番禺区新造镇小谷围岛及南岸地区，总体规划面积 43.3km^2，可容纳 20 万～25 万学生，规划总人口 35 万人。已建设的小谷围岛约 17.9km^2，入住 10 所高校。广州大学城的空调负荷主要是 10 所高校及南北两个商业中心区，需供冷装机容量为 52 万 kW。广州大学城采用区域供冷系统，有明确及稳定的冷负荷，平均冷需求密度高，具备实施区域供冷系统的客观技术条件。

广州大学城区域供冷系统共设 4 个区域供冷站，其中小谷围岛上 2 号、3 号、4 号冷站分别位于华南理工大学、商业中心北区及广州美术学院旁，1 号冷站（未安装）位于南岸能源站内。2 号、3 号冷站总装机功率均为 8.76 万 kW（其中主机 5.6 万 kW，冰蓄冷 3.16 万 kW），4 号冷站的总装机功率为 9.48 万 kW（其中主机 6.32 万 kW，冰蓄冷 3.16 万 kW）。冷站设计采用制冷主机上游，外融冰蓄冷空调冷源系统。该冷源系统向校区冷水管网提供供水温度 2℃、回水温度 13℃ 的空调冷水。冷水采用二级泵系统输送，二级冷水管网考虑管网沿途温升后按 10℃供回水温差进行设计。经校区单体建筑热交换站进行冷量交换后，校区冷水管网把冷量送至各空调末端设备。

2021 年 11 月 16 日，广州日报以《广州城投大学城区域集中供冷交出亮丽绿色答卷》为题对广州大学城区域供冷进行报道。广州大学城区域集中供冷模式已然成熟，在夏季用电高峰时段，单次最高可为全市降低峰值电力负荷 4 万 kW，相当于建设了一座 40MW 的抽水蓄能电厂，全年蓄冷量约 8000 万 kWh。据测算，每年可节约标准煤 2.4 万 t，减少碳排放量 6 万 t，相当于 2600 亩森林的碳汇能力。区域供冷系统投入使用 17 年以来，已累计减少碳排放量 70 万 t。另外，区域集中供冷系统为大学城减少了约近 20 万 kW 制冷主机装机，节约制冷剂 55t，折算碳减排量 7.15 万 t。

3.4 结语与展望

为降低广东省建筑用能和碳排放总量，必须加快城乡建设绿色低碳发展，坚持因地制宜、绿色低碳、循环利用的技术路线，传承、推广和创新具有岭南特色、适应亚热带气候的绿色建筑技术，并加大可再生能源应用力度、对光储直柔等前瞻性技术示范推广、提升节能标准来实现近零能耗、零能耗、净零能耗建筑目标，推进碳达峰、碳中和。

作者：赵立华（华南理工大学）

4 广西壮族自治区绿色低碳建筑技术

4.1 技 术 条 件

4.1.1 气候条件

广西壮族自治区属于亚热带季风气候区，夏季日照时间长、气温高、降水多，冬季日照时间短、天气干燥。各地年平均气温为 17.6～23.8℃，冬季平均气温略偏低，春、夏、秋季气温偏高；年降水量为 723.9～2983.8mm；年日照时数为 1231～2209h。

4.1.2 地理环境

广西综合立体交通网实体线网总里程突破 14 万 km，铁路营业总里程达到 5206km，公路通车总里程达到 13.16 万 km，港口货物综合通过能力达到 4 亿 t，集装箱通过能力超过 638 万标箱，机场旅客保障能力达到 3820 万人次/年，燃气供气管道建设 1.21 万 km，邮政快递全面实现 100%建制村直接通邮。总体上，铁路货运量占比为 4.9%，水路货运量占比为 17.5%，公路货运量占比为 77.5%。

2020 年，年均因灾直接经济损失占自治区国内生产总值的比例低于 1.0%，南宁市主要城区防洪标准达到 100 年一遇，主要干流沿江中心城市（柳州、桂林、梧州、贵港）防洪标准达到 50 年一遇，县级市以及二、三产业聚集区防洪标准达到 20 年一遇。学校、医院、高层建筑、重大建设工程和生命线工程达到国家抗震设防要求。

4.1.3 能源利用

广西属于"缺煤、少油、乏气"能源资源匮乏地区，2020 年一次能源生产总量约为 3800 万 t 标准煤，96%的煤炭和几乎全部的石油、天然气依靠外省或者进口，能源对外依存度长期保持在 70% 左右，化石能源消费比例仍超过 70%。2020 年，广西能源消费总量为 11806 万 t 标准煤，其中煤炭比例为 47%，石油比例为 20%，天然气比例为 7%，非化石能源比例为 21%，其他能源比例为 5%。广西各类能源碳排放因子尚无地方相关数据，目前仍统一采用最新国家温室气体清单排放因子数据（煤炭为 2.66t CO_2/t 标准煤，油品为 1.73t CO_2/t 标准煤，天然气为 1.56t CO_2/t 标准煤）。广西电网供电平均排放因子当前为 0.3938t CO_2/MWh，热力排放因子当前为 0.11t CO_2/GJ。

4.1.4 可再生能源资源条件

（1）太阳能资源

广西年太阳总辐射量在 90~130kcal/cm^2 之间，年日照小时数在 1300~2250h 之间，其地域分布特点为：南多北少（北回归线以南多），丰富区域在南宁、百色、崇左、北海、钦州、防城港等地，田东年均日照小时数为 1811h，宜州为 1690h，从南向北呈递减分布，适合于太阳能光电技术、太阳能光热技术应用。按照年日照超过 1800h 以上的地区采用光伏发电技术进行供电可获得较好效果来评估，广西大部分县市均可使用太阳能发电，南部地区太阳能发电效率更高，北部地区在配置上要适当加大太阳能组件。此外，在太阳能光热应用方面，年太阳总辐射量按 90~130kcal/cm^2 计算，每平方米太阳能相当于 126~184kg 标准煤产生的热量，可将约 25~36t 15℃ 的水加热到 50℃，光热利用潜力巨大。

（2）地表水资源

广西多年平均年降水深度为 1533mm，为全国平均年降水深度 648mm 的 2.37 倍。河流众多，流域面积大于 50km^2 的河流共 1210 条，总长度 44500km，水域面积 4700km^2，约占广西总面积的 2%，流经广西 14 个主要城市所在地。大中小型水库 4351 座，总库容 180.91 亿 m^3。归纳广西地表水的主要特征是江河纵横，水系发达，水库数量庞大，水量丰沛，河流含沙量少，夏季平均温度 25~28℃、冬季平均温度 10~16℃。按总流量的 1.6% 用于地源热泵系统，进出水温差 5℃，回水造成地下水温升 0.1℃，热泵机组换热效率以 90% 计算，广西地表水资源可利用潜力为 4.1×10^{13} kJ（图1），可以充分利用其作为地表水源热泵系统理想的冷热源，为水系沿岸建筑提供制冷、供暖和生活热水。

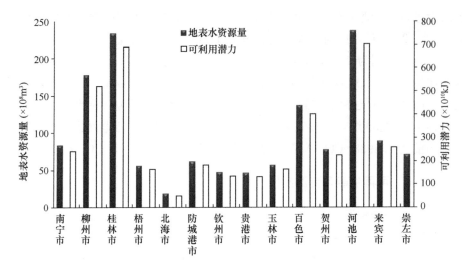

图1 广西各设区市地表水资源量及可利用潜力分布图

（3）地下水资源

广西属于典型的喀斯特地区，地下暗河数量高达604条，总长约1万余千米，总排泄量为191m³/s。地下水资源量达350亿 m³/a，占全区水资源总量的66%，主要集中在南宁、柳州、桂林、玉林、河池、百色、梧州八大地区。按地下水总储量的1%用于地源热泵系统，进出水温差5℃，回水造成地下水温升0.5℃，热泵机组换热效率以90%计算，广西地下水资源可利用潜力为5.8×10^{12}kJ，可以充分利用其作为地下水源热泵系统理想的冷热源，用于制冷、供暖和生活热水的制备。广西各设区城市地下水资源量及可利用潜力分布如图2所示。

（4）岩土热源

广西的平原主要有河流冲积平原和溶蚀平原两类，土质松软、土层厚，土壤的含水率极高，因此在当地实施地埋管地源热泵系统具有换热效率高、埋管长度少、投资成本低等特点，加之地表水渗流速度昼夜在1.5～4.6m/d范围内，可以有效降低冷热堆积现象，适宜在全区范围条件适宜的建筑中推广使用。

（5）其他可再生能源资源

广西地处亚热带季风气候区，风能资源分布地区分为风能较丰富区（风能密度150～200W/m²）和风能可利用区（风能密度50～150W/m²）等区域，但迄今为止风能资源尚未得到充分有效的开发和利用。其中，北海涠洲岛及北

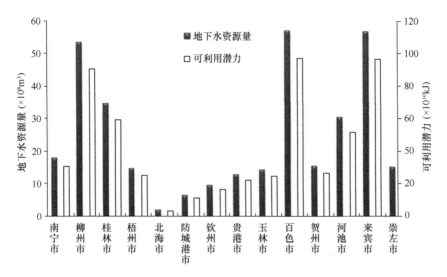

图2 广西各设区市地下水资源量及可利用潜力分布图

来源：《广西壮族自治区地热能开发利用规划（2015—2020年)》。

部湾沿岸一带的近海区域风能资源最为丰富且风能质量最好，其特点是风速比较大，波动较小且风向较稳定，季节性较明显，可以发展中、小型的风力发电，局部可以发展大型风力发电，是广西风能发电首选区域。而风能可利用区主要分布在北部湾沿海离海岸较近的区域，包括防城港市、北海市、钦州市南部等地，以及越城岭与海洋山之间的湘桂走廊的部分地区，还包括资源县、全州县等市（县），这些区域具有一定的风能开发价值，可利用有利地形条件进行选择开发，是广西区内风能发电的次选区域。

4.1.5 技术背景

广西高度重视建筑节能与绿色建筑发展工作，认真贯彻执行中央和自治区关于节能减排的方针政策，全面落实建筑节能与绿色建筑发展规划各项工作目标和任务，通过加强法制建设、强化激励机制、积极提升新建建筑能效水平、全面推进绿色建筑发展、探索和扎实推进既有公共建筑节能改造、集中连片推广可再生能源建筑应用等一系列举措，稳步推进建筑节能与绿色建筑发展工作并取得明显成效。《广西壮族自治区民用建筑节能条例》的实施，全面推动了建筑节能、绿色建筑、可再生能源建筑应用有效落地。但由于广西经济技术水平相对落后，在节能减碳方面，仍存在较大的改善和提升空间。

4.2 技 术 内 容

广西建筑领域节能低碳技术主要有围护结构节能技术、设备与系统节能技术、可再生能源建筑应用技术等。

4.2.1 围护结构节能降碳技术

（1）技术介绍

围护结构节能降碳技术主要有墙体、屋面保温隔热技术，外墙和幕墙节能技术，外遮阳技术等。

目前广西应用范围比较广的是墙体自保温和内保温技术。自保温产品包括各类烧结多孔制品、蒸压加气类砌块或板材。外墙内保温体系指的是保温隔热材料位于建筑物室内一侧的保温形式。外墙内保温体系各构造层所使用的材料与外保温体系类似。屋面保温隔热材料一般分三类：一是松散型材料，如炉渣、矿渣、膨胀珍珠岩等；二是现场浇注型材料，如现场喷涂硬泡聚氨酯整体防水屋面、水泥炉渣、沥青膨胀珍珠岩等；三是板材型材料，如 EPS 板、XPS 板、PU 板、岩棉板、泡沫混凝土板、膨胀珍珠岩板等。

断热桥铝合金外窗是在铝合金外窗的基础上为了提高保温性能而做出的改进型，通过导热系数小的隔条将铝合金型材分为内外两部分，阻隔了铝的热传导，减少了室内热损失。中空玻璃是由两片（或两片以上）平行的玻璃板，以内部注满专用干燥剂（高效分子筛吸附剂）的铝管间隔框隔出一定宽度的空间，使用高强度密封胶沿着玻璃的四周边部粘合而成的玻璃组件。既有建筑节能改造需要大量使用玻璃隔热涂料技术和贴膜技术等。玻璃隔热涂料和贴膜技术夏季可以有效反射太阳辐射热量，冬季能将热量保持在室内。

外遮阳可以对太阳光线中热辐射进行阻隔，进而降低建筑物的能耗，改善室内的热环境。广西建筑外遮阳设计应本着因地制宜的原则，充分考虑气候、环境、资源、经济、文化等方面的因素。广西地区较多使用的外遮阳技术主要有混凝土挑板构件固定外遮阳、铝合金格栅固定外遮阳、铝合金卷帘遮阳、百叶帘遮阳等。

（2）技术指标

围护结构节能降碳技术实施主要在于控制和提升其性能参数，例如外墙和屋面传热系数和热惰性指标、外窗遮阳系数和太阳得热系数等。良好的围护结构性能对于建筑节能率的贡献不可忽略，就广西 65％ 建筑节能目标而言，其贡献率可达 5％～7％。

（3）适用范围

围护结构节能降碳技术适用于各类建筑，但现阶段应用仍存在一些问题，如外墙保温材料应满足防火要求，架空隔热屋面应满足抗风要求，板材类外保温材料应满足耐候要求，蓄水屋面应满足承重和渗漏要求，建筑遮阳技术产品形式单一、研发和自主创新能力不足等。

4.2.2　设备与系统节能技术

（1）技术介绍

设备与系统节能技术主要有空调余热回收技术、高效制冷技术、可再生能源建筑应用技术等。

空调余热回收系统可利用夏季空调废热，采用高效电驱动热回收热水系统替代燃油、燃气锅炉热水系统，制热效率得到大大提高。

高效制冷技术包括蒸发冷却空调技术、高效制冷机组（磁悬浮制冷机组）、蓄冷空调技术等。广西当前较为成熟的可再生能源建筑应用技术有太阳能光热、太阳能光伏发电、地表水源热泵、土壤源热泵、高效空气源热泵及其耦合系统等。广西日照相对充足，太阳能资源较为丰富，可广泛利用太阳能热水系统、太阳能光伏发电系统。

（2）技术指标

空调余热回收技术应用于水冷机组，减少原冷凝器的热负荷，使其热交换效率更高；应用于风冷机组，使其部分实现水冷化，且兼具水冷机组高效率的特性。制冷时进行热回收，降低了冷凝压力、冷凝温度，使空调机组耗电量节约 10％～30％，节电效果明显。

传统的空调机组成本高，并且运行过程中会消耗大量的电能，要制取相同的冷量，蒸发冷却空调机组能够节约 80％ 的电能，经济性好，可以为用户节省大量使用经费。

磁悬浮冷机具有的优点如下：①节能高效。磁悬浮冷机采用无油系统，制冷剂中不会混入润滑油，提高了冷凝器和蒸发器的换热效率。与传统的轴承相比，磁悬浮轴承的摩擦损失仅为前者的 2％ 左右，从而提高了机械效率。另外，磁悬浮冷机采用数字变频控制技术，提高了冷机部分负荷效率。②启动电流低。普通大型冷机启动电流能达到 200～600A，对电网冲击很大。磁悬浮冷机采用变频软启动，启动电流很小，在断电后恢复供电时多台冷机可以同时启动。③结构紧凑。磁悬浮冷机转速能达到 48000r/min，普通离心式冷机转速一般为 3000r/min，因而磁悬浮冷机较普通冷机尺寸更小，重量更轻。④运行安静。磁悬浮冷机没有机械摩擦，机组产生的噪声和振动极低，压缩机噪声低于 77dB，普通离心式压缩机裸机噪声在 100dB 以上。⑤系统可持续性高。在传统的制冷压缩机中，机械轴承是必需的部件，并且要有润滑油系统来保证机械轴承工作。据统计，在所有的压缩机烧毁情况中，90％是润滑失效引起的。磁悬浮冷机无需油润滑系统，没有机械摩擦，较传统冷机的可持续性更高。数据中心 IT 设备宕机，会造成严重后果，因而数据中心对关键设施的可靠性要求极高，采用磁悬浮冷机能够提高空调系统的可靠性，降低空调系统停机概率。⑥日常维护费用低。磁悬浮机组运动部件少，没有复杂的油路系统、油冷却系统，减少了冷机维护内容。数据中心空调系统全年不间断运行，设备维护是运维人员的日常工作内容。采用磁悬浮冷机，能有效减少冷机维护内容，减少运维人员工作量，有效降低日常维护费用。

由于冰蓄冷的制冷主机要求冷水出口端的温度低于 $-5℃$，与常规空调冷水机组出水温度 7℃相比，冰蓄冷制冷机组制冷剂的蒸发温度、蒸发压力大大降低，制冷量降低 30％～40％，制冷系数也有所下降，耗电量约增加 20％，但在施行峰谷电价的地区，采用该技术可有效降低系统运行成本。

无论是太阳能热水系统，还是太阳能光伏发电系统，都具有较高的技术成熟度，设计、施工简便。对于光伏系统，将来随着应用面的扩大，光伏组件的生产规模也随之增大，用光伏组件代替部分建材，可从规模效益上降低光伏组件的成本，有利于光伏产品的推广应用，所以存在着巨大的潜在市场。

（3）适用范围

设备与系统节能技术适用于各类民用建筑，尤其是大型公共建筑。

空调余热回收技术适用于有稳定热水需求的大型建筑，例如酒店、医院、学校等。

间接蒸发冷却空调系统主要对环境空气中的干球温度进行利用，并使其与露点的温度差进行配合，通过水与空气的湿热交换实现冷却。因为其在现实中不会对传统空调技术造成室内污染。因此其适用的范围比直接蒸发冷却空调系统更为广泛。

磁悬浮冷机具有显著的优点，但由于需要集成磁悬浮轴承和数字变频控制系统，因而设备初投资较普通冷机有较大提高，目前在广西推广使用仍存在较大障碍，但其将是未来空调制冷领域重要的节能降碳的高效设备。

太阳能热水系统，以及耦合空气源热泵系统在广西住宅项目中得到较为广泛的应用，太阳能光伏发电系统在各类建筑中均得到广泛应用。

4.3　工　程　案　例

4.3.1　景典装配式建筑产业基地低能耗装配式示范区

（1）项目概况

景典装配式建筑产业基地低能耗装配式示范区位于广西壮族自治区南宁市六景工业园区，规划建设总用地面积为 23.3 万 m²，产业基地内规划了 6 万 m² 钢结构生产车间（用于生产装配式钢结构部品部件及整体卫浴），6.5 万 m² 板材生产车间（用于生产装配式 PC 结构部品部件），配套 1 号、2 号实验楼，总建筑面积 5007.2m²。1 号、2 号实验楼将被打造成为夏热冬暖地区低能耗、绿建三星、装配式建筑。

（2）主要技术

1）围护结构节能技术

① 外墙系统：外挂墙板为 6mm 钢筋混凝土＋8mm 挤塑聚苯保温板＋6mm 钢筋混凝土夹芯板；阳台内外墙、休闲平台处的实验楼外墙为 200mm 厚 ALC 板＋保温隔热胶泥-反射隔热涂料系统；实验楼整体卫浴外侧墙为埃特板外包保温棉＋保温隔热胶泥-反射隔热涂料系统。

② 门窗系统与自然通风节能技术：普通铝合金窗＋绿色透明中空玻璃（6＋9A＋6）；房间均设置可开窗自然通风，可开窗有效通风面积不小于房间面积的 5%；走道两端设置可开启窗及休闲阳台穿堂通风；卫生间均设置对外开窗自然通风，预留排气扇安装位置设置排气机械通风。

③ 屋顶系统：选用种植无需永久灌溉植物＋蓄排水种植箱。

④ 隔声楼板：叠合楼板＋35mm 厚隔声砂浆楼板。

2）可再生能源中央空调及生活热水系统技术

通过空气源热泵耦合水源热泵技术来为项目提供冷暖空调及生活热水，水源热泵耦合空气源热泵系统工程由 3 个部分组成：水源热泵及空气源热泵主机设备、中央空调及生活热水机房系统安装工程、室内空调末端设备及系统安装工程。

207

3）低能耗智能化控制系统技术

采用先进的智能化技术，结合建筑特点，设置智能照明、智慧能源综合监控平台、物联网节能管控、光伏发电、环境监测系统、信息设施及视频安防监控等系统。

（3）社会经济效益

景典装配式建筑产业基地低能耗装配式示范区按绿色建筑三星级标准设计建造；1号、2号实验楼围护结构热工性能指标较国家现行相关建筑节能设计标准的规定提高幅度达到 20%~25%，节能率 56.6%。太阳能光伏发电系统的年发电量约为 1.88 万 kWh；全年常规能源替代量约为 5.82t 标准煤；年二氧化碳减排量约 14.38t，年二氧化硫减排量约 0.12t，年粉尘减排量约 0.06t。

4.3.2 南宁市建筑设计院科研设计中心 1 号楼低能耗建筑示范项目

（1）项目概况

南宁市建筑设计院科研设计中心 1 号楼低能耗建筑示范项目位于南宁市兴东路 6 号，为二星级绿色建筑，工程总用地面积 17404.46m²，总建筑面积 45800m²，工程总投资 8892 万元；其中低能耗示范项目实施面积为 3541.11m²，实施范围为该建筑 13~16 层。对项目所在建筑连续 4 层实施节能建设，以最大限度地降低自身建筑及夏热冬暖地区同类建筑的能耗，将该 4 层与所在建筑其他连续 4 层未采取节能措施的楼层实施节能对比，并检验实施效果。

（2）主要技术

1）高能效变频空调技术

将原 87 台能效等级为五级的分体空调替换为二级能效的变频分体空调。

2）绿色照明灯具节能技术

采用 824 盏＋243m LED 不同类型灯具替换原方案中的卤素灯、荧光灯等普通灯具。

3）太阳能光伏发电系统

在 1 号楼顶层安装 185 块单块容量为 270W 的光伏发电组件，组件宽 992mm，长 1640mm，光伏电站总装机容量为 50kWp。

4）监测与控制系统

采用节能运行智能管控系统对大楼的 13~16 层公共区域照明、空调设备、供水和供电系统及用电设备进行监视和节能控制，实现设备的手/自动状态监控、启停控制、运行状态显示、故障报警、温湿度检测、风速检测及能耗的分项计量。该系统包括：人员行为智能监测系统、建筑暖通设备监控系统、智能用电监控系统、能耗采集系统、节能管理平台及配套工程。

（3）社会经济效益

南宁市建筑设计院科研设计中心 1 号楼低能耗建筑示范项目综合采用二级能效变频分体空调、LED 照明系统、智能化控制系统与太阳能光伏发电系统等节能技术措施。预计总体增量成本约 430 万元，改造后年节能量约 17.85kWh（折合年节约 55.33t 标准煤，年二氧化碳减排量 136.67t）。

4.3.3　田阳县布洛陀文化中心夏热冬暖地区低能耗建筑建设示范项目

（1）项目概况

田阳县布洛陀文化中心位于田阳区布洛陀文化广场中轴线，香芒湖上，于 2005 年 3 月 28 日动工建设，2006 年建成投入使用，总建筑面积 8471m^2。

（2）主要技术

田阳县布洛陀文化中心项目主要采取了围护结构改造、绿色照明改造、空调系统节能改造、可再生能源利用和能耗监测系统建设等技术。

1）围护结构改造技术

项目将田阳县布洛陀文化中心原有的普通外墙内侧采用 20～25mm 厚的无机保温砂浆进行外墙内保温改造；将原使用普通白铝单层玻璃的外窗（含幕墙）更换为粉末喷涂铝型材 5＋9A＋5mm、6＋9A＋6mm 和 6＋12A＋6mm 和中空玻璃窗。

2）绿色照明改造技术

项目将田阳县布洛陀文化中心非高效照明灯具（如 T8 荧光灯、普通吸顶灯等）更换为高效照明灯具，包括 T8LED 灯、LED 吸顶灯。并对公共区域的照明灯具采用"人体＋光控"智能控制，不仅降低了能耗，也提升了光的质量。

3）空调系统节能改造技术

项目将原来不符合现行标准要求的风冷模块冷水机组全部更换为高效型风冷模块式冷水机组，并对机组送风管路重新设计，提高机组的制冷效率。并对 3 层会议室的老化风管进行改造，以提高中央空调系统的送风效率及保温隔热效果，降低中央空调系统的能源消耗。

4）可再生能源利用技术

项目充分考虑田阳区属于太阳能资源丰富的地区，有效利用屋面面积，在田阳县布洛陀文化中心 3 层南面和屋面建设 1 套共 70.06kWp 的太阳能光伏发电系统，为建筑补充用电。

5）能耗监测系统建设技术

对进行节能改造的项目安装分户分项计量表计并建设能耗监测系统，实现各项目改造后的节能效果并可实时监测分析，切实提高建筑能源使用效率。

（3）社会经济效益

对田阳县布洛陀文化中心进行围护结构改造、绿色照明改造、空调系统节能改造、可再生能源利用和能耗监测系统建设等绿色化改造后，项目的节能设计方案优于现行公共建筑节能设计标准，设计节能率达到 71.99%（大于 70%），节能量达到 191769kWh，改造后单位建筑年综合能耗 4.54kgce/（m² · a）[小于 6kgce/（m² · a）]、单位建筑年电耗 36.98kWh/（m² · a）[小于 40kWh/（m² · a）]，实现了夏热冬暖地区同类建筑能耗最低化，低于广西建筑能耗定额最低限值。项目年节能量为 19.17 万 kWh，相当于年节约标准煤 59.45t，年二氧化碳减排量 146.84t。

4.4 结 语 与 展 望

未来随着我国经济发展和人们生活水平不断提高，以及新型城镇化建设的深入推进，建筑用能和碳排放总量还将进一步增加。广西必须加快城乡建设绿色低碳发展，积极建设低能耗建筑、装配式建筑，合理选用本地化的绿色建筑材料，在满足人民日益增长的美好生活需要的同时，全方位落实绿色低碳要求，促进广西建筑业可持续发展，为国家及地方尽早实现碳达峰、碳中和作出贡献。

作者：朱惠英[1] 韦爱萍[1] 庞新霞[2] 余远贵[2] 刘亚美[2] 贾遵锋[2]（1. 广西建设科技与建筑节能协会；2. 广西壮族自治区建筑科学研究设计院）

5 山东省绿色低碳建筑技术发展报告

——以中德生态园被动房住宅推广示范小区为例

我国提出 2030 年前实现碳达峰、2060 年前实现碳中和，建筑领域碳达峰是重要路径之一，也是建筑产业高质量发展的必经之路。山东省作为建筑碳排放总量大省，应加快推动从建筑的生产、建造环节就减少碳排放量，全面提升城乡建设的绿色低碳发展理念，实现全省城乡建设绿色低碳发展。超低能耗建筑、近零能耗建筑由于其超低能耗，低碳排放量，高舒适性等特点，已经成为建筑节能发展的新趋势。发展近零能耗建筑，更是建筑实现碳达峰的必由之路。山东省从 2014 年起开展超低能耗建筑示范项目，极大程度上推动了中国建筑业的发展。

5.1 技 术 条 件

5.1.1 气候条件

山东省的气候属暖温带季风气候类型。降水集中，雨热同季，春秋短暂，冬夏较长。年平均气温 11~14℃，山东省气温地区差异东西大于南北。全年无霜期由东北沿海向西南递增，鲁北和胶东地区一般为 180d，鲁西南地区可达 220d。山东省光照资源充足，光照时数年均 2290~2890h，热量条件可满足农作物一年两作的需要。年平均降水量一般在 550~950mm 之间，由东南向西北递减。降水季节分布很不均衡，全年降水量的 60%~70% 集中于夏季，易形成涝灾，冬、春及晚秋易发生旱象，对农业生产影响最大。山东省属于太阳能资源丰富三类地区，年日照时数大于 2000h，是我国太阳能资源丰富或较丰富的地区，具有利用太阳能的良好条件。

5.1.2 地理环境

山东省位于中国东部沿海、黄河下游，北纬 34°22.9′~38°24.01′、东经

211

$114°47.5'\sim122°42.3'$ 之间。境域包括半岛和内陆两部分，山东半岛突出于渤海、黄海之中，同辽东半岛遥相对峙；内陆部分自北而南与河北、河南、安徽、江苏 4 省接壤。山东省东西长 721.03km，南北长 437.28km，全省陆域面积 15.58 万 km^2。

5.1.3 能源利用

"十三五"期间，山东省出台《关于进一步加强民用建筑太阳能热水系统一体化应用管理的通知》等政策文件，实施太阳能光热强制推广政策，100m以下住宅建筑及设置集中热水供应的公共建筑全部同步设计、安装太阳能热水系统。因地制宜推广浅层地热能、空气能、太阳能光伏等建筑应用技术。积极配合完成国家可再生能源建筑应用示范市县验收。发布实施《地源热泵系统运行管理技术规程》《太阳能热水系统安装及验收技术规程》《高层建筑太阳能热水系统建筑一体化设计》等标准、图集。"十三五"期间，山东省新增太阳能光热一体化应用建筑 2.92 亿 m^2。

5.1.4 技术背景

据统计，建筑领域碳排放量占社会总排放量的 40%，并且有关研究成果显示，山东省建筑碳排放总量排名位居全国前列。2019 年，山东省建筑运行能源消费总量为 0.93 亿 t 标准煤，占山东省能源消费总量的 21.54%；建筑运行碳排放总量为 1.71 亿 t 二氧化碳。具体来看，第一，第七次全国人口普查数据显示，山东省人口规模达到 1.02 亿，位于全国第二，成为全国唯一常住人口和户籍人口"双过亿"的省份，2020 年常住人口城镇化率达到 63.05%，同时全省生产总值 2020 年达到 7.3 万亿元，与 2010 年相比经济总量翻一番，2020 年人均生产总值超过 1 万美元，达到中高收入国家水平，庞大的人口基数、快速的经济增长以及城镇化进程，致使人们的消费模式发生很大变化，继而增加了能源消费需求，产生大量能源消耗以及碳排放；第二，"十三五"期间，山东省累计完成建筑业总产值 6.37 万亿元，位于全国建筑业总产值前列，建筑业高速发展的同时，带来了较大的建筑碳排放量；第三，山东省属于冬季供暖地区，2019 年集中供暖面积近 17 亿 m^2，单位建筑面积实际能耗约 15.0kg 标准煤，城市供热行业需求强劲，供暖需求大，煤炭燃烧量大，产生的二氧化碳量也高。综合来看，山东省各方面数据排名均在全国前列，其建筑碳排放总量全国第一也是无可厚非。

经济发展、低碳节能、能源利用三者紧密相关。被动房通过减少能源消耗，提高能源利用效率，革新开发技术，来实现经济与环境的持续协调发展，达到能源供需稳定、低碳节能、环境保护、经济发展四个目标。因此被动房的效益应从经济、社会、生态和技术四个方面综合考虑，最终实现被动房在经济发展、能源利用、低碳节能、生态保护方面效益最大化。随着我国经济快速增长，城市化进程加速，建筑能耗总量呈持续增长态势。被动房的最终目标是实现建筑传统能耗的减量化和气候资源利用的最大化，以最低成本创造最为舒适的建筑环境。如果按照被动房标准实现 85%～90%节能目标，保守估计，每年大约节省 100000 万 t 标准煤，其中运营阶段节省约 70000 万 t 标准煤；而以2018 年青岛市住宅竣工面积 1624 万 m² 为例，若全部按被动房住宅标准建设，相比现行 65%节能标准，可节约用电 7.5 亿 kWh，减少碳排放量 60 万 t，节约能源费用 4.1 亿元。因此大力推广被动房，对缓解地球温室效应，缓解城市区域大气污染，节约社会成本有重要意义。

5.1.5 山东省部分政策法规

山东省作为国内较早鼓励发展绿色建筑和被动式超低能耗建筑的省份，从政策方针到规划实施，对绿色建筑和被动式超低能耗建筑进行了大力支持和推广。

（1）《山东省绿色建筑促进办法》

2019 年 3 月 1 日起《山东省绿色建筑促进办法》（以下简称《办法》）正式施行。《办法》共七章、四十二条，针对政府及相关部门推进绿色建筑发展，从规划建设、运营管理、技术推广应用、引导激励、法律责任等方面作出了明确规定。其中，《办法》提出了绿色建筑全面推广政策，明确新建民用建筑（3 层以下居住建筑除外）应当采用国家和省规定的绿色建筑标准，政府投资或者以政府投资为主的公共建筑以及其他大型公共建筑应当按照二星级以上绿色建筑标准进行建设；同时，鼓励绿色建筑技术推广，推广应用自然通风、天然采光、雨水利用、可再生能源建筑应用、建筑废弃物资源化利用、建筑智能化等先进适用技术，鼓励绿色建筑采用装配式建造方式，在新建建筑规划条件和建设条件中明确装配式建筑要求，鼓励推广装配式建筑实行全装修。

（2）《山东省关于实施绿色建筑引领发展行动的意见》

2019 年 10 月 15 日，山东省住房和城乡建设厅印发《山东省关于实施绿色建筑引领发展行动的意见》（以下简称《意见》）。《意见》明确，到 2020 年，基本形成城乡建设绿色发展机制、评价指标和技术标准体系；全面推行绿色建筑评价标准（新版），新增一批高质量评价标识项目，新建超低能耗建筑 15 万 m^2；在绿色生态城区（镇）创建基础上，整合政策资源，合力打造一批绿色城乡发展示范；设区城市和县（市）装配式建筑占新建建筑比例分别达到 25%、15%以上，济南、青岛市达到 30% 以上。加快发展超低能耗建筑。围绕围护结构、高性能门窗、新风热回收、室内环境、气密性等关键环节，完善超低能耗建筑技术标准和评价指标体系，积极推进超低能耗建筑集中连片建设，探索发展近零能耗建筑。创建城乡绿色发展示范。整合绿色生态城区（镇）、海绵城市、综合管廊、新生中小城市、特色小镇、超低能耗建筑、装配式建筑、清洁取暖、美丽村居等政策资源，选择部分条件好的市、县、区，合力打造具有引领作用的绿色发展示范。

（3）《山东省绿色建筑创建行动实施方案》

2020 年 8 月 28 日，山东省住房和城乡建设厅等七部门联合印发《山东省绿色建筑创建行动实施方案》（以下简称《实施方案》），推动山东省绿色建筑高质量发展。《实施方案》提出 2020—2022 年，全省新增绿色建筑 3 亿 m^2 以上。到 2022 年，城镇新建民用建筑中绿色建筑占比达到 80% 以上，星级绿色建筑持续增加，住宅健康性能不断完善，绿色建材应用进一步扩大；城镇新建建筑装配化建造方式占比达到 30%，钢结构装配式住宅建设试点取得积极成效。推进新建建筑节能。城镇新建建筑严格执行建筑节能相关标准。积极发展超低能耗建筑、近零能耗建筑，围绕外围护结构、新风热回收、室内环境、气密性等关键环节，完善技术标准和评价指标体系。

5.2 技 术 内 容

5.2.1 技术介绍

近年来国内通过一系列节能措施，努力降低建筑能耗，实现社会绿色低碳发展。近零能耗建筑在我国发展之初，山东省就积极开展实践，努力探索区域特色的被动房建设之路。建筑节能率提升技术路径分为三类，首先采用被动式技术和提升围护结构性能降低建筑的供暖空调能量需求，包括优秀的建筑设计、自然通风、非透明围护结构（外墙、屋面）的热工性能、透光围护结构

（外窗）的热工性能及光学性能、遮阳装置等；其次，提高建筑能源系统的能效，包括提高新风热回收效率、提升输配系统设备（水泵、风机）的效率、提升建筑冷热源（锅炉、冷水机组）系统的能效来降低建筑物的能源消耗；最后，增加可再生能源系统的能源供应。在常规的建筑理念中，可再生能源系统一般作为建筑能源系统的补充，其产能量受建筑所在地域的资源和地理环境限制，系统形式也较为多变。

被动房的主要技术特征包括：①保温隔热性能更高的非透明外围护结构；②保温隔热性能和气密性能更高的外门窗；③无热桥的设计与施工；④建筑整体的高气密性；⑤高效新风热回收系统；⑥充分利用可再生能源。

5.2.2 技术指标

项目主要能效指标参考《德国被动房 PHI 认证标准（*Criteria for the Passive House Standard*）》；国家标准《近零能耗建筑技术标准》GB/T 51350—2019 和山东省工程建设标准《被动式超低能耗居住建筑节能设计标准》DB37/T 5074—2016。

5.2.3 适用范围

山东省被动房标准体系主要来源于德国，德国拥有世界最权威、技术体系最完备、国际影响力最高的高性能建筑标准，专注于建筑自身的节能性能，其技术理念在世界范围内被广泛吸收和应用。目前全球已有 6 万多栋的房屋按照被动房标准建造，3 万多栋建筑通过认证，涵盖住宅、办公、学校、幼儿园、酒店等类型的建筑，国际认可度极高。很多国家都学习和参考德国被动房体系，山东省自 2012 以来开始开展适用于山东省特色的建筑标准体系的研发和推广。

5.3 工 程 案 例

5.3.1 项目简介

中德生态园被动房住宅推广示范小区项目按照德国被动房、国内超低能耗建筑标准进行设计与建设，秉承"被动优先，主动优化"的理念，以"可持续、低碳、绿色、环保"为设计原则，技术措施为高性能围护结构、围护结构的无热桥和高气密性、遮阳/自然通风等被动式技术、新风热回收、屋面太阳能光伏发电系统、智能家居、楼宇自控等。项目集三星级绿色建筑与被动房建筑于一体，在设计、施工和运营阶段贯彻绿色建筑的发展要求，应用了大量先进的绿色技术，开创了"管、建、运、维"全方位的管理模式。此外，相对于传统建筑，被动房拥有更加舒适的室内环境，更加健康的空气品质，以及更高质量的施工，从而使得建筑寿命更长，并且在运行过程能耗费用大大降低。

本项目建设指标如下：①获得德国 PHI 被动房认证和绿建三星、国家标准《近零能耗建筑技术标准》GB/T 51350—2019——超低能耗建筑系统认证；②同气候区同类型建筑能耗比现行《公共建筑节能设计标准》GB 50189—2015 再降低 60%；③项目碳排放指标达到国际先进水平。

项目区内 17 栋住宅单体，均已取得德国 PHI 被动房认证（一楼一证书，全国首例）和中国被动式超低能耗绿色建筑认证；获得全国首批国家级超低能耗建筑系统认证项目称号；获得两项国家"十三五"课题示范项目称号——"近零能耗建筑技术体系及关键技术开发"和"城市新区绿色规划设计技术集成与示范"。同时被评为山东省被动式超低能耗绿色建筑示范项目和青岛市超低能耗建筑示范项目。1 号楼社区服务中心（健身房）被誉为全球首个在温和潮湿气候区中按照被动房标准建造的健身房类型建筑，以及全国首例 PHI 被动房示范项目（Passive House Pilot Project）。

5.3.2　建筑节能规划设计

本项目在总平面规划设计中，注意保证建筑室内外的日照环境、自然采光和通风要求。场地绿地率达到 35%。在规划布局上，考虑到青岛市民实际居住习惯与住宅朝向的需求及场地内部风场，规划采取行列式布局，保留德国被动房社区的组团尺度与建筑尺度，尽可能延续德式被动房社区的精髓。项目建筑朝向均为南北向，为低层和多层住宅，户型平面布局均为南北通透，可形成"穿堂风"，充分利用自然通风，降低夏季及过渡季能耗。建筑主入口均设置门斗，且开口位置尽量避开冬季主导风向，减少冬季走廊冷风灌入的同时提高用户舒适度。

5.3.3　围护结构节能技术

建筑外墙均采用外保温系统，墙体为加气混凝土砌块，保温材料为230mm 厚石墨聚苯板［导热系数为 0.033W/(m·K)］。屋面主要采用细石混凝土面层，屋面板为钢筋混凝土楼板，保温材料为双层 XPS 保温层［导热系数为 0.030W/(m·K)], 厚度为 150mm+150mm。

本项目外窗均采用铝包木框材——三玻两腔中空玻璃窗, 窗户开启方式为内开内导。玻璃用 5 离线 Low-E+18Ar+5+18Ar+5 离线 Low-E , 双 Low-E 暖边冲氩气, 按标准钢化。本项目外窗户均为气密窗, 玻璃传热系数为 0.62W/(m²·K), 框材传热系数为 0.71 W/(m²·K), 综合传热系数≤ 0.8W/(m²·K)。

本项目外门均为气密门, 玻璃传热系数为 0.62W/(m²·K), 框材传热系数为 0.71W/(m²·K), 综合传热系数≤0.8W/(m²·K); 户门为多功能户门, 传热系数≤1.7W/(m²·K)。

本项目南向、东向和西向外窗均设置电动遮阳百叶, 遮阳百叶收纳盒与外墙固定时采用隔热垫片、断热桥锚栓等方式阻断热桥。业主可以通过入户门侧的主控面板, 进行一键遮阳控制, 还可以通过窗户旁边电工按钮, 根据实时需求进行个别房间的遮阳控制。

本项目建筑平面和立面较为规整, 尽量减少外挑构件, 严格控制热桥的产生, 对建筑外围护结构进行无热桥设计。本项目主要采用剪力墙结构, 填充墙选用加气混凝土砌块, 结合建筑结构构造及气密层的可选材料, 选择抹灰层构成气密层。气密层连续完整, 包围整个外围护结构内侧。

5.3.4 高效机电系统

本项目采用地源热泵系统作为冷热源, 为建筑提供供暖、制冷及生活热水需求。本项目的创新点之一, 在于采用"地源热泵系统(冷热源)+热回收新风机组(供冷供暖末端)=户式地源热泵新风一体机"的方式给建筑室内供冷供热, 并实现用户自行控制需求。地源热泵采用涡旋地源热泵机组; 新风采用全热回收机组, 设计标准为 30m³/hp, 设备热回收效率高达 80% 以上, 湿回收效率为 66%~76%; 热回收装置单位风量风机耗功率为 0.37W/(m³/h)。新风机组设置高效率空气净化装置, 送风设置过滤等级为 H10 的过滤装置, 排风设置过滤等级为 G4 的过滤装置, 且室内设置二氧化碳浓度测试装置控制新风机组开启。同时机组内设置更换滤芯报警器, 提醒业主及时更换滤芯。

本项目每户设置一套空调系统, 户式地源热泵机组台数、热回收新风机组台数与户数相同, 均为 247 台。新风机及压缩机均采用无级变频控制, 可根据室内温度、湿度及二氧化碳浓度实现变频控制, 每个房间可以单独控制温湿度。进排风均设置消声装置, 使起居室、卧室噪声小于 25dB (A), 厨房、卫生间噪声小于 30dB（A）。根据不同的负荷需求，本项目选用两种型号的地源热泵新风一体机，小型机组额定供冷量 3.5kW，制冷 *EER*4.86，制热 *COP*4.52，总风量 500m³/h，新风量 150m³/h，室内循环风量 350m³/h；大型机组额定制冷量 5.5kW，制冷 *EER*5.29，制热 *COP*4.46；总风量 750m³/h，新风量 200m³/h，室内循环风量 550m³/h，该机组同时具有制冷、制热、除湿、空气净化及生活热水功能。

本项目生活热水由地源热泵新风一体机提供，并配置电辅助加热，夏季采用地源热泵热回收可实现免费提供热水。此外，本项目采用直热的热水模式设计，每户设置一个高品质蓄热水箱，可保证末端 24h 出热水。

照明节能控制措施：住宅走道、楼梯间，楼梯前室，电梯前室等公共区域照明灯具均采用声光延时开关控制、高效节能灯具；门厅，配电室等采用三基色荧光灯、节能灯具、LED 等高效灯具，并采用分区、分组控制措施。

其他节能产品：采用具有节能控制方式的高效产品，能效等级为 A 级；当有多台电梯时电梯应具有联动或群控功能，且应具有休眠功能；水泵、风机等采用高效节能产品，并采用变频控制等节电措施。

5.3.5　可再生能源利用技术

本项目在屋面设置太阳能光伏发电系统，光伏发电采用两种并网方式，其中洋房区光伏产电并入小区物业站，供给物业照明、公共电器等用电，别墅区光伏发电，自发自用，多余并入市政电网。屋顶太阳能光伏发电板采用多晶硅太阳能电池组件，组件之间及组件与逆变器之间用光伏专用电缆穿管敷设，计量电表采用双向电能表，以满足使用要求。光伏组件选型方面，本工程选用 265Wp 多晶光伏组件，项目共计安装 568 块 270W 组件，装机容量为 153.36kW。预计 25 年总计发电 457.63 万 kWh，总收益为 421.02 万元。

5.3.6　监控与计量技术

为了获取建筑真实运行数据及对各系统运行评估分析，小区内的住宅、社区服务中心都建立了完善的建筑能耗监控系统。包含用电检测和用热监测。每个单体建筑各单元夹层均设置数据采集器，分别对建筑照明、插座、暖通空调、生活热水和其他用电系统、设备的耗电量进行计量；同时对地缘侧热量，暖通空调设备冷冻，冷却侧供回水温度、流量，供冷供热量进行计量。各能耗计量设备经标定后接入系统，所有计量设备均具有数据远传功能，按照设定频率，将采集到的参数上传至中央能耗监测平台。耗电量监测系统主要由能耗设备的计量装置、互感器、数据采集器、服务器、能耗计量管理工作站等部分组成。环境参数及机电设备等数据经过集成，由互感器等计量装置进行计量，然后通过有线采集器传输至交换机，并通过互联网将数据传输给能耗计量管理工作站。

5.3.7 融合城市绿色规划技术

项目采纳水体再循环设施规划技术，并与海绵城市低影响设施结合，对雨水进行收集。项目在西南侧设置雨水收集模块组，模块为雨水入渗性模块，材料为PPB塑料。区内屋顶散排至地面，通过竖向找坡汇合进排水沟，排水沟末端连接地下雨水罐。雨水罐内设有潜水泵，将雨水由管道提升至地面供用户使用。超出雨水罐容纳能力的雨水由溢流管排至室外生物滞留措施内。建设场地内，下沉式绿地、雨水花园、生物滞留措施及植草沟等低影响开发设施满足海绵城市指标需求。项目采纳水气候适应规划设计技术，区内车行道路以透水沥青铺装为主，其他人行步道采用透水砖铺装，停车位采用生态型嵌草砖铺装。透水铺装在整个院内形成一定的排水坡度，保持场地平整的基础上，确保雨水有组织汇流，防止内涝现象。

5.3.8 实际运行分析

通过对2020—2021年供暖季数据分析，在能源消费上，小区常住户冬季房间温度满足20℃新风机组供暖及生活热水制取条件，150/160户型新风机组平均每天用电12~20kWh，200户型新风机组平均每天用电21~30kWh。综合考虑阶梯电价后，被动房小区利用新风机组供暖的费用比集中供暖可减少一半，可为业主节省1800~2500元左右的供暖费。单位面积年平均用电量约为22~25kWh/（m²·a），整体符合国家《近零能耗建筑技术标准》GB/T 51350—2019和山东省《被动式超低能耗居住建筑节能设计标准》DB37/T 5074—2016要求。

在室内温湿度方面，不同户型室内温度基本维持在20~24℃之间，平均温度在22℃左右，满足被动房冬季大于20℃的设计要求。被动房外墙内壁面温度比室内温度低1℃左右，体现了被动房良好的保温性能。湿度平均值在36%，满足被动房30%~60%的标准。

在室内空气质量方面，被动房新风热回收机组可根据室内二氧化碳浓度来调节进入室内的新风量，保证室内空气的新鲜度，根据室内二氧化碳的监测数据，这期间 CO_2 平均值在 $500\sim700$ppm 的舒适范围内，满足低于 1000ppm 的国家标准要求。室内 PM2.5 平均值 $13ug/m^3$，远低于室外 PM2.5 均值 $55ug/m^3$。被动房小区采用高效的新风过滤系统及高效围护结构气密性措施，极大地提升了室内空气质量，改善了室内人员工作生活的环境。

5.4 结 语 与 展 望

中德生态园被动房住宅推广示范小区项目采用"被动优先，主动优化"的原则，将先进的被动房超低能耗建筑技术及主动优化的绿色低碳运行管理相结合，是建设领域碳达峰、碳中和的典型先进案例，已经站到了建筑节能领域的前沿，将助力建筑领域"双碳"目标早日实现。推广被动房对于建筑行业乃至全社会的节能减排具有积极的贡献，同时被动房更高的施工质量要求及产品技术标准将有助于促进行业产品性能质量提升，产业结构转型，以及引领制造业和建筑业向更高端发展。

山东省下一步将持续发展节能低碳建筑，逐步完善形成超低能耗建筑、近零能耗建筑、零能耗建筑、低碳建筑技术体系。发布实施《山东省被动式超低能耗公共建筑技术规范》等标准规范，建立完善技术标准体系和评价标识制度。研究制定推动超低能耗建筑、近零能耗建筑、低碳建筑发展的政策文件，形成涵盖建筑设计、施工及材料、产品应用的政策扶持体系，积极推广超低能耗建筑建设，探索发展近零能耗建筑、低碳建筑和零碳建筑项目示范，鼓励有条件的城市新区、生态城区、新建县城区等新区按照超低能耗建筑或更高标准进行建设，建成一批超低能耗或近零能耗建筑、低碳建筑集中连片示范区。预计到2023 年，新建居住建筑在节能 75％标准的基础上能效再提升 30％，建筑节能率达到 83％，居住建筑全部实现超低能耗建筑标准。到 2025 年，新建公共建筑在现有节能标准的基础上能效再提升 20％，建筑节能率达到 78％。到 2030 年，政府投资或以政府投资为主的公共建筑全部按照超低能耗建筑标准建设。

2030 年碳达峰目标已进入倒计时，迫切需要全社会的参与，建筑领域节能降碳既是一种健康绿色的生产生活方式，也是与建筑行业息息相关的一种环保责任，需要绿色低碳理念更新，也需要方式创新。

作者：王衍争[1] 王昭[1] 李硕[2] 韩飞[2]（1. 山东省建筑科学研究院有限公司；2. 中德生态园被动房建筑科技有限公司）

6 天津市绿色低碳建筑技术发展报告

6.1 技 术 条 件

6.1.1 气候条件

(1) 气温

天津市年平均气温为 12～15℃，1 月温度最低，平均最低气温－5～－1℃；7 月温度最高，平均最高温度 26～29℃，属于我国寒冷地区。

(2) 风速风向

天津市属于季风气候区，季风主导风向为东南偏南风。冬季常为西北风，夏季多为南风。年平均风速为 2～4m/s。

(3) 降雨

天津市年降水总量为 550～600mm，年平均降水天数为 64～73d。夏季降水量占全年降水量的七成以上，7～8 月有时可出现日降水量达 50mm 以上的暴雨天气。

(4) 日照辐射

天津市日照时间较长，太阳辐射较丰富，年可照时数约为 4436h；春季年可照时数最长达 1207.6h，冬季年可照时数最短约为 859.3h。

6.1.2 地理环境

(1) 地理位置

天津市位于北纬 38°34′～40°15′、东经 116°43′～118°4′之间，地处太平洋西岸，华北平原东北部，海河流域下游，东临渤海，北依燕山，毗邻首都北京。

(2) 交通运输情况

天津市是重要的交通枢纽，是"一带一路"交汇点、亚欧大陆桥最近的东部起点,是连接国内外、联系南北方、沟通东西部的重要枢纽,是邻近内陆国家的重要出海口,是中国北方最大的港口城市。

(3)防灾减灾情况

天津市是我国北方自然灾害种类较多、影响较为严重的地区之一,以干旱、洪水、雨涝、冰雹、风暴潮、地震、地面沉降等灾害的影响较为严重。

6.1.3 能源利用

天津市作为我国北方重要工商业城市,日常生产生活存在大量能源消耗需求,年均消耗 8145 万 t 标准煤,主要来源包括煤炭、焦炭、石油、原油、汽油、煤油、柴油、燃料油、液化石油气、天然气、电力等。通过统计天津市 2015—2019 年各类能耗碳排放占总体比重变化,传统能源呈明显下降趋势,其他能源类别均呈不同程度的上升趋势,一定程度上标志着天津市正逐步加快能源清洁化、终端电气化。如图 1 和表 1 所示。

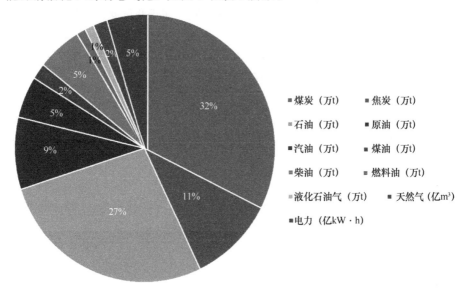

图 1　2019 年天津市各类能源消耗比例分布图

各种能源碳排放因子　　　　　　　　　　　　　　表 1

能源种类	折标准煤系数	二氧化碳排放系数
原煤	0.7143kgce/kg	1.9003kgCO$_2$/kg
焦炭	0.9714kgce/kg	2.8604kgCO$_2$/kg

能源种类	折标准煤系数	二氧化碳排放系数
原油	1.4286kgce/kg	3.0202kgCO₂/kg
燃料油	1.4286kgce/kg	3.1705kgCO₂/kg
汽油	1.4714kgce/kg	2.9251kgCO₂/kg
煤油	1.4714kgce/kg	3.0179kgCO₂/kg
柴油	1.4571kgce/kg	3.0959kgCO₂/kg
液化石油气	1.7143kgce/kg	3.1013kgCO₂/kg
炼厂干气	1.5714kgce/kg	3.0119kgCO₂/kg
油田天然气	1.3300kgce/m³	2.162kgCO₂/kg
电力（华北区域）	0.1229kgce/kWh	1.246kgCO₂/kWh

6.1.4 技术背景

为全面提升建筑绿色、低碳、健康性能，扩大绿色建材应用，推广使用者监督，天津市相继发布了《天津市建筑节约能源条例》《天津市绿色建筑管理规定》《天津市绿色建筑创建行动实施方案》《天津市绿色社区创建行动实施方案》。2021年印发的《天津市绿色建筑发展"十四五"规划》和全国第一部双碳工作条例《天津市碳达峰碳中和促进条例》进一步要求全面推进新建民用建筑绿色建筑设计及既有建筑绿色改造，推广超低能耗、近零能耗建筑，发展零碳建筑。近年来，天津市积极推动绿色建筑市场化、规模化发展，确立以市场为主体逐渐取代政府强制推广的发展业态，截至2021年6月，共有721个建筑项目获得绿色建筑标识认证，总建筑面积达6432.4万m²。

6.2 技 术 内 容

天津市典型绿建技术包括：高性能围护结构、太阳能热水系统、立体绿化、地源热泵系统、空气源热泵技术、太阳能空调系统、地热水梯级利用技术、光储直柔综合能源应用技术、建筑调适技术、智慧管理平台、毛细管辐射供冷技术、消能减震技术、土壤生态修复技术、生活垃圾无害化处理技术、地道风技术、碳足迹跟踪记录等，以下选取9项代表性技术进行介绍。

6.2.1 地源热泵系统

（1）技术介绍

地源热泵是指利用浅层地能（土壤、地下水或地表水）作为热泵制冷（热）的冷热源，通过输入少量高位能，将热量从低位能提升到高位热源，实现制冷、供暖和生活热水供应。

（2）技术指标

地源热泵系统安全稳定、不受极端天气影响、节能环保、环境噪声小、维护费用低、寿命长，只需在系统运行期间保证循环水温度及土壤温度在适当范围内波动，因此考虑岩土热物性、负荷冷热不平衡性、地埋管间距和深度、换热器效率及经济性 5 个主要因素。

（3）适用范围

天津市春秋短、夏冬长，年均气温 12～15℃，平均冻土深 0.49m，适宜开发利用浅层地热能。但由于地源热泵系统占地面积较大、初始投资高，常用于学校、办公以及医院类公共建筑。

6.2.2 空气源热泵技术

（1）技术介绍

空气源热泵系统是指基于逆卡诺循环原理，通过自然能获取低温冷热源，经系统高效集热整合后，用来供冷（热）或供应热水的制冷制热技术。

（2）技术指标

空气源热泵技术主要采用热泵形式，同时受室外温湿度和季节变化影响，具有全年可用、低碳环保、投资回收期短、寿命长、运行费用低等优点，可有效提高能源利用率，减少温室气体排放，降低电力负荷。

（3）适用范围

截至 2017 年，天津市武清区农村约有 12 万户采用空气源热泵系统进行冬季供暖。随着超低温空气源热泵机组的研发，天津市全范围均适宜采用空气源热泵机组供冷（热）和提供生活热水，该机组常作为补充热源应用于住宅、商店、学校、写字间等中小型建筑，可有效弥补单一机组冬季制热量不足的问题。

6.2.3 太阳能空调系统

（1）技术介绍

太阳能空调主要以热能制冷制热，利用集热器从太阳光中获取能量，通过高温导热油输送至空调设备，对室内进行温湿度调节。供冷时，由高温导热油驱动溴化锂吸收式冷水机组制备冷冻水；供热时，通过油-水换热器进行热交换，产生空调热水。

（2）技术指标

太阳能空调系统具有节能环保、季节适应性好、一机多用等优点，其能效主要受集热器效率、太阳能空调蓄热技术、集热器安装位置角度及一体化太阳能控制系统等多方面影响。

（3）适用范围

天津市日照总辐射年均 $4935MJ/m^2$，资源丰富，具备太阳能空调使用条件，但受机组价格昂贵、气候影响大、高层建筑集热器难布置等条件制约，太阳能空调较多地作为复合能源网系统中的辅助冷热源，或应用于小型公共建筑。槽式太阳能集热器布置如图 2 所示。

图 2　槽式太阳能集热器布置实景图

225

6.2.4 地热水梯级利用技术

（1）技术介绍

地热水梯级利用是指多级次地从地热水中提取热能，并进行多层次地热利用。具体应用原则包括：①多级、分层次利用地热资源，适当增加热泵，降低地热尾水温度，提高效率；②坚持"采灌均衡"工艺模式，将换热后地热尾水在密闭状态下回灌，做到"取热不取水"，实现可持续利用。

（2）技术指标

地热水梯级利用技术具有充分利用本土能源、可再生性、利用形式多样、投入产出比高等优点，其综合效率与末端负荷变化、抽水井和回灌井的间距、取水层厚度及机组的效率联系紧密。

（3）适用范围

天津市地热资源丰富，分布面积达 $8700km^2$，约占全市总面积的 80%，已形成以建筑供暖为主，集温泉理疗、旅游度假、农业水产和洗涤印染等于一体的多领域的地热利用网络。

6.2.5 消能减震技术

（1）技术介绍

消能减震技术主要指在建筑特定部位，如层间空隙、连接节点等位置安装消能减震装置，或将结构的支撑或非承重墙等次要构件设置为消能构件。地震时这些装置通过摩擦、塑性变形、黏滞液体流动等，为结构提供较大阻尼，消耗地震输入能量，有效衰减结构的地震反应。

（2）技术指标

建筑消能减震设计方案，应根据建筑抗震设防类别、抗震设防烈度、场地条件、建筑结构方案和建筑使用要求，进行技术经济分析确定。如何有效确定消能器附加阻尼是消能减震结构设计的关键，应按照性能化设计方法，采用弹塑性分析软件进行设计。与传统抗震结构相比，该技术的地震反应减少 $20\%\sim60\%$，可节约 $5\%\sim10\%$ 的造价。

（3）适用范围

该技术主要应用于高烈度地区的多、高层建筑，如医院、学校、幼儿园、养老机构、应急指挥中心等，以及体型复杂的大跨度场馆、车站机场等交通枢纽、超高层建筑、既有建筑的抗震性能改善。

6.2.6 生活垃圾无害化处理技术

（1）技术介绍

传统垃圾无害化处理技术指通过填埋处理、焚烧处理、堆肥处理等方式，使垃圾不再造成环境污染。本次概念扩展，将无害化处理划分为源头分拣、过程输送、末端处理。垃圾无害化处理流程如图 3 所示。

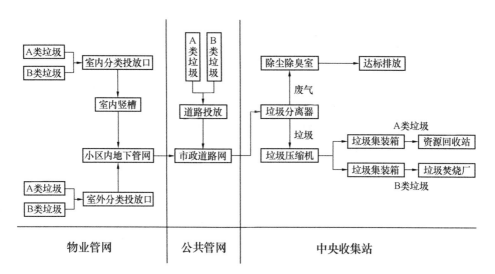

图 3　垃圾无害化处理流程图

通过生活垃圾分类实现源头分拣，借助气力垃圾输送系统，将固体废弃物通过地下管网输送到中央收集站，采用垃圾焚烧对垃圾进行处置，实现垃圾中碳水化合物转化和细菌灭杀，焚烧产生热能并可进行余热利用，达到节能减排效果。

（2）技术指标

参考中新天津生态城成效，生活垃圾无害化处理率达到 100%、生活垃圾回收利用率达到 35% 以上、垃圾焚烧技术减容 80% 以上。

（3）适用范围

气力垃圾输送技术可拆分或组合使用，适用于新建城市，其他技术普遍适用。

6.2.7 智慧管理平台

（1）技术介绍

智慧管理平台是指以建筑物为平台，对建筑内各种现场感知信息进行分析、诊断和处理，全面集成各子系统，实现信息共享和智能联动，可兼备信息设施、信息化应用、公共安全及建筑设备管理等多种系统。园区的智慧管理平台如图4所示。

（2）技术指标

智慧管理平台通常包含感知层、网络层及应用层三个部分，依附各种丰富网络系统，提供灵活多变的业务模式，实现规模部署；在增强安全性能、设备高效管理、节源降耗、提高运行效率、降低运维成本等方面，起到积极作用。

（3）适用范围

智慧管理平台属于物联网技术，不受季节、环境等影响，但初始投资大，需对后期运维操作人员定期进行专业培训，可应用于天津市各类大型公共建筑。

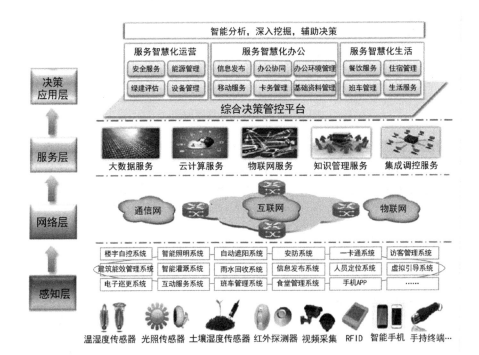

图4 园区的智慧管理平台逻辑图

228

6.2.8 立体绿化

（1）技术介绍

立体绿化主要包括屋顶绿化、垂直绿化和高架绿化等，在建筑中应用的主要是前两者。

（2）技术指标

① 屋顶绿化应选择密度小于 $100kg/m^3$，在 $100kPa$ 的压缩强度下，压缩比不得大于 10% 的保温材料。

② 屋面须设置具有耐根穿刺性能的防水材料。

③ 种植基质应具有质量轻、持水量大、通透性好、养分适度、清洁无毒、来源广泛等特性。

④ 应具有独立排水系统。

⑤ 屋顶绿化面积占屋顶可绿化面积的比例不宜低于 60%。

⑥ 70% 以上的绿化植物种类宜为本地植物。

（3）适用范围

屋顶绿化适用于平屋顶和坡度小于 $15°$ 的坡屋顶（图 5）。天津市的气候条件适宜选择抗旱、抗寒、耐高温高湿、耐贫瘠、抗风、根系浅、易移植、病虫害少、低养护、观赏形状良好的多年生草本地被或小灌木。垂直绿化适用于有

图 5　屋顶绿化实景图

229

遮阳和美观需求的墙面（图6）。

图6 垂直绿化实景图

6.2.9 土壤生态修复技术

（1）技术介绍

土壤生态修复技术指通过修整土壤结构、改良土壤营养、引进并选育本地适生耐盐碱植物，实现盐碱地修复。

（2）技术指标

① 修整土壤结构。先通过原土倒运、客土填垫、挖填平衡、调配土壤等措施整理，再通过晾晒、清理等方法改善土质，最后采用"浅密式暗管排盐"传统技术，使盐分随水排走（图7）。

② 改良土壤营养。采用"两布一膜"和"废弃树枝粉碎物"的替代技术，在设置淋层时优化土质，改良土壤营养。

③ 引种适生植物。引进少量适生植物，以人工种植的方式快速栽培，逐步降低土壤含盐量，增加有机质，改良土壤。

（3）适用范围

对国内盐碱土地生态修复具有普适性。

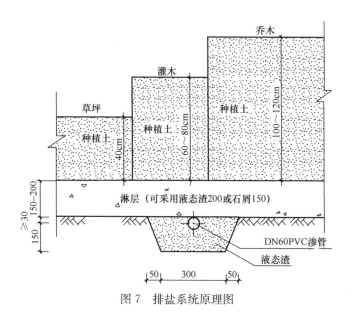

图 7　排盐系统原理图

6.3　工　程　案　例

6.3.1　中新天津生态城公屋展示中心

中新天津生态城公屋展示中心位于中新天津生态城 15 号地公屋项目内，2012 年投入使用，用于政府办公及公屋展示。其占地面积 8090m²，总建筑面积 3467m²，容积率 0.37，地上 2 层、地下 1 层，主体高度 15m，结构形式为钢框架结构（图 8）。

图 8　中新天津生态城公屋展示中心实景图

采用绿色产能、灵活储能、按需用能、智慧控能、高效节能的技术措施，实现零碳运行。产能上，应用太阳能光伏、光热与地源热泵耦合技术，可再生能源利用率达100%；储能上，安装150kWh锂电池用来储电，实现削峰填谷和孤岛运行；用能上，智能化系统根据天气情况选择自然通风或启动空调，保证室内舒适度；控能上，搭建智慧能源管理系统，协调优化能源供给和需求，实现智慧运行；节能上，融合主动与被动节能技术，建筑节能率达76.4%。践行"生态优先、灰绿结合"理念，加强雨水综合利用，非传统水源利用率达68.2%。

本项目能源消费更绿色、环境影响更友好，为降低建筑业碳排放提供借鉴。本项目获得了国家三星级绿色建筑设计标识和运行标识、绿色建筑创新一等奖，获颁零碳建筑奖牌。

6.3.2　天津市建筑设计院新建业务用房及附属综合楼

天津市建筑设计院新建业务用房及附属综合楼位于河西区，总建筑面积31250m²，其中，业务用房地上10层、地下1层，建筑面积20560m²。附属综合楼为机动车停车库，建筑面积10590m²（图9）。

图9　天津市建筑设计院新建业务用房及附属综合楼实景图

项目采用近 30 项绿色建筑技术集成，获得国家三星级绿色建筑设计标识和运行标识、二星级健康建筑设计标识、美国 LEED 金奖、国家 2020 年绿色建筑创新一等奖、第七届 Construction21 国际"绿色解决方案奖"第一名。

消能减震方面，本项目设置 88 组阻尼器，与常规结构相比，节省混凝土 1350m³，减少碳排放约 49t。

能源方面，本项目采用太阳能耦合地源热泵供冷供热系统，共设置 136 孔土壤地源热泵垂直埋管，与 252m² 槽式太阳能集热器、144m² 平板式太阳能集热器耦合，并利用空调系统余热作为生活热水热源，实现能源梯级利用。

智能化方面，本项目的绿色智慧集成平台具有实时监测、能源管理等 18 种功能，实现了绿色建筑精细化管理。

本项目作为"绿色、健康、低能耗"综合示范工程，在创造舒适工作环境的同时，实现全生命期碳排放量仅为 48.8kgCO₂/(m²·a)，成为国内绿色公共建筑高星级设计及运行双标识项目示范。

6.3.3 中新天津生态城十二年制学校

中新天津生态城十二年制学校位于天津市滨海新区，2017 年 9 月投入使用，占地面积 57434.2m²，总建筑面积 53554.4m²，容积率 0.91。教学楼总层数为 4 层，局部 5 层，地下 1 层，采用钢筋混凝土结构（图 10）。

图 10　中新天津生态城十二年制学校实景图

项目遵循被动为主、主动为辅、可再生能源补充的原则，充分利用自然通风和自然采光，配备高效设备机组，安装太阳能热水耦合地源热泵系统，由可再生能源提供冷热量和生活热水，暑期太阳能热水系统为地源侧补热，可再生能源利用率达 40.7%。

教室内设置 CO_2、TVOC、PM2.5 及温湿度监测装置，与新风系统联动，室内空气污染物浓度降低约 20%。坚持绿色施工，应用 BIM 技术进行施工管理。安装分项计量装置和能耗监测系统用于建筑节能管理，能耗降低幅度达 32.9%。

本项目因地制宜选用绿色低碳技术，是北方地区首个获得《绿色建筑评价标准》GB/T 50378—2019 认证的三星级绿色建筑运行标识，并获得 2018 年度天津市建设工程"海河杯"金奖和中新天津生态城绿色建筑金奖，为建筑设计、施工、运行全过程减碳提供示范。

6.3.4　天津京蓟圣光温泉度假酒店

天津京蓟圣光温泉度假酒店项目位于蓟县东翼路南侧，用地面积为 $35319.33m^2$，总建筑面积 $56756.62m^2$，是集休闲、健身、餐饮、住宿于一体的大型温泉度假酒店，为全国首家获得国家绿色三星级运行标识认证的五星级酒店（图11）。

图 11　天津京蓟圣光温泉度假酒店实景图

项目利用多种被动式节能技术，包括"工"字形的建筑布局，可电动开启的中庭天窗，自控制遮阳及导光筒等。同时以天然气作为冷热源，经溴化锂直燃机组实现夏天供冷、冬天供热。在资源与能源节约方面，酒店采用太阳能热水系统直供 SPA 用水，其余生活热水为烟气余热回收制备，并利用 MBR 污水处理回用工艺设计自建中水站。酒店借助智能化设置 BA 系统、集中灯控系统、能源管理系统等多种智能化系统，调整运行策略和管理方式，进一步降低项目的能耗。除此之外，项目建立了完善的低碳展示系统，主要包括碳足迹记录、低碳体验中心、室内四季花园、生命墙、发电健身、道路发电等，将绿色低碳的环保行为意识融入酒店的各个角落，充分证明了传统意义上的高能耗类型建筑实现绿色低碳运维的可行性。

6.3.5 用户需求侧智能电力信息产业平台

用户需求侧智能电力信息产业平台项目，建设地点位于天津市滨海高新区，规划用地面积 7209.80m²，总建筑面积 18088.09m²，主要建筑功能为办公室、会议室等（图12）。

图12 用户需求侧智能电力信息产业平台实景图

项目通过搭建低碳高效的可再生能源综合系统，实现了多种可再生能源与建筑的一体化利用，该系统集合地源热泵、太阳能集热系统、水蓄能蓄冷蓄热系统等多种可再生能源，使建筑可再生能源利用率最高达到 86.23%。建筑以毛细管形地表构造作为辐射系统，其特点包括无声、无风、无形、高舒适度、高满意度、低维护率和低故障率，兼顾建筑性能与人体舒适度。在智能运维方面，大厦开发智慧集成运维平台，将能耗监测系统、设备运营维护、智能照明维护、日常安全管理集合于一体，运维系统可根据天气预报适时调整运行策略，实现人工智能自学习，最终编入自控程序，并于1层大厅实时展示大楼运维情况，建立反馈机制，提高建筑使用者参与度。截至目前，本项目已顺利获得国家三星级绿色建筑运行标识，并成为天津市首家BSI碳中和认证企业，是展示全球先进能源技术服务、开展节能技术交流的重要交流培训平台与优秀范例。

6.3.6 华厦津典川水园住宅项目（1～15号楼）

华厦津典川水园住宅项目坐落于梅江生态居住区东南部，总建筑面积167203m²，配套多种服务功能，涵盖老年活动中心、社区服务站、文化活动室、无障碍公厕、社会停车楼、配套商业等，充分满足"5分钟生活服务圈"要求（图13）。

图13 华厦津典川水园住宅实景图

项目采用天津住宅集团独有发明专利蒸压砂加气外墙保温体系、内置遮阳百叶等节能性能良好构件，并依靠直流变频户式中央空调系统、分户循环分室控制的低温热辐射地板供暖系统及智能新风＋空气净化系统三大先进暖通空调系统实现"会呼吸的科技住宅"。项目以全龄化、无障碍设计为宗旨，全空间范围内满足无障碍需求。运维方面，川水园项目通过集成数项管理运营体系，采用安全、高效、节能、科技化的运营模式。作为复合型功能住宅园区，川水园凭借其优秀性能已经荣获 20 多个奖项与专利，包括天津市"3A"康居示范工程优秀项目管理一等奖、天津市建筑工程"结构海河杯"等，并两次荣获国家三星级绿色建筑运营标识，为"双碳"背景下的住宅项目开发与节能运营提供了前所未有的实践证明。

6.4 结 语 与 展 望

基于我国"二氧化碳排放力争于 2030 年前达到峰值"的发展目标，天津市将树立创新、协调、绿色、开放、共享的新发展理念，重点推进绿色建筑优质发展、建筑能效深度提升、新型建筑工业化三大发展任务，促进建筑运行"绿色化""低碳化"，使天津市绿色建筑工作成为城市建设的新亮点。

作者：王建廷[1] 张津奕[2] 李旭东[2] 刘戈[1] 汪磊磊[3] 孙晓峰[4] 杜涛[5] 郭而郛[5] 刘小芳[2] 陈奕[2] 伍海燕[3] 邹芳睿[5] 郑娜[5] 巴盼峰[1] 党培[1] 肖璐[2] 王昊斌[2] 陶昱婷[3] 郑立红[5] 谢强[6]（1. 天津城建大学；2. 天津市建筑设计研究院有限公司；3. 天津住宅科学研究院有限公司；4. 中新天津生态城建设局；5. 天津生态城绿色建筑研究院有限公司；6. 天津生态城国有资产经营管理有限公司）

237

7 浙江省绿色低碳建筑技术发展报告

7.1 技 术 条 件

7.1.1 气候条件

浙江省地处亚热带中部，属于季风性湿润气候，气温适中，四季分明，光照充足，雨量丰沛。年平均气温在 15～18℃ 之间，年日照时数在 1100～2200h 之间，年均降水量在 1100～2000mm 之间。1月、7月分别为全年气温最低和最高的月份，5月、6月均为集中降雨期。因受海洋和东南亚季风影响，浙江省冬夏盛行风向有显著变化，降水有明显的季节变化，气候资源配置多样。在我国气候分区中，浙江省属于夏热冬冷地区，在省内又分为南区（台州市、温州市、丽水市）和北区。北区建筑节能设计同时考虑夏季供冷和冬季供暖，南区建筑节能设计主要考虑夏季供冷，兼顾冬季供暖。

7.1.2 地理环境

浙江省地势由西南向东北倾斜，地形复杂，有"七山一水两分田"之称。浙江省东西和南北的直线距离均为 450km，陆域面积 10.55 万 km^2，山地占 74.6%，水面占 5.1%，平坦地占 20.3%；浙江省海域面积 26 万 km^2，面积大于 $500m^2$ 的海岛有 2878 个，大于 $10km^2$ 的海岛有 26 个，是全国岛屿最多的省份。

根据浙江省统计局数据，自 2010 年以来，浙江省公路运输比例逐年下降，铁路运输比例逐年上升，水运和航空运输比例基本保持平稳（图1）。

浙江省是我国受台风、暴雨、干旱、寒潮、大风、冰雹、冻害、龙卷风等灾害影响较为严重的地区之一。目前，浙江省已建成覆盖全省的防汛防台抗干旱综合信息共享平台，进行气象灾害综合检测和预报预警。全省地质灾害隐患点全部纳入地质灾害群测群防网络体系，建有完善的地震检测台网和森林火灾预警监测体系。

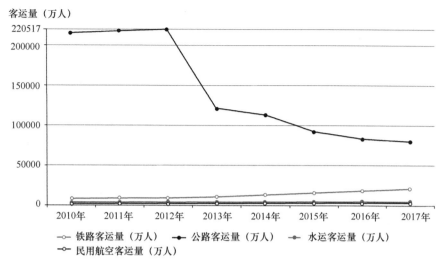

图 1　浙江省 2010—2017 年铁路、公路、水运、航空客运量

7.1.3　能源利用

2019 年，浙江省全省煤炭、石油及制品、天然气、非化石能源、外来火电及其他能源占全省一次能源消费总量的比例分别为 45.3%、16.8%、8.0%、19.8%、10.1%（图2）。浙江省 2019 年人均能耗为 3.55t 标准煤/人，

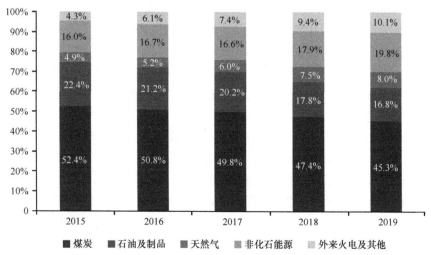

图 2　浙江省 2015—2019 年一次能源消费结构

人均二氧化碳排放量为 7.14t。2020 年，浙江省单位 GDP 能耗达到 0.37t 标准煤/万元，能效水平居全国前列；单位 GDP 电耗为 816kWh/万元，较 2015 年下降 50kWh/万元。2018—2020 年浙江省省级电网二氧化碳排放因子为 $0.5213kgCO_2/kWh$、$0.5010kgCO_2/kWh$、$0.4966kgCO_2/kWh$。

7.1.4 技术背景

2021 年 10 月 21 日，中共中央办公厅、国务院办公厅印发《关于推动城乡建设绿色发展的意见》，提出建设高品质绿色建筑等多项举措推进城乡建设绿色发展。2021 年 10 月 24 日，国务院印发《2030 年前碳达峰行动方案》，2021 年 9 月 22 日，中共中央、国务院发布《关于完整准确全面贯彻新发展理念做好碳达峰碳中和工作的意见》，针对提升城乡建设绿色低碳发展质量，提出推进管理模式低碳转型、大力发展节能低碳建筑、加快优化建筑用能结构等工作意见。

浙江省委、省政府高度重视碳达峰碳中和工作，将碳达峰碳中和工作视作倒逼经济转型的重要手段和推进高质量发展的重要抓手。2021 年 3 月 22 日，省委、省政府召开会议，针对浙江省碳达峰碳中和战略部署提出"6+1 行动""四项指标""四个维度""三个硬"重要指示，即能源、工业、交通、建筑、农业、居民生活 6 个领域要按照"四项指标"（碳总量、碳强度、能源总量、能源强度）、"四个维度"（经济增长、能源安全、碳排放、百姓生活）对标对表，拿出硬指标、硬计划、硬举措，形成"6+1"碳减排行动方案（6 大领域＋科技创新）。浙江省提出实施能源低碳转型、节能降碳增效、工业领域达峰、循环经济助力降碳、建筑领域达峰、交通运输达峰、农业降碳增汇、全民绿色低碳、科技创新攻关、设区市梯次有序达峰、示范试点建设、数智平台建设等"碳达峰 12 大行动"，走出浙江省生态优先、绿色低碳的高质量发展之路，确保如期实现达峰目标。

2021 年 5 月，人民银行杭州中心支行联合浙江省银保监局、浙江省发展改革委、浙江省生态环境厅、浙江省财政厅发布《关于金融支持碳达峰碳中和的指导意见》，借鉴全国首个绿色建筑和绿色金融协同发展试点"湖州经验"，推进全省绿色金融和绿色建筑协同发展，以绿色金融支撑碳达峰碳中和。2021 年 6 月，浙江省委科技强省建设领导小组印发《浙江省碳达峰碳中和科技创新行动方案》，依据"4+6+1"总体思路，提出了具体的技术路线图和行动计划，初步构建浙江省绿色低碳技术创新体系，高质量支撑浙江省实现碳达峰碳中和。

日前，浙江省已全面启动建筑领域碳达峰行动，以提高建筑能效和优化建筑用能结构为重点，以降低公共建筑运行能耗和建筑业能耗为测算标准，重点围绕标准提升、绿色建造、可再生能源应用、既有公共建筑能效提升、绿色生活5大领域，开展建筑领域碳达峰5大行动，推动建筑全过程低碳转型，促进建筑领域绿色低碳高质量发展。

7.2 技 术 内 容

"十三五"期间，浙江省绿色建筑建设规模迅速增长，截至2020年11月底，全省累计建成节能建筑面积12.4亿 m^2，累计实施绿色建筑面积9.9亿 m^2。浙江省在全国率先建立起一套完整的绿色建筑发展制度，形成了覆盖规划、设计、施工、竣工验收、运营等全过程的具有浙江特色的绿色建筑监管体系。通过完善节能评估审查制度，规范民用建筑竣工能效测评、建筑能耗监测等制度，实现建筑节能全过程闭环管理，城镇建筑节能水平稳步提高。应用建筑能效提升相关的激励政策、强制标准加以落实，既有建筑节能改造持续推进。全省要求各地在工程建设中充分利用太阳能等可再生能源，可再生能源应用逐步扩大。装配式建筑和住宅全装修迅速发展，全省装配式建筑占新建建筑的比例达到30%。

2021年以来，浙江省加快推进绿色建筑创建行动，要求新建民用建筑全面执行绿色建筑标准要求，提高大型公共建筑和政府投资公益性建筑的绿色建筑标准要求。修编绿色建筑专项规划，推行绿色建造方式，实行工程建设项目全寿命周期内的绿色建造。推进绿色建筑与建材协同发展，完善绿色建材产品标准和认证评价体系，装配式建筑率先采用绿色建材。推广可再生能源建筑一体化应用，提高可再生能源在建筑领域的消费比重。加大既有建筑绿色节能改造，提升既有建筑能效水平。

2021年底，浙江省颁布了《公共建筑节能设计标准》DB 33/1036—2021、《居住建筑节能设计标准》DB 33/1015—2021、《绿色建筑设计标准》DB 33/1092—2021。另外，《浙江省绿色建筑专项规划编制导则》《民用建筑项目节能评估技术规程》《民用建筑可再生能源应用核算标准》也编制成修订完毕，即将发布。浙江省目前正在构建绿色低碳建筑全流程实施与数字化管控的标准规范体系，2022年起，全省新出让（划拨）的国有建设用地上新建民用建筑项目均要执行综合节能率 75% 的低能耗建筑设计标准。

7.2.1　绿色低碳规划

"十三五"以来，浙江省通过实施绿色建筑专项规划，全省绿色建筑相关工作已完成由点到面、由单体到区域的全覆盖发展。浙江省绿色建筑专项规划将绿色建筑与建筑工业化相关要求全面落实到各地土地与规划条件中。一些重点片区开始打造绿色生态城区，绿色生态城区集中规划建设高品质绿色建筑，既能体现资源协调、开放共享的理念，也能为当地绿色建筑相关工作开展竖立示范标杆效应。接下来全省各地市结合当地实际情况，编制实施建筑领域二氧化碳排放达峰专项行动方案，并通过绿色建筑专项规划修编将低碳绿色建筑发展指标落实到规划单元，稳步推进绿色低碳建筑实施与发展。

浙江省通过颁布《浙江省绿色建筑条例》，落实绿色低碳规划，新建建筑全面实现绿色建筑，高星级绿色建筑占比也逐年提高。

绿色生态城区规划建设是推动生态文明建设和应对气候变化的重要实施平台之一，也是落实国家碳达峰与碳中和目标的重要抓手之一。目前，浙江省已申报成功 4 个国家级绿色建筑生态城区项目：湖州市南太湖新区（长东片区）、杭州亚运会亚运村及周边配套工程项目、衢州市龙游县城东新区、海宁鹃湖国际科技城。"十四五"期间计划推动更多的绿色生态城区。

7.2.2　节能评估机制

浙江省自 2011 年开始实施民用建筑节能评估审查制度，根据民用建筑节能相关法律、法规、规章、政策和建筑节能设计、绿色建筑设计等相关工程建设强制性标准，对省内新建、改建、扩建，除农民自建住宅外的民用建筑项目进行设计方案科学性、合理性的分析与评估，提出提高能源资源利用效率、降低能源资源消耗的对策和措施，并编制相关报告，由建设主管部门依法组织进行审查，在项目竣工阶段应组织能效测评。《浙江省绿色建筑条例》规定，未通过节能评估审查的项目不得核发建设工程规划许可证，未通过建筑能效测评的项目不得通过竣工验收。通过节能评估与能效测评，在建设全过程中保证和落实项目绿色建筑与建筑节能要求。

7.2.3　绿色建造技术

浙江省将积极发展装配式建筑，推广钢结构住宅与装配式装修，推广应用绿色建材，推动建材循环利用，加强建筑垃圾管理和资源化利用，逐步推动源头减量、产生、排放、收集、清运、处置利用等全生命周期监管和分类管理。坚持以科技创新引领建筑业转型，支持建筑领域新材料、新技术、新能源等科技研发创新，推广应用 BIM 技术，加快构建 BIM 全流程应用体系等建筑领域科技创新体系。

装配式建筑技术包括装配式建造和设计，以及装配式装修技术，对于减少材料和人工浪费、提高建筑项目质量、减少建设项目碳排放，具有重要意义。在"十四五""十五五"期间浙江省装配式建筑占新建建筑比例分别将达到35％、40％以上。

绿色建材应用包括绿色建材的产品选用、新型建材研发等，将对促进绿色建筑品质提升、减少材料污染环境产生巨大的作用，为绿色建筑和绿色建材促进建筑品质提升，提供理论与实践基础。

浙江省是全国钢结构住宅与政府投资项目绿色建材推广试点地区，杭州、宁波、绍兴、湖州等试点城市及试点项目，将为全省乃至全国高质量绿色发展积累宝贵的经验。

7.2.4 可再生能源应用

发展可再生能源是推动能源生产和消费革命、加快能源转型升级、应对气候变化、实现绿色发展的重要途径和举措。浙江省为国家首个清洁能源示范省，在建筑领域也积极推广可再生能源利用，浙江省全面推行生态文明建设，继续推进分布式光伏发电应用，在城镇和农村，充分利用居民屋顶，建设户用光伏；在特色小镇、工业园区和经济技术开发园区以及商场、学校、医院等建筑屋顶，发展"自发自用，余电上网"的分布式光伏；在新建厂房和商业建筑等，积极开发建筑一体化光伏发电系统。同时，大力推广空气源热泵热水技术，条件适宜的地区鼓励采用地源热泵热水系统。

浙江省《民用建筑可再生能源应用核算标准》DB 33/1105—2014 提出可再生能源应用强制性要求，新建民用建筑应安装太阳能系统。其中对于公共类建筑，要求旅馆建筑、商业建筑和综合医院建筑可再生能源综合利用量应达到 $9kWh/(m^2 \cdot a)$，其他建筑不低于 $7kWh/(m^2 \cdot a)$。居住建筑应为全体住户配置太阳能热水系统或者空气源热泵热水系统。"十四五"期间，浙江省新建建筑可再生能源利用率力争达到 8％。

7.2.5　绿色金融协同

浙江省湖州市作为全国首个绿色建筑和绿色金融协同发展试点城市，在坚持"房住不炒"和"发展绿色建筑"的前提下，探索优化绿色金融支持绿色建筑投融资的体制机制，构建诚信体系，引入保险机制，创新绿色金融产品与服务，引导金融资源向绿色建筑配置，构建多元化的绿色金融供给体系，从而激发市场主体活力，推动绿色低碳建筑高质量发展。

湖州市正式发布《绿色建筑项目贷款实施规范》DB 3305/T 190—2021，先后推出"零碳建筑贷""低碳提效贷""绿色建筑贷"等 20 余款产品，2021年以来，共发放"绿色建筑贷"53.56 亿元，发放"低碳提效贷"6.5 亿元助力"三低"企业转型。其中，"强村光伏贷"已覆盖南浔区、吴兴区、安吉县、德清县等区县的 80 多个村集体，惠及辖内企业超 100 家，折合碳减排 6.32万 t。

此外，全面推广"保险＋服务＋信贷"绿色建筑性能保险，保障绿色建筑从绿色设计真正走向绿色运行。通过"政、保、企"多方联动，吴兴区诸葛小学建设工程、正黄·和锦府项目、滨江半岛项目和湖州绿色新材厂房项目获得了近 340 万元绿色保费支持，覆盖绿色建筑面积达 38.7 万 m^2。

湖州市坚定不移践行"绿水青山就是金山银山"理念，以推动绿色建筑高质量发展为出发点和落脚点，创新绿色建筑发展模式、绿色金融服务方式以及协同机制，努力形成金融与绿色建筑融合联动、协同发展的良好格局，探索形成可复制、可推广的绿色建筑和绿色金融协同联动发展的经验和样本。

7.2.6　数智平台建设

当前浙江省正处在全面推进数字化改革、打造全球数字变革高地的关键期，通过打造"数据多源、纵横贯通、高效协同、治理闭环"的碳达峰碳中和数字化应用场景，以数字化手段推进建筑领域改革创新、制度重塑，也是推动建筑领域绿色低碳发展的重要途径。

根据浙江省相关政策，新建国家机关办公建筑、政府投资和以政府投资为主的公共建筑及总建筑面积 1 万 m^2 以上的其他公共建筑全部纳入能耗监管平台的监管，超过 10 万 m^2 的居住建筑预留能耗监测通信接口，对接入能耗监管平台项目的建筑实施动态管理。浙江省将在各地市建设公共建筑能耗监管平台，并与省级公共建筑节能监管平台对接，逐步扩大公共建筑用能监管覆盖范围，加强公共建筑用能监察，健全浙江省公共建筑节能监管体系。平台收集的能耗数据为未来实现碳达峰碳中和目标奠定基础。

7.3 工 程 案 例

7.3.1 杭州亚运会亚运村及周边配套工程项目（图3）

杭州亚运村位于萧山区钱江世纪城，西南与滨江区及奥体博览城相接，西北侧隔钱塘江与钱江新城相望。2020年5月，依据《绿色生态城区评价标准》GB/T 51255—2017，杭州亚运村片区被授予"国家绿色生态城区二星级规划设计标识"，这也是浙江省首个获此殊荣的城区，发挥了良好的示范引领作用。秉承"绿色、智能、节俭、文明"的办赛理念，亚运村的定位是"生态、宜居、智慧"城区的标杆。杭州亚运会亚运村全域打造高星级绿色健康建筑：亚运村新建二星级及以上绿色建筑面积占总建筑面积的比例达到100%，新建三星级及以上绿色建筑面积占总建筑面积的比例超50%，累计示范建筑面积达到240万 m^2。

图3 杭州亚运会亚运村鸟瞰图

杭州亚运村通过推进建筑节能、开展绿色低碳交通建设、建设海绵城市、提高固体废弃物综合利用效率、增加景观绿化碳汇能力、用电全部采用绿电、

245

倡导绿色生活等方式，加强重点领域的节能减排工作，实现整个片区的能源消耗总量和碳排放总量控制，建设绿色低碳生态示范区。

7.3.2 杭州市未来科技城第一小学（图4）

杭州市未来科技城第一小学位于杭州市未来科技城核心区的高端居住片区内，用地面积3.86万m^2，总建筑面积4.49万m^2，地上4层，地下1层，建筑总高度16.5m，整体采用钢框架结构。项目旨在为师生提供绿色、健康、舒适的学习环境，从综合遮阳系统、多层次复合绿化、健康监测系统及设备设施、主动式绿色生态节能技术、钢框架结构体系等5个方面，展现了绿色低碳技术在校园建筑中的综合应用，建筑技术与建筑艺术充分融合，创造了节能、节水、节材、减碳等经济效益和环境效益，成功将绿色教育、宣传与体验融入校园建筑中，在杭州市打造了一个高品质的绿色学校建筑示范项目。

图4 杭州市未来科技城第一小学

项目应用了多项绿色生态技术提升建筑品质，提高了建筑的舒适性，大大节约了能源和资源，同时也减少了建筑对环境的影响。在绿色校园建筑设计中具有很强的示范性。从规划设计、施工建造，一直到运营管理，项目始终坚持高标准设计、高质量建设和高要求管理。在碳达峰碳中和背景下，该项目为绿色建筑全过程设计与管理，为绿色校园建筑助力建筑业"双碳"目标提供了一个示范模板。该项目取得了三星级绿色建筑设计标识、运营标识，并获得了

2020 年住房和城乡建设部国家绿色建筑创新奖二等奖。

7.3.3 钱塘云帆未来社区未来体验馆（图 5）

钱塘云帆未来社区位于杭州市义蓬街道，作为浙江省第一批未来社区试点创建中新建类试点项目，致力于打造生活便利、密度合理、交通便捷、智慧互联、绿色低碳的未来社区。未来体验馆是未来社区低碳场景的应用之一，按近零能耗建筑要求进行设计和建设。项目采用了建筑自遮阳、高性能围护结构等被动式技术；空调系统采用地源热泵作冷热源，展示空间采用辐射地板加新风供暖方式，新风系统采用全热回收结合空气净化装置及二氧化碳浓度监测系统，营造健康的室内空气环境；同时结合数字化展览、智能控制与照明等技术，构建智能化能耗监测平台；屋面应用了 BIPV 光电建筑一体化，有效利用了可再生能源，达到了近零能耗建筑综合节能的要求，并通过了中国节能协会的近零能耗建筑设计认证。

图 5　钱塘云帆未来社区未来体验馆

7.4　结　语　与　展　望

浙江省目前已基本构建起建设全流程的绿色低碳标准规范体系。随着建筑领域碳达峰碳中和工作与绿色建筑创建行动的推进，通过规划引领，标准引领，将进一步大力发展高星级绿色建筑、超低（近零）能耗建筑、绿色建造与绿色建材应用、绿色生态城区、可再生能源建筑规模化应用等绿色低碳建筑技术，进一步加强建筑领域节能与减碳关键技术及转化应用，加快建筑信息化与建筑工业化的融合，全面推进数字化改革，促进绿色低碳建筑技术全方位纵深发展。在建设共同富裕示范区的过程中，浙江省结合城乡风貌提升、未来社区建设、老旧小区改造等重大行动，将城乡建设高质量绿色发展与落实"双碳"发展的目标协同推进，打造城乡建设领域的重要窗口。

作者：朱鸿寅　黄嘉骅　李雯喆　洪玲笑（浙江省建筑设计研究院）

8 严寒地区低碳建筑技术

8.1 技 术 背 景

8.1.1 政策法规及标准要求

黑龙江省"十三五"期间及"十四五"开局，出台了一系列关于降低建筑碳排放的文件和标准。

2019 年 6 月 18 日，黑龙江省住房城乡建设厅、发展改革委、自然资源厅、水利厅联合发布《关于加强黑龙江省地热能供暖管理的指导意见》，要求：重点开发中深层土壤源热泵供暖。重点任务之一为鼓励发展中深层土壤源热泵供暖。全省范围内集中供暖管网未覆盖区域的新建建筑及老旧小区供暖改造项目，优先采用中深层土壤源热泵供暖技术。

2020 年 9 月 16 日，黑龙江省七部门联合发布《黑龙江省绿色建筑创建行动实施方案》，要求：既有建筑能效水平不断提高，超低能耗建筑试点示范进一步拓展；各地政府投资建筑、公共建筑保障性住房和各类棚户区改造项目全面执行绿色建筑标准；新建居住建筑全面执行《黑龙江省居住建筑节能设计标准》DB 23/1270—2019；加大绿色建材推广应用，支持低辐射镀膜玻璃、高效节能门窗、新型墙体保温材料、太阳能热水系统等绿色产业发展。

2021 年 8 月 20 日，黑龙江省住房城乡建设厅发布《关于报送碳达峰碳中和工作信息的函》，要求：开展超低能耗建筑建设试点示范。制定《推进地热能供热项目建设工作方案》，督促各地开展地热能供暖项目建设。

黑龙江省绿色建筑与建筑节能标准体系逐渐完善，居住建筑、公共建筑、被动式超低能耗居住建筑设计标准，装配式建筑设计、工程质量验收标准，绿色建筑评价、设计及工程质量验收等一系列标准已颁布实施。

8.1.2 市场现状

黑龙江省积极拓展超低能耗建筑示范项目，共计 14.23 万 m²，基本实现示范项目类型的全覆盖。低碳建筑推广面临超低能耗建筑初始投资成本较高，墙体较厚，导致得房率降低，缺乏相应补贴或激励政策，开发商积极性不高等困难。需要广泛宣传低碳建筑节能、舒适、环保的优点，同时创新超低能耗、近零能耗建筑技术，研究降低低碳建筑技术成本。

8.2 严寒地区低碳建筑技术

黑龙江省的低碳建筑技术包含围护结构、供暖通风、可再生能源利用等方面，本章主要介绍供暖节能技术和门窗节能技术。

低碳建筑技术要求有以下几点：①供暖是建筑能耗的主要部分，如使用中深层地源热泵系统、污水源热泵系统、空气源热泵系统、置换式新风系统以及地面辐射供暖系统，可充分利用建筑周边的工业余气、余热进行供热、供冷；②采用门窗节能技术，黑龙江省节能门窗型材采用塑料型材、铝包木型材、充填保温材料的断桥铝合金型材，玻璃采用单框三玻单银、双银或三银单或双Low-E中空玻璃，以及智能玻璃。

8.2.1 中深层地源热泵系统供暖、制冷技术

严寒地区常规浅层地源热泵存在所需的埋管长度剧增、机组能效低、土壤冷堆积等技术问题，制约了其推广应用。通过加大钻井深度，提高土壤温度，解决浅层地源热泵在严寒地区应用存在的技术问题。中深层地源热泵系统供暖技术是实现严寒地区的清洁供暖的可行途径之一。

（1）技术介绍

地源热泵利用地下土壤温度相对稳定的特性，通过深埋于土壤中的管路系统，冬季从土壤中取热，向建筑物供暖；夏季向土壤排热，为建筑物制冷。通过输入少量的高品位电能，实现了低品位热能转移和有效利用（图1）。

① 采用中深层地源热泵技术，土壤温度显著提高，相同负荷所需的土壤换热面积显著下降；单孔长度增加、所提供的土壤换热面积成线性比例增加，所需的孔数大量减少。经测算，对于相同建筑，采用1000m孔深的中深层地源热泵技术所需的孔数仅为浅层地源热泵技术（100m）的7%，可降低90%

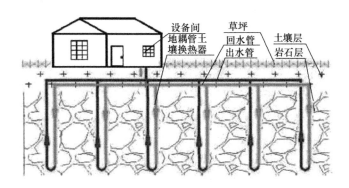

图 1　地源热泵系统示意图

的埋管土地需求，利用楼间距之间的空地即可满足要求。

② 孔深的增加，加大了取热流体温差，强化了土壤传热，有利于土壤温度的恢复，可缓解土壤冷热不平衡，避免出现土壤冷坑。

③ 土壤温度的增加，有利于提高热泵系统的能效比，降低运行费用，提高经济性。

（2）技术指标

2017 年新建了用于地温能供暖工程试验的单体建筑，通过两年多的科学研究和工程实践，可得出如下结论。

① 在当下的经济、技术条件下，黑龙江省地温能资源的适宜开采深度在 500m 以下。

② 以哈尔滨地区为例，每平方公里地温能资源可持续开采资源量：500m 深度 3.11×10^{12} kJ/a，折合标准煤 10.6 万 t/年，可供暖面积 400 万 m^2；600m 深度 4.56×10^{12} kJ/a，折合标准煤 15.6 万 t/年，可供暖面积 600 万 m^2。

③ 为避免地温能资源量超采，供暖系统瘫痪，在冷热源设计中，尤其是井间距、换热方式、空间布局以及开采阈值等设计参数必须在地质勘查基础上合理给出。

④ 哈尔滨市地温能供暖建设成本综合单价为 330 元/m^2（该建设成本随着场区地质条件和市场价格的变化而调整）；供暖运行成本主要与建筑围护结构、供暖运行方式等条件有关。根据试验工程实际运行费用按建筑面积测算，民用住宅或办公用房约 20 元/m^2，车间厂房（高度 15m）约 60 元/m^2（不含人工及维护费用）。

（3）适用范围

黑龙江省是中低温地热资源大省，省内发育中新生代大小盆地近 20 个，基于较高的地层温度场，盆地中可供开发利用的地温能资源储量巨大。黑龙江省的地温能为浅部资源量贫瘠、中深层资源量富集的典型二元分布结构，该现象是由特殊气候条件和地质条件共同决定的自然结果，也是黑龙江省地温能资源赋存的基本特征，可以作为能源结构调整中主要绿色低碳能源之一。

中深层土壤源热泵供暖项目（深度大于 500m），可建于地热资源丰富地区，适合应用于分散型建筑、拆除小锅炉、热网以外的建筑，如别墅、农村合作社等。可通过充分论证、连续观察、确保回灌来满足长期使用的需要，保证与建筑物同寿命。

8.2.2 外窗节能技术

建筑外窗是低碳绿色建筑透明围护结构的重要组成部分，透过外窗的能耗占外围护结构能耗损失的 40% 左右。黑龙江省铝木复合门窗节能制造技术处于国内领先行列。如何平衡 Low-E 玻璃传热系数提高与遮阳系数降低的矛盾，也是外窗节能关键技术之一。

（1）技术介绍

降低整窗传热系数 U 值，取决于窗框体的型材使用、玻璃，以及中空玻璃间隔条三个要素。

1）窗框体型材采用木、塑、铝复合形式

森鹰 P120 被动式铝包木窗主体框体为进口实木与多腔高分子塑料型材组合，外部再扣以铝材复合而成。外框厚度 119mm，集成木材厚度 68mm；高分子塑料型材多腔室的优化设计可以在最大程度上减少气体的对流，同时可以降低框体自重。框体木材采用 3 梯度设计，框扇开启间隙为 2 腔，使等温 0℃ 线更靠外侧；外部复合的铝材采用森鹰专利无缝焊接，增强其密封及耐用性；铝材采用外挂卡扣式的安装方式，铝木牢固连接的同时也解决了膨胀系数的差异引起的变形问题；卡扣导热系数约为铝合金的 1/720，可以很好地阻断热量传递；铝材和木材之间留有 4mm 的空间，独特的后通风干燥系统，能够实现最大的通风换气和等压腔排水功效，并采用隐藏式排水系统，排除了采用排水盖带来的问题。

2）玻璃系统采用 Low-E 玻璃及充填惰性气体来降低传热系数

森鹰 P120 铝木复合窗采用三玻单银双 Low-E 玻璃，玻璃之间 15～18mm 的空腔充填氩气，充填率达到 90% 以上，使得中空玻璃的中心 U_g 值达到 $0.5\sim$ $0.8W/(m^2 \cdot K)$ 的水平。太阳能总透射比达到 0.48，遮阳系数达到 0.55，最大限度地满足冬季对太阳辐射热的利用。

3）框扇之间密封性能

森鹰采取有效手段，对框扇搭接的密封采用了 4 道密封胶条的设计，形成 3 个密封腔室。胶条部分使用软硬共挤的工艺使胶条和玻璃极为帖服，极大地提高了水密性；胶条沟槽的设计及对角粘接的工艺同时配合以胶条独立工序数据化截取，使得胶条的脱落或缩短成为历史。

除此以外，玻璃还可采用暖边间隔条降低中空玻璃线传热系数。

4）传热系数与遮阳系数的平衡

使用 Low-E 玻璃可以降低窗的传热系数，但同时也降低了窗的得热系数。黑龙江省寒地建筑科学研究院在完成住房和城乡建设部科技计划项目"严寒地区建筑节能评价方法的研究"的过程中，对使用三玻单银单 Low-E 玻璃的塑料窗与普通三玻塑料窗进行了工程试验和节能效果模拟。分别计算对比窗的建筑节能率，以节能率为 0 的对比窗的遮阳系数作为临界点。模拟方案选取多层（6 层）和高层（13 层）建筑，地点选择黑龙江省严寒 A 区的漠河和严寒 B 区的哈尔滨。普通三玻塑料窗传热系数为 $1.8W/(m^2 \cdot K)$，遮阳系数为 0.75；三玻单银单 Low-E 玻璃的塑料窗传热系数为 $1.5W/(m^2 \cdot K)$，遮阳系数分别取 0.63、0.60、0.50、0.55、0.45、0.40。模拟结果是：无论多层建筑还是高层建筑，严寒 B 区的哈尔滨，单银单 Low-E 三玻窗，玻璃遮阳系数不能低于 0.45，在严寒 A 区的漠河，玻璃遮阳系数不能低于 0.40，具有较大遮阳系数的 Low-E 玻璃更适合于严寒地区建筑。

（2）技术指标

森鹰 P120 铝包木窗 $U_w \leqslant 0.8W/(m^2 \cdot K)$，P160 铝包木窗 $U_w \leqslant 0.6W/ (m^2 \cdot K)$，x139 新生代铝包木窗 $U_w \leqslant 0.65W/(m^2 \cdot K)$，Scw60 铝包木幕墙传热系数为 $0.8W/(m^2 \cdot K)$；遮阳系数三玻单银双 Low-E 玻璃达到 0.55。65mm、66mm 系列塑料型材，采用单框三玻单银单 Low-E 玻璃（高透），传热系数 $U_w \leqslant 1.5W/(m^2 \cdot K)$，遮阳系数可以达到 0.63。80mm 塑料型材，采用单框三玻单银单 Low-E 玻璃（高透），传热系数 $U_w \leqslant 1.4W/(m^2 \cdot K)$。

（3）适用范围

外窗节能技术适用范围如下：森鹰 P120、P160 适用于超低能耗、近零能耗和零能耗建筑；65、66 系列单框三玻单银单 Low-E 玻璃塑料窗适合于严寒地区（严寒 A 区、严寒 B 区）节能 75％多层与高层建筑使用，88 系列单框三玻单银单 Low-E 玻璃塑料窗适合于严寒地区（严寒 A 区、严寒 B 区）节能75％低层建筑使用。

<h2 style="text-align:center">8.3　工　程　案　例</h2>

8.3.1　严寒地区绿色建筑研发大厦

严寒地区绿色建筑研发大厦（图 2），建筑面积约 23000m²。主要功能区为办公区、实验室、活动区、设备用房等，按照绿色建筑三星标准设计，设计热负荷为 682kW，折合面积热指标为 30.2W/m²。外墙、屋面、外窗、外门的实际传热系数分别为 0.29W/(m²·K)、0.20W/(m²·K)、1.10W/(m²·K) 和 2.0W/(m²·K)。该建筑能源系统根据周围地区岩土条件和冷热负荷特点设计，为试验中深层土壤源热泵的可行性，该系统采用 500m、1000m、2000m 三种不同埋深热源井，其中 500m 深度 2 孔、1000m 深度 2 孔、2000m 深度 1 孔。为了节省运行费用、减小地埋管侧承担的负荷，地埋管与热泵机组之间增设蓄热罐，利用夜间的峰谷电价蓄能。

图 2　严寒地区绿色建筑研发大厦

通过一个完整的供暖季（2018 年 10 月 17 日至 2019 年 4 月 10 日）的现场实测，供热量为 $15.17×10^5$ kWh，单位面积耗热量为 15.72W/m²，季节性能系数 $SCOP$ 为 3.80。供暖季实测室外平均温度为 −5.67℃，典型气象年供暖季室外平均温度为 −8.91℃。计算得典型气象年供热量为 $17.08×10^5$ kWh，单位建筑面积的供热量为 17.70W/m²。

如果不考虑热网补贴，中深层土壤源热泵供暖的动态投资回收期高达 15.0 年，经济性并不明显，但考虑入网补贴后，中深层土壤源热泵供暖的动态投资回收期为 8.4 年，具有较好的经济性。

8.3.2 中德生态科技小镇项目

中德生态科技小镇项目（图3）是由哈尔滨海凭高科置业有限公司与住房和城乡建设部、德国能源署合作开展的国际科技合作项目，黑龙江省第一个严寒地区被动式近零能耗示范小区。项目总建筑面积70余万 m^2。该建筑项目建筑群节能达到90%以上。

本项目外墙为夹心墙体构造，200mm轻集料混凝土小型空心砌块外粘贴250mm石墨聚苯板，或混凝土墙外粘贴200mm聚氨酯保温层，保温层外采用200mm装饰烧

图3　中德生态科技小镇项目

结多孔砖（陶土砖）砌筑。屋面、外墙、地面的实际传热系数分别为 $0.134W/(m^2 \cdot K)$、$0.103W/(m^2 \cdot K)$ 和 $0.133W/(m^2 \cdot K)$。森鹰窗业为本项目提供P120铝包木窗及Scw60铝包木幕墙产品。整窗实际传热系数 $\leqslant 0.94W/(m^2 \cdot K)$，被动式门传热系数 $\leqslant 1.0W/(m^2 \cdot K)$；新风系统的新风机热回收效率为78%，新风机同时具有除霾、制冷、除湿、过渡季供暖功能，一机多用。

本项目供暖采用石墨烯电热膜清洁能源系统，智慧供热管理平台自动根据建筑特点、用电习惯、峰谷电价来实现分时分区控制。近零能耗建筑全年供暖能耗小于 $18kWh/(m^2 \cdot a)$，折合每平方米排碳量为 $0.007 t/(m^2 \cdot a)$，与节能65%建筑排碳量相比，每平方米节碳排放 $0.027t/(m^2 \cdot a)$。中德生态科技小镇近零能耗面积 $53692.5 m^2$，该节能小区仅一期B类每年即可减少碳排放量1450t，一期全部建成后，每年节碳4000t。

8.3.3 森鹰被动式超低能耗工厂及近零能耗办公楼

森鹰被动式超低能耗工厂（图4）位于哈尔滨双城区新兴工业园，由德国Rongen建筑事务所按照德国被动式房屋标准设计，于2018年获得吉尼斯世界纪录"世界最大被动式工厂"称号，其净零能耗办公楼于2019年底被评为"科技部国家科技重点研发计划"近零能耗建筑示范项目。建筑外窗采用森鹰自主研发生产的P160铝包木窗，为中国率先获得德国PHI-A级认证的外窗产

图 4 森鹰被动式超低能耗工厂

品，采用外悬挂式安装方式，整窗悬挂于墙体外表面，极大限度地降低热桥，窗体侧面及上面采用专用 L 形角钢进行多点固定，隔热垫片置于钢件与墙体间，起到了断桥隔热的作用；室内侧采用防水隔汽膜，室外侧采用防水透气膜。通过气密性检测，车间部分 n50 为 0.20 次/h、办公楼部分 n50 为 0.16 次/h，均大幅低于 0.6 次/h 的相关标准。经测算，森鹰被动式超低能耗工厂年总预算节省可达 520.8 万元，年总二氧化碳减排 420t。

8.4 结语与展望

"十四五"期间，黑龙江省将完善超低能耗建筑标准体系，开展高效保温墙体、窗、新风系统在严寒地区的应用技术研究，推动相关的建材产品及构件在黑龙江省工业化生产，降低超低能耗建造成本；同时出台推广超低能耗建筑的激励政策，要求政府投资项目应用超低能耗建筑技术示范，积累经验；鼓励社会资本投资项目开展超低能耗建筑技术试点应用，推动建筑行业绿色发展，早日实现碳达峰碳中和目标。

作者：夏赟[1]　尹冬梅[1]　边可仁[2]　鞠邦欣[3]　耿霄[4]（1. 黑龙江省寒地建筑科学研究院；2. 哈尔滨森鹰窗业股份有限公司；3. 哈尔滨海凭高科置业有限公司；4. 黑龙江省伟盛节能股份有限公司）

9 黑龙江省农村住宅被动式绿色低碳技术

9.1 技 术 条 件

9.1.1 气候条件

黑龙江省冬季严寒漫长，夏季凉爽短暂，最冷月平均气温－15.9～－28.4℃，累年最低日平均温度－28.1～－41.9℃；最热月平均气温18.6～24.4℃；供暖天数167～225d。冬季保温要求非常高，必须满足保温设计要求，不考虑夏季防热设计。

9.1.2 地理环境

黑龙江省地处中国东北部，是纬度最高、位置最东的省级行政区，全省地貌特征为"五山一水一草三分田"。黑龙江省交通运输方式齐全、交通基础设施网络基本形成，已进入发挥各种运输方式和综合交通组合优势的新阶段；在防灾减灾方面，面对极寒暴雪天气、洪涝灾害、森林草原火灾等复杂灾害形势，2017年7月，黑龙江省人民政府办公厅印发《黑龙江省综合防灾减灾规划2016—2020年》，明确了全省综合防灾减灾规划目标、主要任务、重大建设项目及保障措施，防灾减灾法规体系日趋完善。

9.1.3 能源利用

黑龙江省能源资源相对丰富，品种较为齐全，主要特点是多煤、多油、少气，风能、太阳能、生物质能、地热能等可再生能源资源较为丰富。常年多风，是我国风能资源最丰富的5个省份之一；太阳能资源比较丰富，年总辐射量居全国中等水平；地热资源较为丰富，以中低温地热为主，初步探明静态储量1800多亿m³，主要分布在松辽盆地北部；秸秆、薪柴等生物质能源十分丰富，规模开发的潜力极大。

9.1.4 技术背景

黑龙江省是我国农业大省，是全国最重要的商品粮基地和粮食战略后备基地，农业在我国占有重要的战略地位，因此在黑龙江省农村改善人居环境以及推行节能减排具有重要意义。2014年1月，黑龙江省住房和城乡建设厅与黑龙江省质量技术监督局联合发布《黑龙江省农村居住建筑节能设计标准》DB 23/T 1537—2013，从规划布局、建筑单体、设备设施等多个方面制定相应的节能实施细则，以指导黑龙江省农村住宅的节能设计和建设；2016年9月，黑龙江省住房和城乡建设厅与黑龙江省质量技术监督局联合发布《黑龙江省村镇绿色建筑评价标准》DB23/T 1794，建立适合黑龙江省实际情况的村镇绿色建筑评价体系及评价标准，以引导村镇绿色建筑的发展；2019年3月，省委、省政府印发《黑龙江省乡村振兴战略规划（2018—2022年)》。黑龙江省农村地区人口占全省人口总数的44%，住宅建筑面积近4亿 m²，占农村房屋建筑面积的90%以上，农村住宅的节能减排潜力和绿色低碳技术市场前景巨大。

9.2 被动式绿色低碳技术

9.2.1 稻草制品墙体构造技术

黑龙江省稻草资源十分丰富，多数农村都以燃烧的方式处理秸秆，造成严重的空气污染，导致周边城市雾霾加重。稻草作为农作物的废弃物，用作建筑材料具有"就地取材、资源丰富可再生、碳足迹低、保温性能好、价格低廉"等优点，满足"无害化、可降解、可再生、可循环"的生态原则。如果在技术上处理得当，扬其长而避其短，是一种非常理想的绿色保温材料。无论在节能环保、经济方面还是资源方面，都具有明显的优势。对于促进农作物的循环利用、改善生态环境、节能减排、推进农村绿色建筑发展，具有重要意义，有巨大的社会效益和环境效益。

（1）技术介绍

1）可呼吸式生态草板墙

可呼吸式生态草板墙充分发挥稻草和砌体各自的优势，将稻草板作为保温材料放在两层砌体中间，并通过空气层与透气孔排出体内潮气，形成可呼吸式夹芯复合构造［图1(a)］，是一种适宜严寒地区农村、性价比高的保温墙体。该墙体的受潮状况较复杂，冬季室内水蒸汽在传向室外的过程中，在保温层外侧与砌体交接处冷凝，形成冷凝界面，从而使保温层受潮，降低保温性能。因此，墙体内需设防潮层，且在承重墙与保温层之间加设空气层（即引湿层），并在墙体适当部位设透气口［图1(b)］，以便将墙体内的潮气及时排出。同时，墙面装修宜采用具有透气功能的石灰砂浆抹面。另外，为加强结构的整体性与稳定性，在内外两层砖砌体之间设可靠的拉结，每500mm间距设拉结筋，如图1(c)所示。

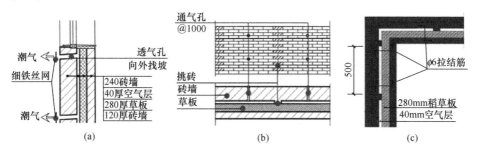

图1 夹芯草板复合墙构造

(a) 墙体构造；(b) 透气孔布置；(c) 拉结

2）稻草砖（板）填充墙

稻草砖（板）填充墙主要由承重结构和稻草砖（板）组成，承重结构可以采用钢框架、钢筋混凝土框架以及砖框架。草砖墙体构造简单，草砖的长度可以调节，高度和宽度取决于捆扎机。承重结构需考虑所要使用的草砖规格，尤其是高度和宽度。草砖房的施工流程主要为：砌筑基础、浇筑框架、填充草砖、表面抹灰。草砖之间用泥浆粘合，采用铁丝与两侧的钢筋、木条或框架固定，为避免不同材料接缝处的裂缝，采用铁丝网覆盖。详细构造如图2、图3所示。

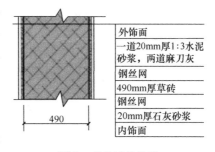

图2 草砖墙体构造

稻草板墙的构造相对复杂一些，为便于工厂生产、运输装卸和施工，将稻秆或麦秆经过机械清除、整理、冲压、高温、挤压成板材，草板可拼装成单层或双层，为了增加其保温性能，可在双层纸面草板内夹岩棉等轻质高强的保温材料（图4）。

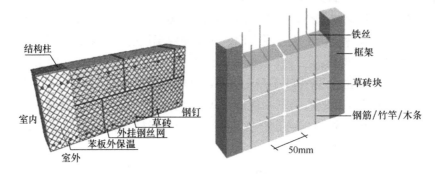

图 3　墙体整体连接处理

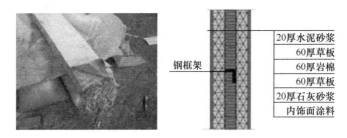

图 4　复合稻草板墙体构造

　　稻草砖（板）填充墙应注意防火问题。沿稻草砖（板）墙的电线必须穿在套管中，炉灶和火炕等热源应远离稻草砖（板）墙体，并应设有一定的隔离。在烟囱的外侧应抹一层灰。

　　（2）技术指标

　　稻草制品主要技术参数见表 1。经测试，采用稻草制品建造的墙体，其热工性能均远好于传统砖墙（表 2）。

稻草制品技术参数　　　　　　　　　　　　　　　表 1

保温材料	应用部位	主要技术参数	
		密度 ρ_0（kg/m³）	导热系数 λ［W/（m·K）］
草砖	墙体	83.2～132.8	0.057～0.072
草板	墙体、屋面	83.2～132.8	0.057～0.072
稻壳、木屑	墙体、屋面	100～250	0.047～0.093

稻草制品墙体传热系数检测 表2

墙体构造	传热系数［W/(m²·K)］
可呼吸式生态草板复合墙	0.578
草砖填充墙	0.370
复合草板填充墙	0.369
传统砖墙	1.248

（3）适用范围

本技术适用于盛产稻草的农村地区的住宅建设。该技术具有就地取材、节能低碳、绿色环保、居住舒适、施工简单、造价低廉等优势。由于稻草的特殊性，尚存在受潮易腐、易燃等问题，因此应严格按照本技术的设计要求建造。

9.2.2 低成本被动式通风换气技术

黑龙江省农村住宅冬季供暖多采用传统柴灶、煤炉、火炕等灶具，生物质燃料是农村住宅生活用能的主要来源。由于不能保持良好的燃烧条件，常会产生倒烟（呛烟）现象，室内空气污染严重，往往造成人们呼吸困难，咳嗽流泪，成为危害农民健康的主要原因之一。农户通常采取开门通风的办法加以解决，导致建筑能耗增加，热舒适水平下降。急需采取有效措施，改善冬季农村住宅人居环境。有效的通风换气技术对于改善室内空气质量有着不可替代的作用。

（1）技术介绍

通风换气系统通过埋入地下的管道将室外新鲜空气引入室内，解决了严寒地区农村住宅在冬季门窗紧闭情况下的室内通风换气难题。该系统包括进风口、管道、出风口和手动控制阀。进风口一般设在室外，但考虑到黑龙江省冬季最低气温达到 −30℃以下，为避免过冷空气直接进入室内，将进风口设置在门斗内，如图5(a)所示；管道铺设在地表以下的一定深度，埋深取决于当地的气候条件、地下水位、土壤类型等。新鲜空气从室外输送到室内时，通过地下管道进行一定的预热，避免了过冷空气降低室内温度及影响人体热舒适。

通风换气系统依房间需求不同而有所区别，如图5(b)所示。厨房通风换气系统通过地下管道为炉灶供新风，一方面有助于燃料的完全燃烧，提高燃料的燃烧效率，另一方面可以调节风压大小，增加炉灶所在空间的空气压力，迫使正向流产生。该系统不需要任何机械动力，既解决了倒烟（呛烟）问题，又避免了室外冷风对室内的侵袭，同时也解决了困扰北方农民已久的"冬季摔门"现象；进入卧室的新风进气管需穿过火炕或其他加热系统，使室外冷空气进一步预热后再输入室内，从而保证室内人体热舒适。

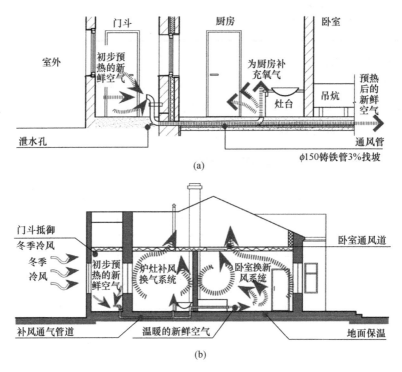

图5 被动式通风换气系统

（2）技术指标

被动式通风换气系统采用计算流体力学软件对卧室和厨房的被动式通风进行模拟分析及评价。本技术不仅可以改善农村住宅的冬季室内空气质量，还消除了农村住宅长期存在的倒烟（呛烟）、"摔门"等问题，具有节能低碳、健康舒适、施工简单、造价低廉等优势。

（3）适用范围

本技术适用于严寒地区新建或改建的农村住宅。该通风换气系统可有效改善严寒地区农村住宅冬季室内热环境，提升住宅冬季室内空气品质，促进节能减排，为农民营造舒适的室内环境。

9.3　工　程　案　例

　　该项目位于黑龙江省大庆市林甸县村，住宅形式为单层双拼式，总用地面积 300m²/户，建筑面积 124m²/户，庭院绿地率 48.70%，当地可再生材料利用率大于等于 30%。住宅外观如图 6 所示。该住宅不仅提高了居住舒适度，节能减排，绿色环保，而且具有就地取材、资源可再生、节省运输及加工费用等优势。

图 6　绿色低碳农宅外观

　　住宅围护结构采用当地盛产的稻草作为保温材料，墙体为可呼吸式生态草板墙，屋面保温采用草板与稻壳复合保温层（图 7）。

图 7　草板墙与屋顶施工现场

　　住宅内设置了被动式通风换气系统，如图 8 所示。该系统进风口设在门

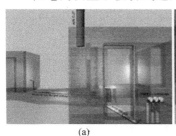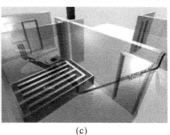

(a)　　　　　　　　　　(b)　　　　　　　　　　(c)

图 8　室内通风换气技术设计

斗，通过埋入地层的三条管线进入厨房与卧室，为室内补充必需的新鲜空气。其中，进入卧室的两条管线贴近炉灶并穿过火炕，使冷空气预热后再输送给卧室，在进气口设有可调节的阀门以控制风量。

该项目综合运用了多项绿色技术，具体采用的技术见表3。

绿色技术应用列表　　　　　　　　　　　　　　　　表3

绿色技术应用清单		绿色技术应用特点
被动式技术	1 风环境设计	通过围墙及绿化的优化配置，营造良好的庭院风环境
	2 生产与观赏复合型庭院绿化设计	庭院以生产型景观为主，植物选择注重食用性和经济性，结合庭院蔬菜用地的布局，构建独具特色的生产型景观庭院
	3 当地可再生材料利用	采用当地可再生的稻草和稻壳作为建筑围护结构的保温材料
	4 控制对流热损失	在入口处加设门斗，形成了具有良好防风及保温功能的过渡空间
	5 热环境合理分区	将厨房、储藏等辅助用房布置在北向，构成防寒空间，卧室、起居等主要用房布置在阳光充足的南向
	6 降低体型系数，减少建筑散热面	加大住宅进深并采用两户毗连布置方式，有效降低了建筑的体型系数
	7 可呼吸式生态草板墙构造技术	墙体利用稻草板作为保温材料，并适当设置透气口使墙体具有呼吸功能，以使墙体内部保持干燥
	8 绿色保温屋面	屋面为坡屋顶，有利于排水；保温材料采用可再生的稻草板与稻壳，性价比高
	9 保温地面	为提高人体舒适度，减少建筑能耗，地层增加了苯板保温层
	10 节能门窗设计	南向窗采用密封较好的单框三玻塑钢窗，北向为单框双玻塑钢窗，附加夏季可拆卸单框单玻木窗；入口门采用保温门
	11 高效舒适的供热系统	采用火炕作为供暖设施，利用做饭的余热加热炕面，向室内散热。"一把火"既解决了做饭热源又解决了取暖热源，热效率高，节省能源
	12 改善冬季室内环境质量的自然换气系统	该系统主要为室内冬季补充新鲜空气，其技术特点是：①自然对流；②根据需求调节流量；③冷空气预热后进入室内
	13 太阳能利用技术	采用经济有效的被动式太阳能技术，即南向房间开大窗，起居室外附加阳光间

经测试，该住宅节能率高达 80.8%，极大地降低了建筑运行能耗，如果稻草资源充足，供暖能源可达到自给自足；做饭时炉灶不再出现倒烟（呛烟）现象，在门窗紧闭的冬季也仍能保持室内空气新鲜；与传统住宅相比，该住宅外墙的最不利点（山墙与屋面转角处）的内表面温度分布均匀，均高于露点温度，墙体表面干燥，未出现传统住宅的结露、结冰霜现象。

9.4 结语与展望

黑龙江省是我国农业大省，肩负着保障国家粮食安全、生态安全的重任，因此营造绿色低碳、健康舒适的农村人居环境至关重要。受经济技术发展水平的限制，目前黑龙江省农村住宅绿色低碳技术还处于低成本、低技术阶段。随着农村经济技术的发展以及农民生活水平的提升，未来农村住宅设计将注重绿色低碳技术多维属性在住宅全寿命周期内的多目标协同优化，进一步提升住宅的综合性能，使农村住宅走向绿色环保、健康舒适、环境宜居的高品质发展路径。

作者：金虹[1] 邵腾[2] 金雨蒙[3]（1. 哈尔滨工业大学；2. 西北工业大学；3. 苏州科技大学）

10 湖北省建筑领域绿色低碳技术应用与实践

10.1 技 术 条 件

10.1.1 气候条件

湖北省地处亚热带，位于典型的季风区内。全省除高山地区外，大部分为亚热带季风性湿润气候，光能充足，热量丰富，无霜期长，降水充沛，雨热同季。全省大部分地区太阳年辐射总量为 85～114kcal/cm²，多年平均实际日照时数为 1100～2150h。其地域分布是鄂东北向鄂西南递减。其季节分布是夏季最多，冬季最少，春秋两季因地而异。

全省年平均气温 15～17℃，大部分地区冬冷夏热，春季气温多变，秋季气温下降迅速。一年之中，1 月最冷，大部分地区平均气温 2～4℃；7 月最热，除高山地区外，平均气温 27～29℃，极端最高气温可达 40℃以上。全省无霜期在 230～300d 之间，各地平均降水量在 800～1600mm 之间。降水地域分布呈由南向北递减趋势，鄂西南最多达 1400～1600mm，鄂西北最少为 800～1000mm。降水量分布有明显的季节变化，一般是夏季最多，冬季最少，全省夏季降水量在 300～700mm 之间，冬季降水量在 30～190mm 之间。6 月中旬至 7 月中旬降水最多，强度最大，是全省的梅雨期。

10.1.2 地理环境

（1）自然条件

湖北省位于我国中部，简称鄂。地跨北纬 29°01′53″～33°6′47″、东经 108°21′42″～116°07′50″。东邻安徽省，南界江西省、湖南省，西连重庆市，西北与陕西省接壤，北与河南省毗邻。东西长约 740km，南北宽约 470km。全省总面积 18.59 万 km²。最东端是黄梅县，最西端是利川市，最南端是来凤县，最北端是郧西县。

全省地势大致为东、西、北三面环山，中间低平，略呈向南敞开的不完整盆地。在全省总面积中，山地占 56％，丘陵占 24％，平原湖区占 20％。全省山地大致分为四大块，西北山地为秦岭东延部分和大巴山的东段；西南山地为云贵高原的东北延伸部分；东北山地为绵亘于豫、鄂、皖边境的桐柏—大别山脉，呈北西—南东走向；东南山地为蜿蜒于湘、鄂、赣边境的幕阜山脉。

全省丘陵主要分为鄂中丘陵和鄂东北丘陵。鄂中丘陵包括荆山与大别山之间的江汉河谷丘陵，大洪山与桐柏山之间的涢水流域丘陵。鄂东北丘陵以低丘为主，地势起伏较小，丘间沟谷开阔，土层较厚，宜农宜林。

省内主要平原为江汉平原和鄂东沿江平原。江汉平原由长江及其支流汉江冲积而成，是比较典型的河积湖积平原，面积 4 万余 km^2，整个地势由西北微向东南倾斜，地面平坦，湖泊密布，河网交织。大部分地面海拔 20～100m。鄂东沿江平原也是江湖冲积平原，主要分布在嘉鱼县至黄梅县沿长江一带，为长江中游平原的组成部分。

湖北省境内除长江、汉江干流外，省内各级河流河长 5km 以上的有 4230 条，河流总长 6.1 万 km，其中流域面积 $50km^2$ 以上河流 1232 条，长约 4 万 km。湖北省素有"千湖之省"之称。境内湖泊主要分布在江汉平原上。有天然湖泊 755 个，湖泊水面面积合计 $2706.851km^2$。水面面积 $100km^2$ 以上的湖泊有洪湖、长湖、梁子湖、斧头湖。水面面积 $1km^2$ 以上的湖泊有 231 个。

（2）交通运输

"十三五"时期，湖北省交通运输发展取得了显著成效，发展水平跃上新台阶，"祖国立交桥"地位凸显。综合交通固定资产投资达到 6964 亿元。综合交通网总里程达到 31.1 万 km（不含民航航线、城市道路），密度达到 $167.3km/100km^2$。其中，铁路营业里程 5259km（高速铁路 1639km），公路通车总里程 29.0 万 km（高速公路 7230km），内河航道通航里程 8667km（高等级航道 2090km），油气管道里程 7400km。

2020 年，全省客运量总计 30900.20 万人，其中铁路 8148.04 万人，公路 21730.86 万人，水运 232.90 万人，民用航空 788.4 万人；游客周转量 612.42 亿人/km。全省货运量总计 160427.51 万 t，其中铁路 5362.70 万 t，公路 114345.95 万 t，水运 40713.70 万 t；货物周转量 5295.68 亿 t/km。

（3）防灾减灾

"十三五"期间，湖北省成功申报地质灾害综合防治重点省份建设，高质量完成基础性调查评价工作，为地质灾害防治奠定了坚实基础；系统化建立健全了地质环境监测体系和地质灾害应急支撑体系；高效完成了地质灾害应急工作，为保障人民群众生命财产安全发挥了重要支撑作用；系统推进生态地质环境监测，为生态环境保护与绿色发展提供了基础支撑；高标准完成地质环境调查评价工作，为地质环境保护与地质灾害防治提供了基础支撑；全方位拓展地质技术支撑服务、社会民生公益服务、信息化服务。

在全国率先推进实施县（市）地质灾害风险调查评价，高质量组织实施了地质灾害基础性调查评价。先后承担了 65 个县（市）地质灾害风险调查评价、23 个重点县城（集镇）地质灾害勘查、3 处重点流域地质灾害详细调查、4 处密集线性工程廊道地质灾害详细调查等基础调查评价项目，承担了 374 处地质灾害工程治理、1774 处地质灾害专业监测点建设及信息化能力建设等重大项目。

在地质环境总站、地质灾害防治中心的基础上，依托省水文地质工程地质大队等 10 个局属单位成立了武汉站、荆州站等 10 个地质环境监测保护站，系统构建了一套较为完整的地质环境队伍体系，有效提升了全省地质环境专业技术力量，更好地履行地质环境保护公益职能。落实省地质灾害防治"四位一体"网格化管理，深化总分式体制、网格化管理、驻点式监测、应急式抢险，相关经验纳入了全国地质灾害防治"十三五"规划予以推广。推进省地质灾害应急救援队伍建设，构建了"1＋10＋1000"应急救援队伍模式，并纳入了全省应急救援体系进行统筹调度。

开展了地下水监测、地质灾害监测、矿山地质环境监测、地质遗迹监测等四类监测工作，及长江岸线区地质环境综合调查评价及重点监测等专项监测工作，健全完善了地质环境监测网络建设。完成了国家地下水监测工程 230 个地下水监测点建设任务，承担开展了国家地下水监测工程 230 个监测点运行与维护工作。开展了江汉平原水土污染监测、长江沿线县市及重要城镇地下水监测、重点地区环保考核地下水环境质量监测，已建立了 607 个监测点。

完成了全省 14 个市（自治州）（含神农架林区）地质灾害隐患核查，基本摸清了全省地质灾害隐患点情况，掌握了全省地质灾害风险底数。开展了长江经济带、大别山革命老区等重要经济区带、特困区及生态环境脆弱区水文地质环境地质调查、汉江中下游地质环境影响评价。开展了三峡库区后续地质灾害监测、治理及建设管理工作，和三峡后续工作地质灾害监测及监测信息汇总与分析。

10.1.3　能源利用

"十三五"期间，湖北省能源消费量从 2015 年的 1.55 亿 t 标准煤逐渐上升到 2019 年的 1.73 亿 t 标准煤，"十三五"前四年年均增长 2.8%，2020 年受新冠肺炎疫情影响下降 5.8%，为 1.63 亿 t 标准煤。

湖北省建筑领域化石能源消费量持续增长，其中"十二五"期间化石能源消费年均增长率为 2.93%，"十三五"期间化石能源消费年均增长率为 2.79%。2010—2019 年湖北省建筑领域能源消耗量见表 1。

2010—2019 年湖北省建筑领域能源消耗情况　　　　　　　　表 1

年份	能源种类	煤	油	气	化石能源合计	热力	电力	其他能源	总计
2010	消耗量（万吨标准煤）	830.85	432.06	62.09	1325.00	17.49	318.58	0.00	1661.07
	占比（%）	50.02	26.01	3.74	79.77	1.05	19.18	0.00	100.00
2011	消耗量（万吨标准煤）	826.74	439.61	68.08	1334.43	33.39	335.26	0.00	1703.08
	占比（%）	48.54	25.81	4.00	78.35	1.96	19.69	0.00	99.99
2012	消耗量（万吨标准煤）	834.72	580.29	105.77	1520.78	11.56	479.51	0.00	2011.85
	占比（%）	41.49	28.84	5.26	75.59	0.57	23.83	0.00	100.01
2013	消耗量（万吨标准煤）	774.66	634.71	106.29	1515.66	12.62	531.67	0.00	2059.95
	占比（%）	37.61	30.81	5.16	73.58	0.61	25.81	0.00	100.00
2014	消耗量（万吨标准煤）	804.63	559.22	167.43	1531.28	11.22	539.59	0.00	2082.09
	占比（%）	38.65	26.86	8.04	73.55	0.54	25.92	0.00	100.00
2015	消耗量（万吨标准煤）	795.93	513.28	188.76	1497.97	12.65	623.03	36.50	2170.15
	占比（%）	36.68	23.65	8.70	69.03	0.58	28.71	1.68	100.00
2016	消耗量（万吨标准煤）	784.15	590.91	185.91	1560.97	14.55	702.63	38.22	2316.37
	占比（%）	33.85	25.51	8.03	67.39	0.63	30.33	1.65	100.00

年份	能源种类	煤	油	气	化石能源合计	热力	电力	其他能源	总计
2017	消耗量（万吨标准煤）	769.38	590.50	268.49	1628.37	16.58	757.80	60.11	2462.86
	占比（%）	31.24	23.98	10.90	66.12	0.67	30.77	2.44	100.00
2018	消耗量（万吨标准煤）	744.66	658.42	335.50	1738.58	36.93	887.08	70.15	2732.74
	占比（%）	27.25	24.09	12.28	63.62	1.35	32.46	2.57	100.00
2019	消耗量（万吨标准煤）	724.41	698.32	363.91	1786.64	39.23	975.23	70.32	2871.42
	占比（%）	25.23	24.32	12.67	62.22	1.37	33.96	2.45	100.00

"十三五"期间，湖北省新增可再生能源建筑应用面积 11088.99 万 m²；其中太阳能热水系统应用面积 9565.89 万 m²，地源热泵系统应用面积 1523.10 万 m²；新增太阳能光电建筑应用装机容量 247.61MW。

10.1.4　技术背景

2009 年，《湖北省民用建筑节能条例》颁布实施以来，全省建筑节能工作步入了制度化、法制化轨道。"十一五"以来，省建筑节能与墙体材料革新领导小组根据全省节能减排综合实施方案，制定建筑节能五年发展规划，提出目标任务，明确重点工作，指导各地开展建筑节能工作。

2013 年 6 月，湖北省发布地方标准《低能耗居住建筑节能设计标准》DB42/T 559—2013，该标准自 2013 年 10 月 1 日实施，相较于国家标准节能率提高 30%。

2014 年 12 月，为进一步加强全省绿色建筑管理，提升绿色建筑设计建造水平，湖北省住房和城乡建设厅发布了《关于开展绿色建筑省级认定工作的通知》（鄂建文〔2014〕72 号），规定全省城镇新建民用建筑按《湖北省绿色建筑省级认定技术条件（试行）》进行项目设计、审查、施工、监理、验收、备案工作。

2017 年，湖北省住房和城乡建设厅会同湖北省财政厅印发了《湖北省建筑节能以奖代补资金管理办法》（鄂财建发〔2017〕37 号），进一步加大绿色建筑指标权重。鼓励金融机构制定出台支持绿色建筑发展的金融激励政策，推动绿色金融支持绿色建筑发展，优先支持绿色建筑消费和开发贷款。合理运用金融手段，试点贷款贴息、政府担保、财政补助补贴及奖励、税收减免、加计扣除等方式，调动市场应用绿色技术的积极性。

2017 年 11 月，湖北省发布地方标准《绿色建筑设计与工程验收标准》DB42/T 1319—2017，该标准自 2018 年 3 月 1 日实施，全省县级以上中心城区新建建筑全面执行绿色建筑标准，进一步提升了建筑绿色性能。

2020 年 8 月，为贯彻落实《湖北省"十三五"节能减排综合工作方案》，顺利完成"十三五"建筑节能和绿色建筑发展规划目标任务，力争"十四五"建筑节能与绿色建筑发展高起点开局起步，湖北省住房和城乡建设厅发布了《关于加强和完善绿色建筑和节能管理工作的通知》（鄂建函〔2020〕62 号），对积极开展绿色建筑创建行动、加强绿色建筑与节能管理工作、切实做好服务保障工作等内容提出了相关要求。

2020 年 9 月，湖北省住房和城乡建设厅等七部门联合发布《湖北省绿色建筑创建行动实施方案》（鄂建文〔2020〕12 号，以下简称《方案》）。《方案》明确，以城镇建筑作为创建对象，通过绿色技术创新驱动，推进绿色建筑提质扩面、建筑能效稳步提升，最大限度地实现人与自然和谐共生，形成崇尚绿色生活的社会氛围。各地住房城乡建设主管部门对照国家、省绿色建筑创建行动（实施）方案，制定了所辖县（市）的绿色建筑创建行动实施计划，指导各自开展绿色建筑创建行动。

2021 年 3 月，为进一步规范全省绿色建筑标识认定和管理工作，推进绿色建筑高质量发展，根据《住房和城乡建设部关于印发绿色建筑标识管理办法的通知》（建标规〔2021〕1 号）精神，湖北省住房和城乡建设厅对《绿色建筑评价标识管理实施细则（试行）》进行了修订，形成了《湖北省绿色建筑标识认定和管理实施细则（征求意见稿）》（以下简称《征求意见稿》），《征求意见稿》结合全省实际，分别对落实标识分级管理制度、完善标识认定工作制度、建立标识撤销机制、启动标识信息化管理等内容进行了修订和明确。

2021 年 4 月，湖北省人民政府发布了《湖北省国民经济和社会发展第十四个五年规划和二〇三五年远景目标纲要》，纲要明确提出要大力推进绿色低碳发展，做大做强建筑业，推广绿色建筑。

2021 年 3 月，为贯彻落实《湖北省绿色建筑创建行动实施方案》，切实推动全省绿色建筑高质量发展，湖北省发布新修订的地方标准《绿色建筑设计与工程验收标准》DB42/T 1319—2021（以下简称《新标准》），《新标准》明确了执行时间：自2021年6月1日起，全省城镇新建民用建筑开始执行《新标准》。《新标准》依据国家《绿色建筑评价标准》GB/T 50378—2019规定的基本级要求并结合湖北省实际情况进行修订，修订后的《新标准》略高于国家标准基本级的要求。

2021年8月，湖北省住房和城乡建设厅印发了《湖北建筑业发展"十四五"规划》（鄂建文〔2021〕36号），在"十四五"主要任务中明确指出，推进建筑节能和绿色建筑发展。提出坚持绿色发展的基本原则，落实省委、省政府碳达峰碳中和行动方案，紧紧围绕碳达峰目标，深入开展绿色建筑创建行动，支持绿色技术创新，推动绿色化改造，持续推进建筑领域提质增效、节能减排、绿色低碳发展。

2021年8月，湖北省发布地方标准《被动式超低能耗居住建筑节能设计规范》DB42/T 1757—2021，该标准自2021年12月30日实施。此外，新修订的湖北省地方标准《低能耗居住建筑节能设计标准》DB42/T 559已进入报批阶段。

2021年9月，湖北省住房和城乡建设厅印发《关于开展超低能耗建筑试点工作的通知》（鄂建文〔2021〕39号），决定在武汉、襄阳、宜昌市开展超低能耗建筑试点工作，并制定了《推进超低能耗建筑试点工作实施方案》。

2021年11月，湖北省住房和城乡建设厅印发了《关于进一步加强外墙保温工程管理的通知》（鄂建文〔2021〕47号），结合当前外墙保温系统发生开裂、空鼓、脱落等现象和问题，加强外墙保温工程的管理，明确了严格选用外墙保温系统、严格落实外墙保温工程质量责任、严格控制外墙保温工程施工质量、切实加强外墙保温工程监督管理等内容；同时制定了《外墙保温工程技术要点（试行）》，确保了外墙保温工程质量安全。

10.2 技 术 内 容

10.2.1 技术介绍

（1）建筑节能

1）新型墙体材料与"禁实""禁现"

新型墙体材料是指符合国家、省产业政策和相关技术标准，以非黏土为主要原材料制成，具有节省土地、节约能源、综合利用固体废弃物、改善建筑功能等特点的各类墙体材料。

湖北省坚持响应国家号召，把做好推进墙体材料革新和推广节能建筑工作作为落实科学发展观、转变经济增长方式、发展循环经济、建设节约型社会的一项重要工作，从 2009 年起，在全省范围内推广新型墙材，开展"禁实""禁现"工作，并逐步推广应用预拌混凝土和预拌砂浆。

2）外墙保温工程

① 高性能蒸压加气混凝土砌块（板）自保温系统

2012 年 2 月，湖北省发布地方标准《蒸压砂加气混凝土精确砌块墙体自保温系统应用技术规程》DB42/T 743—2011，并在全省范围内推广应用墙体自保温体系。

2016 年 9 月，湖北省修订发布地方标准《高性能蒸压砂加气混凝土砌块墙体自保温系统应用技术规程》DB42/T 743—2016，代替《蒸压砂加气混凝土精确砌块墙体自保温系统应用技术规程》DB42/T 743—2011，进一步提高了主要材料的性能级别，并对墙体自保温系统材料组成、基本构造及施工工艺作出了明确规定。

高性能蒸压砂加气混凝土砌块，是指高硅磨细砂为硅质材料，高钙生石灰、水泥为钙质材料，铝粉（膏）为发气剂，经精确计量、搅拌浇筑、发气静停、精确切割、高压蒸养而制成的具有均匀细密多孔结构的砌块，气导热系数、干燥收缩率、外观质量等性能指标优于国家标准《蒸压加气混凝土砌块》GB/T 11968—2020 优等品要求，简称高性能砌块。

高性能蒸压砂加气混凝土保温板，是由导热系数不大于 0.1W/(m·K) 的高性能蒸压砂加气混凝土制成、用于墙体热桥部位（钢筋混凝土梁、柱和剪力墙等）保温处理的板材，简称保温板。

墙体自保温系统，是由自保温墙体、热桥部位（混凝土梁、柱和剪力墙等）保温措施、不同材料交接面防裂处理措施所构成的建筑节能外墙保温系统。

② 内置保温现浇混凝土复合剪力墙系统

内置保温现浇混凝土复合剪力墙，是指施工现场在保温层两侧同时浇筑混凝土结构层、防护层形成的结构受力与外墙于一体的复合墙体，包括钢筋焊接网架式现浇混凝土复合剪力墙和点连式现浇混凝土复合剪力墙，简称复合剪力墙。

③ EPS 钢丝网架现浇混凝土外保温系统

EPS 钢丝网架板现浇混凝土外保温系统，以现浇混凝土外墙为基层墙体，采用 EPS 钢丝网架板保温层，钢丝网架板中 EPS 外侧应开有凹槽，施工时应将 EPS 钢丝网架板保温板置于外墙外模板的内侧、并在 EPS 钢丝网架板保温板安装辅助固定件，EPS 钢丝网架板保温板应涂抹掺有外加剂的水泥砂浆抹面层。

④ 预制混凝土夹心保温外墙板系统

预制混凝土夹心保温外墙板，是指中间夹有保温层的预制混凝土外墙板，简称夹心外墙板。

⑤ 保温装饰板外保温系统

保温装饰板外保温系统，由保温装饰板、粘结砂浆、锚固件、嵌缝材料和密封胶组成，置于建筑物外墙外侧，以实现保温装饰一体化的功能。

3）超低能耗居住建筑

2021 年 8 月，湖北省发布地方标准《被动式超低能耗居住建筑节能设计规范》DB42/T 1757—2021，规范明确了被动式超低能耗居住建筑在湖北省不同气候区的技术指标及设计、技术要点，为湖北省被动式超低能耗居住建筑的设计提供了指导。

被动式超低能耗居住建筑，是指适应气候特征和自然条件，在利用被动式建筑设计和技术手段大幅降低建筑供暖、空调、照明等能源需求的基础上，通过主动技术措施提高能源设备与系统效率，提高可再生能源利用率，以更少的能源消耗提供更舒适的室内环境的居住建筑。

（2）绿色建筑

1）全覆盖

湖北省绿色建筑发展大致经历了以下几个阶段，从发展初期执行国家绿色建筑相关标准，到 2014 年起全省城镇新建民用建筑执行《湖北省绿色建筑省级认定技术条件（试行）》，到 2018 年实施湖北省地方标准《绿色建筑设计与工程验收标准》DB42/T 1319—2017，全省县级以上中心城区新建建筑全面执行绿色建筑标准，进一步提升了建筑绿色性能；再到 2021 年发布实施新修订的湖北省地方标准《绿色建筑设计与工程验收标准》DB42/T 1319—2021。经过发展，湖北省绿色建筑基本实现城镇新建民用建筑全覆盖。

2）底线控制

湖北省绿色建筑正经历从快速发展到高质量发展的转变过程，通过严格落实新修订的湖北省地方标准《绿色建筑设计与工程验收标准》DB42/T 1319—2021，进一步规范绿色建筑设计、施工、验收和运行管理，严格把控工程竣工验收关口，控制绿色建筑底线水平。

10.2.2 技术指标

（1）新型墙体材料与"禁实""禁现"

湖北省自 2006 年起，陆续印发了一系列政策文件：

①《关于进一步做好推进墙体材料革新和推广节能建筑工作的通知》（鄂政办发〔2006〕18 号）；

②《关于加强建筑节能产品、技术和墙体材料管理的通知》（鄂建〔2009〕113 号）；

③《关于进一步规范建筑节能产品和技术应用管理的通知》（鄂建文〔2013〕112 号）；

④《关于进一步规范建筑节能产品与新型墙体材料管理工作的通知》（鄂建文〔2015〕14 号）；

⑤《关于推进预拌混凝土和预拌砂浆绿色生产防止扬尘污染的通知》（鄂建文〔2015〕64 号）；

⑥《关于印发〈湖北省绿色建材评价标识实施细则（试行）〉、〈湖北省预拌混凝土绿色生产评价标识实施细则（试行）〉的通知》（鄂建规〔2016〕1 号）；

⑦《关于印发〈湖北省预拌混凝土管理暂行办法〉的通知》（鄂建设规〔2018〕1 号）。

目前，对于新型墙体材料推广，执行下列相关规定。

①凡依据国家、行业、地方标准生产或使用的建筑节能与新型墙体材料、产品、技术、工艺，各级住房城乡建设部门及其管理机构不再组织鉴定、评估、认证，也不颁发推广证书和列入推广目录。符合国家、行业、地方标准的建筑节能与新型墙体材料、产品、技术、工艺应由项目的设计、施工、监理、建设单位自主选用，各地不得将符合相关技术标准的材料、产品、技术、工艺是否通过鉴定、评估、认证以及是否取得推广证书和列入推广目录作为工程建设市场准入或工程应用的前置条件。

②各级住房城乡建设部门对取得推广应用证书并列入推广目录的新材料、新产品、新技术、新工艺，在本地区生产或使用实施告知性备案管理，各地不

得以是否备案作为应用的前置条件，更不得利用备案搞行业垄断或地方保护。

对于预拌混凝土推广应用，执行《关于印发〈湖北省预拌混凝土管理暂行办法〉的通知》（鄂建设规〔2018〕1号）文件中，关于企业资质管理、质量安全管理（生产、运输、使用）、绿色生产管理、市场行为管理等具体要求。

对于预拌砂浆推广应用，应符合国家及地方相关行业管理要求，有条件的参照执行预拌混凝土相关规定。

（2）外墙保温工程

1）高性能蒸压加气混凝土砌块（板）自保温系统

高性能蒸压加气混凝土砌块（板）自保温系统，系统外墙平均传热系数能够满足节能设计标准对墙体热工性能的要求。高性能砌块的抗压强度、劈压比、干密度和导热系数见表2。

高性能砌块的性能指标参数 表2

强度等级	密度级别	导热系数 [W/(m·K)]	立方体抗压强度（MPa）		劈压比	平均干密度（kg/m³）
			平均值	单组最小值		
A2.5	B04	≤0.09	≥2.5	≥2.0	≥0.16	≤400
A3.5	B05	≤0.11	≥3.5	≥2.8		≤500
A5.0	B06	≤0.13	≥5.0	≥4.0	≥0.12	≤600
A7.5	B07	≤0.15	≥7.5	≥6.0	≥0.10	≤700
	B08	≤0.17	≥7.5	≥6.0		≤800

保温板的抗压强度、劈压比、干密度和导热系数见表3。

保温板的性能指标参数 表3

强度等级	密度级别	导热系数 [W/(m·K)]	立方体抗压强度（MPa）		劈压比	平均干密度（kg/m³）
			平均值	单组最小值		
A1.5	B03	≤0.08	≥1.5	≥1.2	≥0.16	≤300
A2.5	B05	≤0.09	≥2.5	≥2.0		≤400

2）内置保温现浇混凝土复合剪力墙系统

内置保温现浇混凝土复合剪力墙系统，其组成系统材料的性能、设计、施工、验收应符合《内置保温现浇混凝土复合剪力墙技术标准》JGJ/T 451—2018规定。同时，复合剪力墙的截面设计和配筋设计应符合《混凝土结构设计规范》GB 50010—2010（2015年版）的规定；复合剪力墙的保温隔热和防潮设计应符合《民用建筑热工设计规范》GB 50176—2016 的规定；复合剪力墙的耐火极限应符合《建筑设计防火规范》GB 50016—2014（2018 年版）的规定；复合剪力墙的隔声性能应符合《民用建筑隔声设计规范》GB 50118—2010 的规定。

3）EPS 钢丝网架现浇混凝土外保温系统

EPS 钢丝网架现浇混凝土外保温系统及组成系统材料的性能、设计、施工、验收应分别符合《外墙外保温工程技术标准》JGJ 144—2019 的规定。外饰面层应选用透气性能好的水溶性涂料、砂壁状涂料及饰面砂浆等涂装饰面层，且应保证与保温系统相容。饰面层涂装材料应采用浅色材料，太阳辐射吸收系数不应大于 0.7。

4）预制混凝土夹心保温外墙板系统

预制混凝土夹心保温外墙板系统的保温材料燃烧性能和系统耐火极限应符合《建筑设计防火规范》GB 50016—2014（2018 年版）的规定。混凝土设计强度等级不应低于 C30。连接件应选择纤维增强塑料（FRP）连接件或不锈钢连接件。纤维增强塑料（FRP）连接件性能指标应符合《预制保温墙体用纤维增强塑料连接件》JG/T 561—2019 的规定。不锈钢连接件性能指标应符合《预制混凝土夹心保温外墙板用金属拉结件应用技术规程》T/BCMA 002 的规定。

系统中接缝用密封胶应采用耐候性密封胶，其性能应符合《混凝土接缝用建筑密封胶》JC/T 881—2017 的规定，密封胶的背衬材料应选用聚乙烯泡沫棒，其直径应不小于 1.5 倍缝宽。系统的制作、存放、运输与安装应符合《装配式混凝土建筑技术标准》GB/T 51231—2016、《装配式混凝土结构技术规程》JGJ 1—2014、《预制混凝土构件质量检验标准》DB42/T 1224—2016 和《装配式混凝土结构工程施工与质量验收规程》DB42/T 1225—2016 的有关规定。

5）保温装饰板外保温系统

保温装饰板外保温系统及材料的性能、设计、施工、验收应符合《保温防火复合板应用技术规程》JGJ/T 350—2015、《保温装饰板外墙外保温系统材料》JG/T 287—2013、《保温装饰板外墙外保温系统工程技术规程》DB42/T 1107—2015、《保温装饰板外墙外保温工程技术导则》RISN—TG028—2017、《金属装饰保温板》JG/T 360—2012、《建筑节能与可再生能源利用通用规范》GB 55015—2021 等标准的要求。

保温装饰板与基层墙体应连接牢固，且保温装饰板面板应与基层墙体有效

277

连接。采用粘锚式安装时，粘结砂浆应能单独承受外保温系统全部荷载，锚固件也应能单独承受外保温系统全部荷载。保温装饰板单位面积质量应小于20kg/m²。当保温材料采用岩棉条时，应复合无机背衬材料。保温装饰板锚固应采用边棱固定，边棱固定应不少于两条平行边即对边固定，不应采用单边悬挂固定方式，也不应采用邻边固定方式。

（3）超低能耗居住建筑

湖北省地方标准《被动式超低能耗居住建筑节能设计规范》DB42/T 1757—2021，规范明确了被动式超低能耗居住建筑在湖北省不同气候区的技术指标及设计、技术要点。以建筑能耗值为控制目标，规定应进行节能专项设计。

超低能耗居住建筑技术指标包括年供暖（冷）需求和照明一次能源消耗指标、室内环境参数、气密性指标、建筑关键部位热工性能参数，相关指标见表4。

年供暖（冷）需求指标、一次能源消耗指标及气密性指标　　　表4

气候分区		A 区		B 区	
建筑层数		≤3层	≥4层	≤3层	≥4层
能耗指标	年供暖需求 [kWh/(m²·a)]	≤10	≤8	≤12	≤10
	年供冷需求 [kWh/(m²·a)]	≤30	≤30	≤24	≤24
	年供暖、供冷和照明一次能源消耗量 [kWh/(m²·a)]	≤60			
气密性指标	换气次数 N50（次/h）	≤1.0		≤0.6	

超低能耗居住建筑室内环境参数见表5。

室内环境参数　　　表5

室内环境参数	冬季	夏季
温度（℃）	≥20	≤26
相对湿度（%）	≥30	≤60
新风量 [m³/(h·人)]	≥30	
噪声 dB（A）	昼间≤40；夜间≤30	
室内二氧化碳浓度（ppm）	≤1000	
非透明围护结构内表面温度与室内温度差值（℃）	≤3	

超低能耗居住建筑关键部位传热系数参数见表6、表7。

A 区关键部位传热系数参数 表 6

建筑层数	≤3层	4~8层	≥9层
建筑物体型系数	$S{\leqslant}0.55$	$0.30{<}S{\leqslant}0.40$	$S{\leqslant}0.30$
围护结构部位	传热系数 K $[\mathrm{W}/(\mathrm{m}^2 \cdot \mathrm{K})]$		
外墙	≤0.30	≤0.35	≤0.40
屋面	≤0.20	≤0.20	≤0.25
地面	≤0.60	≤0.60	≤0.60
外门窗	≤1.40	≤1.50	≤1.50
户门	≤1.8	≤1.8	≤1.8
接触室外空气楼板	≤0.25	≤0.30	≤0.35
与供暖空调空间相邻非供暖空调空间楼板、地下室顶板	≤0.40	≤0.40	≤0.45
与供暖空调空间相邻非供暖空调空间隔墙	≤1.0	≤1.0	≤1.0
分户墙	≤1.0	≤1.0	≤1.0
分户楼板	≤1.0	≤1.0	≤1.0

B 区关键部位传热系数参数 表 7

建筑层数	≤3层	4~8层	≥9层
建筑物体型系数	$S{\leqslant}0.50$	$0.26{<}S{\leqslant}0.35$	$S{\leqslant}0.26$
围护结构部位	传热系数 K $[\mathrm{W}/(\mathrm{m}^2 \cdot \mathrm{K})]$		
外墙	≤0.25	≤0.30	≤0.35
屋面	≤0.15	≤0.15	≤0.20
地面	≤0.60	≤0.60	≤0.60
外门窗	≤1.30	≤1.40	≤1.40
户门	≤2.0	≤2.0	≤2.0
接触室外空气楼板	≤0.20	≤0.25	≤0.30
与供暖空调空间相邻非供暖空调空间楼板、地下室顶板	≤0.35	≤0.35	≤0.40

续表

与供暖空调空间相邻非供暖空调空间隔墙	≤1.0	≤1.0	≤1.0
分户墙	≤1.0	≤1.0	≤1.0
分户楼板	≤1.0	≤1.0	≤1.0

（4）绿色建筑

2019 年，国家《绿色建筑评价标准》GB/T 50378—2019（以下简称 2019 版国标）进行了修订更新，并于当年 8 月 1 日开始实施。2019 版国标重新构建了绿色建筑评价体系，提高了绿色建筑性能要求，拓展了绿色建筑内涵。为与 2019 版国标的技术体系相适应，体现全省经济社会发展实际及地域特点，推动绿色建筑高质量发展，湖北省住房和城乡建设厅组织建筑节能相关研究机构和专家，按 2019 版国标绿色建筑基本级规定，对《绿色建筑设计与工程验收标准》DB42/T 1319—2017 进行了修订。

修订后的《绿色建筑设计与工程验收标准》DB42/T 1319—2021 满足《绿色建筑评价标准》GB/T 50378—2019 基本级的全部要求，并结合湖北省地方特色，增加了部分绿色建筑技术条款的要求，总体水平优于《绿色建筑评价标准》GB/T 50378—2019 基本级的要求。

10.2.3 适用范围

（1）新型墙体材料与"禁实""禁现"

湖北省持续加强和巩固"禁实""禁现"成果，并在全省范围内推广应用新型墙体材料、预拌混凝土和预拌砂浆。

（2）外墙保温工程

根据《关于进一步加强外墙保温工程管理的通知》（鄂建文〔2021〕47 号）文件要求，外墙保温系统选用应符合"安全耐久、节能环保、施工便利、美观实用"的原则，应满足现行建筑节能相关法律法规和标准规范要求。

1）重点推广

① 外墙保温工程应优先选用墙体自保温系统、保温与结构一体化系统。

② 框架结构和框架剪力墙结构选用高性能蒸压加气混凝土砌块（板）自保温系统或保温装饰板外保温系统。

③ 剪力墙结构选用内置保温现浇复合剪力墙系统、EPS 钢丝网架板现浇混凝土外保温系统或保温装饰板外保温系统。

④ 装配式建筑选用高性能蒸压加气混凝土板自保温系统、预制混凝土夹心保温外墙板系统或保温装饰板外保温系统。

2）限制与禁止使用

① 外墙内保温系统（内侧墙粘贴高性能蒸压加气混凝土保温板除外）仅适用于全装修建筑。

② 保温装饰板外保温系统应用高度不应超过 100m。

③ 禁止使用燃烧性能低于 B1 级的外墙保温材料。

④ 浆料类（含无机轻集料保温砂浆）保温系统禁止用于外墙外保温工程；用于外墙内保温工程时，只能在热桥翻包、门窗洞口等局部部位及厨房、卫生间使用。

⑤ 薄抹灰外墙保温系统应用高度禁止超过 100m。薄抹灰外墙外保温系统饰面层禁止使用陶瓷饰面砖。

⑥ 禁止采用仅通过粘结方式固定的保温装饰板外保温系统。

（3）超低能耗居住建筑

湖北省地方标准《被动式超低能耗居住建筑节能设计规范》DB42/T 1757—2021 为推荐性标准，适用于湖北省新建、扩建和改建居住建筑的超低能耗节能设计。

（4）绿色建筑

自 2021 年 6 月 1 日起，湖北省城镇新建民用建筑全面执行湖北省地方标准《绿色建筑设计与工程验收标准》DB42/T 1319—2021，全文强制实施。

10.3 工 程 案 例

10.3.1 宜昌规划展览馆

宜昌规划展览馆位于宜昌市伍家岗区求雨台公园南部地块，位于宜昌新区核心区。在市委、市政府"加快建设国家公共文化服务体系示范区"，把宜昌"建成长江中上游区域性文化中心"的战略任务指下，2013 年 12 月，宜昌市城市规划展览馆作为市级重大公共文化设施之一启动建设实施。

项目用地面积 3 万 m²，总建筑面积 2.1 万 m²（地上建筑面积 1.5 万 m²，地下建筑面积 0.6 万 m²），总投资约 35000 万元。建筑主体高度 23.6m，建筑地上主体 2 层，局部 3 层，地下局部 1 层。2015 年 11 月投入试运行，2016 年

4月26日展览馆整体对外免费开放。项目效果图如图1所示。

(a)

(b)

图1 宜昌规划展览馆项目效果图

项目于2015年5月获得三星级绿色建筑设计标识证书,是湖北省内除武汉市外首个三星级绿色建筑项目;并于2021年5月获得三星级绿色建筑标识证书(运行标识),是省内为数不多的"设计—运行"双认证的高星级绿色建筑,标识证书如图2所示。

三星级绿色建筑设计标识证书
CERTIFICATE OF GREEN BUILDING DESIGN LABEL

公共建筑   NO.PD 31710

建筑名称： 宜昌规划展览馆

建筑面积： 2.10 万m²

完成单位： 宜昌市城市建设投资开发有限公司、华东建筑设计研究院有限公司、
湖北省绿色建筑技术研发中心

评 价 指 标	设 计 值
建筑节能率	63.40%
可再生能源利用率	30.80% 的生活热水量
非传统水源利用率	37.82%
住区绿地率	公共建筑不参评
可再循环建筑材料用量比	10.37%
室内空气污染物浓度	设计阶段不参评
物业管理	设计阶段不参评

说明：

1. 评价依据《绿色建筑评价标准》(GB/T50378-2006)；

2. 此证只证明建筑的规划和设计达到《绿色建筑评价标准》(GB/T50378-2006)三星级水平；

3. "评价指标"值为代表性绿色建筑评价指标值，整体评价查询《绿色建筑设计标识评审意见》。

有效期限：2015年05月05日-2016年05月04日 签发日期：2015年08月05日

(a)

图2 宜昌规划展览馆项目标识证书（一）

NO.PO31703202101

★ ★ ★

三星级绿色建筑标识证书
CERTIFICATE OF GREEN BUILDING LABEL

建筑名称：宜昌规划展览馆

建筑面积：2.10 万 m²

完成单位：宜昌市城市建设投资开发有限公司、湖北省建筑科学研究设计院股份有限公司

评 价 指 标	评 价 结 果	说明:
容积率	0.50	1. 评价依据《绿色建筑评价标准》（GB/T50378-2014）;
绿地率	30.00%	
建筑节能率	51.47%	2. "评价指标"为代表性绿色建筑评价指标，整体评价查阅《绿色建筑标识评价意见》;
可再生能源利用率	30.80% 的生活用热水	
非传统水源利用率	不参评	3. 此证在有效期满后自动失效。
可再利用和可再循环材料利用率	14.77%	
场地年径流总量控制率	—	
工业化预制构件比例	—	
室内空气污染物浓度	符合 GB/T 18883	
物业管理	符合 ISO14001环境管理体系认证、符合 ISO9001质量管理体系认证	

有效期限：2021年05月31日 2024年05月30日
签发日期：2021年05月31日

CHINAGBC   WORLD GREEN BUILDING COUNCIL

(b)

图 2　宜昌规划展览馆项目标识证书（二）

项目应用的主要绿色建筑技术见表8。

本项目应用的主要绿色建筑技术   表8

序号	绿色建筑技术
1	室外风环境模拟，优化建筑布局
2	合理开发利用地下空间，地下室和室内光导管采光
3	场地及屋顶绿化采用复层绿化
4	采用透水铺装
5	具有完善的无障碍设施
6	设置雨水回收利用系统用于绿化灌溉和道路浇洒
7	外围护结构良好保温，局部呼吸式双层幕墙
8	高效螺杆式空气源热泵机组、排风热回收系统
9	高效节能灯具与智能照明系统
10	高效电梯设备及节能控制措施
11	一级节水器具
12	绿化节水灌溉系统
13	设置太阳能热水系统、电动车充电桩
14	可变换的室内空间的灵活隔断
15	利用废弃物（粉煤灰、秸秆）作为建筑材料
16	外立面采用耐久性好、易维护的GRC玻璃纤维增强材料
17	具有能耗分项计量系统
18	建筑智能化系统
19	设计、施工阶段运用BIM技术
20	绿色施工
21	绿色运维

可持续发展的建设场地。项目容积率为0.5，绿地率为30%，地下建筑占总用地面积的比例为19.88%。项目玻璃幕墙可见光反射比不大于0.2，采取了光污染限制措施，场地声环境良好，风环境满足标准要求。场地内交通流线清晰，人车分流，场地出入口有专门对应的交通站点，已建有两条交通路线。采用了包含乔木、灌木的复层绿化。采用屋顶绿化，屋顶绿化面积占屋顶可绿化面积的比例为51.6%。

节能与能源利用。建筑朝向满足当地日照标准，建筑体型系数为0.17，各朝向窗墙比均不超过 0.5，东向 0.36、南向 0.38、西向 0.49、北向 0.42。外窗可开启面积比例为 71.44%，幕墙可开启面积比例为 20.49%。采用螺杆式风冷热泵作为冷热源，能效指标为 3.52，大空间场所采用一次回风式低速全空气系统，部分区域采用薄吊型空调机组加新风，办公室采用风机盘管加独立新风，空调系统能耗降低幅度为 25.65%，过渡季节实现可调新风比运行。项目各设备机房照明采用开关分散控制，公共照明区域采用智能照明控制系统，主要功能房间和场所选用高效节能灯具。采用节能电梯，并采用变频控制方式进行控制，垂直电梯应具有群控功能，手扶电梯应具有自动启停的节能控制措施。

节水与水资源利用。项目建筑平均日用水量满足国家标准定额的中间值到下限值要求，有效采取了避免管网漏损的管材和措施，用水电供水压力均小于 0.2MPa，且不小于用水器具的最低工作压力，按用途设置了计量水表。项目采用一级节水器具，绿化灌溉采用喷灌的节水灌溉方式，利用雨水回用系统的雨水以及市政自来水，设置有土壤湿度传感器和雨天关闭装置。车库及道路冲洗水源采用雨水回收利用系统出水，冲洗采用高压节水水枪。

节材与材料资源利用。项目全部采用土建与装修一体化设计。选用本地生产的建筑材料，500km 以内生产的建筑材料比例为 91.39%。全部采用预拌混凝土。主体结构采用 400MPa 级以上的受力普通钢筋用量比例为 90.31%。可再利用材料和可再循环材料使用重量占所有建筑材料总重量的比例为 14.77%。利用粉煤灰废弃物作为原材料生产的建筑材料用量比例为 33.11%，农作物秸秆作为原材料生产的建筑材料用量比例为 32.2%。外立面采用 GRC 玻璃纤维增强混凝土板进行装饰，此种外立面材料耐久性好、易维护。

室内环境质量。项目主要功能房间室内噪声级满足国家标准规范中的高限要求，主要功能房间构件空气声隔声与楼板撞击声隔声均能满足标准中的高限要求。最主要功能房间采光系数满足国家标准要求的面积比例达到 85.62%，内区采光系数满足要求的面积比例为 62.80%。地下空间平均采光系数不低于 0.5% 的面积占首层地下室面积的比例为 43.76%。项目在 2 楼以上东、西、南、北四个方向均为玻璃幕墙结构，且为呼吸式幕墙，特在西面的幕墙处设置了可调外遮阳。过渡季节典型工况下主要功能房间平均自然通风换气次数不小于 2 次/h 的面积达到 99.31%，空调末端可独立调节房间数量比例为 100%。

施工管理。项目施工单位管理体系完善，组织机构完整，运用 ISO 14000 管理体系，建立了绿色施工管理体系和管理制度，制定了施工全过程的环境保护计划，实施记录完整。施工现场建立了洒水清扫制度，施工作业采取了有效的降噪措施，制定了施工废弃物减量化、资源化计划，建筑可回收施工废弃物的回收率达到81%以上。施工项目部制定了节能与能源利用方案，建成后建筑实际电耗值为6.27kWh/m²，实际水耗值为2.83t/m²。施工现场预拌混凝土损耗率为1.05%，现场加工钢筋损耗率为1.06%，工具式定型模板使用面积占模板工程总面积的比例为62%。施工单位技术人员对工作人员进行绿色建筑重点内容交底。

运营管理。项目物业管理机构为宜昌城投物业服务有限公司，公司通过了ISO14001环境管理体系认证和ISO9001质量管理体系认证。物业管理机构制定了《设备设施管理与维护工作手册》《设备管理与维护工作手册》，以及工作考核体系，工作考核体系中包含了相应的能源资源管理激励机制。制定了各类设备设施管理制度和操作规程，委托专业公司对空调通风进行定期维保。具有详细的建筑运行能耗记录，并对用电、用水进行了分项计量。委托专业机构对建筑绿化进行养护管理，制定了详细的绿化养护计划和绿化养护要求，定期由专业机构进行养管消杀。在建筑场地东南角设置了垃圾收集点，对垃圾进行分类收集。

项目通过采用（设置）垂直绿化、良好的围护结构、高效冷热源设备、高效节能灯具与智能照明系统、能耗分项计量系统、建筑智能化系统、太阳能光热系统、雨水回收利用系统、高效节水器具、光导管及采光天井、可调外遮阳等一系列绿色建筑技术（措施），共投入成本400.62万元，为实现绿色建筑而增加的初投资成本为293.90万元，绿色建筑增量成本占基准建筑建安成本的比例为1.43%，绿色建筑可节约的运行费用为26.72万元/年。

作为宜昌市首个获得三星级绿色建筑设计标识和运行标识项目，自投入使用以来，充分发挥了其节能减排、环境友好、绿色健康舒适的示范作用，加强了市民对于绿色建筑的认知，对宜昌市绿色建筑的发展和推广，起到了良好的助推作用。项目充分落实了设计阶段选用的绿色建筑技术，在施工过程中坚持绿色施工，在运行阶段聘用专业的物业管理机构进行运营维护，各项绿色建筑技术设施和措施使用良好，真正意义上实现了建筑全寿命周期内的资源节约与环境保护。

10.3.2　湖北省建研院中南办公区绿建综合改造项目

湖北省建研院中南办公区绿建综合改造项目位于湖北省武汉市中南路16号，

原中南区办公楼始建于20世纪80年代。项目工程总投资约992万，其中绿色建筑增量成本约105万，项目净用地面积2699.42m²，建筑面积5564.02m²，共6层，无地下室，结构形式为砖混结构+框架结构。项目于2021年初完成改造，改造范围主要包括外墙节能改造、屋面节能改造、室内功能房间改造、室内公共区域改造、绿化景观改造、节能灯具及节水器具改造、建筑智能化系统改造等。项目改造前后效果示意图如图3所示。

图3　湖北省建研院中南办公区绿建综合改造项目改造前后效果示意图

　　通过改造，在实现三星级绿色建筑的基础上，适当增设空气污染控制监控、水环境水质监控处理、智能化照明、室内外健身场地等措施来进一步提高使用者使用体验，同步实现三星级健康建筑。项目标识证书如图4所示。

(a)

图4　湖北省建研院中南办公区绿建综合改造项目标识证书（一）

健康建筑设计标识证书

CERTIFICATE OF HEALTHY BUILDING DESIGN LABEL

湖北省建研院中南办公区绿建综合改造项目

项目星级：★ ★ ★　　　　　　　证书编号：NO.HBPD3202123C

项目面积：0.56万m²	项目类型：公共建筑
业主单位：湖北省建筑科学研究设计院股份有限公司	
设计单位：中南建筑设计院股份有限公司	
项目地址：湖北省武汉市武昌区中南路16号	

评价指标	设计值
室内PM2.5年平均浓度	2.60μg/m³
可感知的室内噪声级	≤35.00dB(A)
室内甲醛浓度	≤0.014mg/m³
生活饮用水菌落总数	≤5个（CFU/mL）
场地环境噪声	1类
文化活动场地面积	32m²

说明：
1、评价依据《健康建筑评价标准》T/ASC 02-2016；
2、评价对象为项目施工图纸及管理制度等，此证仅证明建筑的规划和设计达到《标准》三星级的要求；
3、评价指标值为典型参数的设计值，整体性能参数见《健康建筑设计标识性能说明书》；
4、人的健康状况受多种复杂因素影响，健康建筑并非保障使用者的健康，而是着针对性地控制建筑环境中的有害因素，鼓励有益因素，引导弹性因素，使之更有利于促进人的健康。

签发日期：2021年06月11日

有 效 期：2021年06月11日至2022年06月10日

GLOBAL BEST PRACTICES SHARED BY

CHINAGBC　　WORLD GREEN BUILDING COUNCIL

(b)

图4　湖北省建研院中南办公区绿建综合改造项目标识证书（二）

项目实现的绿色建筑主要技术措施见表9。

本项目采用的主要绿色建筑技术 表9

序号	绿色建筑技术
1	主体结构鉴定、加固，原结构构件利用率100%
2	综合节能诊断，增加围护结构保温，更换高性能门窗
3	场地出入口及内部道路优化
4	景观优化设计，保留原有场地内的大型乔木，改造后绿化率约为10%
5	采用变频多联机＋独立新风的空调系统，$IPLV(C) \geqslant 5$
6	设置能耗分项计量装置及能耗管理系统
7	采用低成本节能改造技术，包括保持建筑微正压运行、设置房间温控器可调范围、会议室等均设置二氧化碳浓度传感器可根据浓度调节新风量
8	新风换气机组全热回收效率大于等于60%，末端具有PM2.5净化功能
9	采用太阳能热水系统，同时辅助空气源热泵，热水供应比例达80%
10	采用一级节水器具
11	采用喷灌的绿化灌溉方式，设置土壤湿度感应器、雨天关闭装置
12	设置有雨水回收利用系统，用于绿化浇洒及路面冲洗
13	高效节能光源＋节能控制措施，具有自动调节照度功能
14	电梯采用变频、轿厢无人自动关灯的节能控制措施
15	设计阶段，以及施工和运营阶段均采用BIM技术

项目在绿色建筑的基础上，采用的主要健康建筑技术措施见表10。

本项目采用的主要健康建筑技术 表10

序号	健康建筑技术
1	装修材料采用绿色环保类建材和家具
2	各办公室空调末端具有PM2.5净化处理功能，控制室内颗粒物浓度
3	卫生间设置独立的局部机械排风系统，并设置可自动关闭的门
4	改造后外窗气密性选择8级，幕墙气密性选择4级
5	设置了PM10、PM2.5、二氧化碳浓度等的空气质量监测系统，并可对外发布和预警
6	设置水质在线监测系统，具有监测浊度、余氯、pH值、电导率（TDS）的功能

序号	健康建筑技术
7	给水管及直饮水管采用薄壁不锈钢管
8	在 6 层设置有淋浴间，淋浴器采用双管自动恒温混水阀
9	太阳能热水系统，每层热水支管不超过 10m 来实现热水系统配水点出水温度达到 45℃的时间为 9s，采用紫外消毒的方式
10	办公室、会议室等人员长时间停留场所，光源色温、墙面和顶棚平均照度满足标准要求，照明控制系统可自动调节色温，与天然光混合照明时的人工照明色温与天然光色温接近
11	所配备的办公用显示屏均可调节高度和移动位置，所采购的座椅高度和角度均可调节
12	场地内增设健身区域，建筑内增设免费使用的健身房
13	改造后，项目无障碍系统完整连贯，设置有无障碍电梯
14	项目场地中间位置设置专门的交流场地，室内 2、3 层增设图书室，3 层增设心理调整室

本项目以既有建筑绿色改造三星级及健康建筑三星级为目标，结合节约能源资源、改善人居环境、提升使用功能等方面的措施，对既有建筑进行维护、更新，能够降低运营和维护成本，具有良好的经济效益和环境效益；并在满足建筑功能的基础上，为建筑使用者提供更加健康的环境、设施和服务，促进建筑使用者身心健康、实现建筑健康性能提升，具有良好的社会效益。

作为华中地区首个集既有建筑绿色改造三星级与健康建筑三星级于一体的综合改造项目，该项目能够充分展示省建研院在绿色建筑全过程领域的综合技术实力，进一步扩大影响力，提升品牌价值，推动湖北省地区既有建筑绿色改造工作的开展。

10.3.3 中铁·龙盘湖·世纪山水二期工程（5-2 区）79 号楼

中铁·龙盘湖·世纪山水二期工程（5-2 区）79 号楼项目，位于湖北省宜昌市猇亭区伍临路 99 号，龙盘湖旁。项目为公共建筑，主要功能为邻里办公用房，占地面积 185.46m²，建筑面积 284.22m²，建筑层数 2 层，采用框架结构。项目定位为宜昌市首个超低能耗建筑示范项目，是湖北省市（自治州）（除武汉市外）首个超低能耗建筑项目，也是湖北省首个超低能耗公共建筑项目。项目效果图和标识证书如图 5 所示。

(a)

(b)

图5　中铁·龙盘湖·世纪山水二期工程项目效果图和标识证书（一）

证书编号：JLNH2020110009

超低能耗建筑
ULTRA-LOW ENERGY BUILDING

项目类型：公共建筑

建筑名称：中铁·龙盘湖·世纪山水二期工程(5-2区)79号楼

建筑面积：284.22㎡

申请单位：湖北省建筑科学研究设计院股份有限公司

测评阶段：设计阶段

测评结果：超低能耗建筑

建筑能效值：建筑综合节能率55.27%

建筑本体节能率20%

可再生能源利用率——

测评单位：中国建筑科学研究院有限公司

说　　明：1.测评依据：《近零能耗建筑技术标准》GB/T51350-2019；

《近零能耗建筑　　　　　T/CABEE003-2019

2.此证　　　　　　　　失效

颁证机构：中国

有效期限：2020　　　　　　2023年11月17日

华夏好建筑

(c)

图5　中铁·龙盘湖·世纪山水二期工程项目效果图和标识证书（二）

项目主要技术措施见表11。

本项目采用的主要技术措施 表 11

序号	技术措施	具体内容
1	围护结构优化设计	屋面：100mmXPS 板保温，传热系数 0.26W/(m²·K)。 外墙：100mmXPS 板保温，传热系数 0.31W/(m²·K)（平屋面）、0.33W/(m²·K)（坡屋面）。 外窗：高性能玻璃门窗（135 系列断热铝合金型材、三玻两腔 6Low-E＋12Ar＋6＋12A＋6 中空玻璃），传热系数为 2.12W/(m²·K)，气密性等级为 8 级。 关键节点无热桥设计。 整体气密性设计
2	自然通风与天然采光优化设计	1、2 层屋面局部设置可开启电动天窗。 1 层东、西出入口处增设门斗
3	高效冷热源设备＋带热回收的新风机组	采用高效多联机＋独立新风系统，多联机系统 IPLV≥6.1，新风机组全热回收效率≥70％
4	能耗监测与计量	—
5	室内外空气品质实时监测	温度、湿度、二氧化碳浓度、PM2.5、PM10
6	电气及照明节能	—
7	模拟优化	室内天然采光模拟分析：100％面积的采光照度值、炫光指数满足标准要求。 室内自然通风模拟分析：100％面积的换气次数满足标准要求。 室内背景噪声、室内构件隔声分析：满足标准高限制要求。 内表面最高温度满足标准要求，围护结构不会产生结露现象

屋面部分。项目位于宜昌市，是典型的夏热冬冷地区，结合当地雨水量较多的特点，屋面采用正置式屋面，在保温层上设置防水层，同时在保温层下设置防水隔汽层，以更好地保护保温层不受侵蚀。

外墙部分。外墙部分在保温层外侧设置防水透气层，保温层内侧设置防水层；防水透气层用于保护保温层不受雨水的侵蚀。外墙保温在室外伸入地坪以下 500mm，阻断室内外地坪部分产生热桥。

无热桥设计。对关键热桥节点采取无热桥设计措施，包括保温层连接部位、外窗与结构墙体连接部位、管道穿墙部位、屋面设备基础部位，以及遮阳装置等需要在外围护结构固定、可能产生热桥的部位等。

保温层施工优化设计。项目保温层采用双层错缝搭接方式，避免保温材料间出现通缝。墙角处采用成型保温护角构件。保温层采用断热桥锚栓固定。在标高处设置300mm硬质岩棉板作为防火隔离带。

节点及气密性优化设计。本项目建筑设计施工图中明确标注气密层的位置，气密层连续，并包围整个外围护结构，简洁的造型和节点设计，减少或避免出现气密性难以处理的节点。气密层由抹灰层、硬质材料板、气密性薄膜等构成，选用的外门窗气密性等级高。特殊节点采用气密性材料进行处理，如紧实完整的混凝土、气密性薄膜、专用膨胀密封条、专用气密性处理涂料等材料。同时对门洞、窗洞、电气接线盒、管线贯穿处等易发生气密性问题的节点部位进行优化设计。

自然采光与通风优化设计。在1、2层屋面局部设置可开启电动天窗，过渡季节通过开启天窗能够加强自然通风效果，营造适宜的微气候，有效降低过渡季节空调能耗。同时天窗还在一定程度上增加了天然采光效果。针对建筑功能区域较为单一且为大空间，在1层东、西出入口处增设门斗，形成缓冲区域，减小空调、供暖季节由于人员进出开门导致空气侵入对室内空气产生的热扰，以降低空调、供暖能耗。

经模拟计算，本项目相对于《公共建筑节能设计标准》GB 50189—2015，其建筑综合节能率为55%（比标准提高55%），各规定性指标满足《近零能耗建筑技术标准》GB/T 51350—2019对超低能耗建筑的要求。

本项目作为湖北省首个超低能耗公共建筑项目，填补了湖北省内此类项目空白，体现了地方主管部门积极响应国家号召，推进超低能耗建筑发展的信心和决心。

10.4 结 语 与 展 望

自2009年《湖北省民用建筑节能条例》颁布实施以来，湖北省建筑节能工作步入了制度化、法制化轨道。通过采取一系列措施，建筑节能与绿色建筑发展工作有序开展，节能减排成效明显，绿色环保取得实效。

一是研究制定发展规划，"十一五"以来，根据全省节能减排综合实施方案，以及国家相关要求，陆续制定建筑节能、绿色建筑五年发展规划；二是不断提高建筑节能标准，发布实施了《低能耗居住建筑节能设计标准》DB42/T 559—2013 和《绿色建筑设计与工程验收标准》DB42/T 1319—2021，同时根据发展实际对标准进行修订和完善，进一步提升了建筑绿色性能；三是实行目标责任考核，将目标任务分解到各市（自治州），实行年度考核，对完成任务比较好的地区给予资金奖补；四是加强监管，每年组织开展建筑节能专项检查，对检查中发现的问题实施行政处罚，不断规范市场主体行为。

在国家"双碳"目标背景下，湖北省建筑节能与绿色建筑发展面临新的形式和挑战。为积极响应国家号召，湖北省已启动建筑领域碳达峰研究工作，取得了阶段性成果，初步确定了全省建筑领域碳达峰实现路径，为加快实现全省建筑领域碳达峰奠定了基础。

下一步，湖北省将继续按照国家相关部署，结合住房和城乡建设部相关要求和指示，持续深入开展绿色建筑创建行动，不断提高新建建筑和既有建筑节能水平，显著改善人居生活空间环境品质，加快实现全省城乡建设绿色低碳发展。

作者：丁云　黄倞　邰潆莹（湖北省建筑科学研究设计院股份有限公司）

11 低碳创新笃行不怠 因地制宜绿色发展

——深圳市绿色低碳建筑技术发展情况简介

11.1 技 术 条 件

11.1.1 气候条件

深圳市属于夏热冬暖气候区南区，长夏短冬，气候温和，日照充足，雨量充沛。年平均气温23.0℃，日照时数平均为1837.6 h，降水量平均为1935.8mm。

11.1.2 地理环境

（1）交通运输

深圳市地处广东省南部，珠江口东岸，东临大亚湾和大鹏湾；西濒珠江口和伶仃洋；南边深圳河与香港地区相连；北部与东莞、惠州两城市接壤。辽阔海域连接南海及太平洋。

（2）防灾减灾

深圳市位于东南沿海低山丘陵地区，地形起伏较大，地质构造复杂，东部的龙岗区、坪山区和大鹏新区分布有可溶岩，西部的宝安区、南山区局部有软土分布。深圳市每年雨季长达6个月，台风、暴雨等灾害性天气频发，强降雨易引发地质灾害。据统计，深圳市主要地质灾害类型为突发性的崩塌和滑坡地质灾害，泥石流地质灾害在山区沟谷处较少发生，岩溶塌陷地质灾害少有发生。西部软土分布区存在发生地面沉降的可能。

11.1.3 能源利用

（1）能源利用

深圳市一次能源来源主要由库存、本地生产、外省调入、进口与境外加油等构成。

（2）能源终端消费构成

从能源终端消费构成来看，根据 2019 年深圳市统计年鉴数据，深圳市主要能源消费类型为电力、燃气、原煤以及柴油、汽油、煤油、液化石油气等其他能源形式。

（3）近三年碳排放因子

深圳市电力供应主要来源于南方电网，根据《广东省市县（区）温室气体清单编制指南（试行）》，广东省 2016—2018 年电网二氧化碳排放量为 0.4512 $kgCO_2/kWh$。

11.1.4　技术背景

深圳市在十余年的绿色建筑发展历程中，坚持以法治推动建筑领域绿色低碳发展，率先在国内颁布《深圳经济特区建筑节能条例》《深圳市建筑废弃物减排与利用条例》等地方性法规，成为全国首个新建民用建筑全面强制执行节能标准的城市，为全市建设领域绿色低碳发展构建起坚实的政策保障。

2019 年，中共中央、国务院《关于支持深圳建设中国特色社会主义先行示范区的意见》提出把深圳市建设成为可持续发展先锋。深圳市围绕这一目标继续加强绿色建筑相关政策制度建设，先后制定《深圳市建设中国特色社会主义先行示范区的行动方案（2019—2025 年)》《深圳经济特区绿色建筑条例》《深圳市绿色建筑高质量发展行动实施方案（2021—2025 年)》《深圳市工程建设领域绿色创新发展专项资金管理办法》《深圳市住房和建设局关于进一步明确绿色建筑标准及标识管理的通知》等政策文件。

11.2　技　术　介　绍

我国从 20 世纪 80 年代开始关注建筑节能，经过发展已经建立了相对完善的节能、低碳技术。绿色低碳建筑技术的应用以"被动优先，主动优化"为原则。根据深圳市的气候特点及建筑特性，应采用适宜的绿色低碳建筑技术。一般将绿色低碳建筑技术分为被动式低碳建筑技术和主动式低碳建筑技术两类，下面进行选择性的阐述。

11.2.1　被动式低碳建筑技术

被动式绿色低碳设计是综合气候特征，应用建筑设计优化来减少建筑能耗和碳排放的设计方法。基于深圳市夏热冬暖的气候特点，常用被动式设计手段包括建筑遮阳、自然通风、建筑隔热等。

建筑遮阳。建筑遮阳设计是从建筑外立面特色、使用功能、建筑朝向、使用舒适等因素综合考虑，采用外遮阳、高性能门窗或内遮阳等手段降低建筑太阳得热。

自然通风。深圳市夏热冬暖，具有良好的自然通风条件。建筑设计通过专项风廊道设计，能够有效地提升室外风环境；同时，建筑内部门窗开启、通道等优化设计，能够在建筑内部形成有效的通风路径，将自然风引入室内。利用烟囱效应，通过设置大中庭，形成热压，也有助于建筑内部形成自然通风的动力，在部分时间段可以配置辅助风机进行利用。

围护结构性能提升。主要包含提高围护结构的热工性能以及提高建筑的气密性。围护结构的热工性能主要是指提升屋面和外墙的保温隔热性能，以减少室外热进入室内，同时隔断室内冷散失。

11.2.2　主动式低碳建筑技术与指标

主动式低碳建筑技术设计是通过机械干预手段来降低不可再生资源的消耗。建筑大量使用耗能设备及系统，其能效的持续提升是建筑能耗降低的重要环节，应优先使用能效等级更高的系统和设备。在满足舒适的室内环境基础上，减少能源的浪费，提高能源系统的有效利用率，再提高太阳能等可再生能源的使用率。深圳市的气候属于夏热冬暖气候，建筑最主要的能耗为空调能耗、照明能耗，因此主动式设计的重点也在此两方面。

空调系统节能技术。空调系统节能技术主要集中在冷热源系统，输配系统以及空调末端。采用高效冷热源系统，提高输配系统性能以及合理配置末端空调系统类型均对降低空调能耗有效。高效冷源设备根据项目需求可考虑磁悬浮机组、多联机组等；输配系统可考虑高能效水泵组、变频系统等；空调风侧系统可考虑冷梁系统、VAV系统等节能系统。深圳市室外空气相对湿度和焓差大，可选用全热回收装置，与显热回收相比具有更好的节能效果。全热回收装置利于夏季室内湿度控制。设计时应采用高效热回收装置。根据室内二氧化碳浓度控制室内新风供应，在保证室内空气品质的同时，能够避免新风机组一直处于满负荷状态，能够减少新风机组能耗。此外地下车库采用一氧化碳感应双速排风机，也能减少地下车库送排风机组能耗。

照明系统节能技术。选用高效节能灯具，在满足照度、炫光、生物安全性等条件下，有效地降低照明功率密度，能够显著降低照明能耗。采用感应照明系统、物联网照明等也是降低照明系统能耗的有效手段。其中物联网照明系统是基于无线传感器网络、射频识别、电力线载波、智能传感器等物联网技术，与 LED 照明技术融合发展的新一代照明智慧管理系统。

可再生能源利用技术。深圳市地处夏热冬暖地区，全年太阳能资源丰富。太阳能光伏发电系统、太阳能及空气源热泵热水系统是非常适宜深圳市使用的建筑可再生能源利用技术。太阳能光伏系统主要应用于建筑屋面，也可以结合建筑的围护结构进行设计。

电梯节能技术。常用的电梯节能技术包括能量回馈系统、变频拖动、电梯群控/智能呼梯等，扶梯还包括人员感应控制等。对高梯速电梯，利用电梯下降势能再生的能量能获得较好的节能效果。

11.3 工 程 案 例

11.3.1 零碳建筑低碳技术——中海企业集团总部大厦

（1）工程概况

中国海外大厦项目是中海地产总部基地，地处深圳市南山区后海片区，北侧临近海德一道，西侧临近后海滨路，南侧临近创业路，东侧临中心路。项目用地面积 4144.52㎡，总建筑面积 61276.82㎡，其中计容建筑面积为 44498.82㎡，不计容建筑面积为 16778㎡；本项目最高建筑高度为 99.7m（图 1）。

中国海外大厦项目主要从被动式建筑节能、主动式高效能源利用两个角度，将近零能耗设计深度融入建筑设计理念，最大化地利用中庭自然通风和自然采光、高效围护结构、新风热回收和余热回收、高效机房、主动式冷梁、高效照明、高效电梯以及屋顶光伏等可再生能源技术措施，探索建筑工程碳中和碳达峰理念落实途径。大厦获得"近零能耗建筑"设计认证，成为近零能耗建筑标杆项目。

（2）低碳技术

本项目发挥区位优势，充分利用自然资源，实现多层次立体绿化，适应大

图1　项目鸟瞰图

环境，改善建筑小气候。项目西侧为高楼遮挡，东侧面向深圳湾，因地制宜地采用偏筒＋中庭的布局方式，满足对均质化采光的需求；采用南北贯穿式的边庭，创造良好自然对流风。通过规划布局，实现建筑天然绿，为建筑的近零能耗策略奠定良好基础。建筑体态错落有致，打造屋顶、露台等绿色空间，实现多层次立体绿化，让处于高强度开发的城市核心区的人们拥有更多亲近自然的机会（图2、图3）。

1）自然通风采光设计

中海集团总部基地项目采用偏筒＋中庭的布局方式，最大化利用中庭加强自然通风，项目在核心筒两侧设置了两处中庭，L7～L19开敞办公区利用中庭形成的"烟囱效应"加强自然通风。中庭屋顶设置可开启通风口，夏季中庭屋顶侧窗打开，使从门厅或架空底部进入的自然风通过中庭屋顶侧窗将热量排出，夜间将建筑内部冷却，降低室内温度，降低第二天空调系统开启时由于暖通空调系统间歇运行、内部蓄热体结构、围护结构等形成的较大附加热量；冬天阳光透过玻璃进入室内，中庭屋顶侧窗关闭，使中庭形成一个"暖房"，建筑内部蓄热体结构吸收了热量，使室内温度升高，夜间内部蓄热体结构将白天利用中庭吸收的热量释放出来。

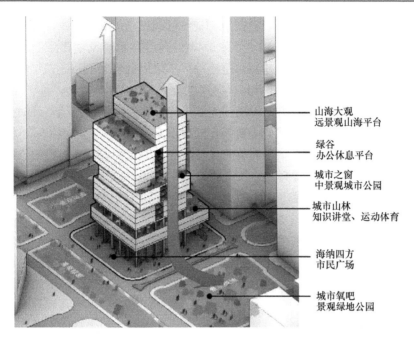

山海大观
远景观山海平台

绿谷
办公休息平台

城市之窗
中景观城市公园

城市山林
知识讲堂、运动体育

海纳四方
市民广场

城市氧吧
景观绿地公园

图 2　多层次立体绿化

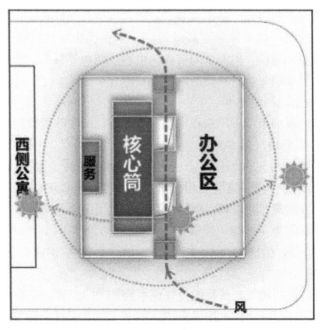

图 3　通风布局

303

在上述自然通风策略下，自然通风全年可利用小时数 2315h，占全年时间的 27%，其中过渡季节 2150h，夏季 195h。利用自然通风主要降低过渡季节风机能耗。按照上述运行策略，与过渡季节不采用自然通风相比，年实现碳减排 185t，节省运行费用 32.5 万元（按照电费 1 元/kWh 估算）。

天然采光设计，提高室内照度。天然采光是良好的室内环境不可缺少的重要部分，也是实现绿色自然的必要因素。建筑室内天然采光的效果，不仅影响人们的视觉功效，而且对室内人员的身心健康及建筑的能耗也有较大影响。对于建筑的外区，因为通常有一定数量的外窗，所以外区的室内天然采光情况一般较好，但这同时会造成建筑围护结构的传热负荷增大，增加外区的空调负荷。

对于内区，由于无法直接利用天然光源，天然采光条件一般较差，若完全依靠人工照明，会提高照明能耗，增加空调负荷。为改善建筑内区的天然采光效果，本项目建筑内部采用中庭的设计方式，中庭屋顶天窗的面积较大，可提高室内的照度，从而提高建筑内区的天然采光效果，同时可以减小光线传播的损失，即减小室内隔断对天然采光的影响，室内隔断采用玻璃幕墙隔断可提高建筑内区的照度。

2）高效能源系统

在高效能源系统方面，基于健康、舒适、低碳、高效目标，采用温湿独立控制冷梁空调系统，以及磁悬浮高效机房、数据机房余热回收、新风全热回收、高效智能照明系统、屋面太阳能光伏可再生能源等技术，全面提升能源系统效率，最大限度地降低建筑能源消耗。

3）可再生能源利用技术

项目所在地深圳市位于广东省中南沿海地区，所处纬度较低，属于亚热带海洋性气候。年平均气温 22.4℃，历史最高气温 38.7℃、最低气温 0.2℃。水平面年总辐照量约 5430MJ/m²，折合约 1510kWh/m²，属于太阳能资源丰富区（Ⅱ类地区）。本项目适宜利用光伏发电系统满足部分建筑用电需求。

经与本项目建筑专业协调，项目可利用屋面机房部分安装光伏阵列，通过在屋面搭建方钢作为主框架，顶部采用 C 型钢作为檩条，可水平铺设安装约 240 块单晶硅组件，组件总面积约 515m²；单个组件功率按 450Wp 计算，装机容量 108kW。

目前主流厂家的建筑光伏系统投资成本约 5~6 元/W，由于本项目屋面光伏组件支撑结构较复杂，成本按提高 20% 计算，光伏系统总增加投资约 71.28 万元。光伏发电系统的运行维护费用约为：运行期 1~3 年 43 元/kW；运行期

4～8 年 45 元/kW；运行期 9～14 年 48 元/kW，运行期 15～25 年 51 元/kW，由此估算项目 25 年总维护成本为 12.99 万元。综上所述，本项目光伏发电系统的总投资约为 84.27 万元。

（3）经济效益

本项目光伏发电系统如全部自用，运行期内年平均发电量为 10.785 万 kWh 电，含税电价按为 1.1 元/kWh 计算，每年可节约电费 11.86 万元，项目回收期约为 7.1 年。

本项目采用碳排放系数法核算方法，近零能耗建筑能耗达到 38.1kWh/m²，碳排放量下降到 22.0kgCO₂/(m²·a)，年度节约用电 364.4 万 kWh，减少碳排放量 2102.9t，减碳率 54.9%；经初步估算分析，总部项目的近零能耗技术投入预计回收年限在 4～5 年。

11.4 结语与展望

近零能耗建筑是低碳建筑技术集成应用的最高体现，随着"3060 双碳"目标的提出，近零能耗建筑成为建筑领域助力"双碳"目标的主要工作已逐渐成为行业共识。我国幅员辽阔，包含严寒及寒冷地区、夏热冬冷地区、夏热冬暖地区三大主要气候区，气候特点差异大。其中，严寒及寒冷气候区由于其气候特点比较适用于被动房的技术体系，由被动房发展而来的近零能耗建筑技术体系、标准体系也相对成熟。

在此基础上，我国首部引领性建筑节能的国家标准《近零能耗建筑技术标准》GB/T 51350—2019 于 2019 年 9 月 1 日正式实施，填补了我国在近零能耗建筑领域标准体系方面的空白。

然而，夏热冬暖地区的气候特点并不适用于被动房的技术体系，这使得国家标准《近零能耗建筑技术标准》GB/T 51350—2019 在本气候区的落地实施受到了一定的影响。目前，夏热冬暖地区近零能耗建筑示范项目数量偏少，绝大部分的近零能耗建筑示范项目仍集中在北方地区。但在政策的鼓励和支持下，深圳市也有越来越多的项目是在以达到（近）零能耗建筑为目标，这也迫切需要建立适应本市气候特点的近零能耗建筑技术体系和标准体系。

作者：王向昱[1] 洪家俊[1] 刘刚[1] 唐振忠[2]（1. 深圳市绿色建筑协会；2. 深圳市建设科技促进中心）

图书在版编目（CIP）数据

中国绿色低碳建筑技术发展报告／中国城市科学研
究会主编. — 北京：中国建筑工业出版社，2022.8（2023.9重印）
ISBN 978-7-112-27618-9

Ⅰ．①中⋯ Ⅱ．①中⋯ Ⅲ．①生态建筑－技术发展－
研究报告－中国 Ⅳ．①TU-023

中国版本图书馆 CIP 数据核字（2022）第 126346 号

责任编辑：周娟华
责任校对：董　楠

中国绿色低碳建筑技术发展报告
中国城市科学研究会　主编

＊

中国建筑工业出版社出版、发行（北京海淀三里河路 9 号）
各地新华书店、建筑书店经销
北京红光制版公司制版
建工社（河北）印刷有限公司印刷

＊

开本：787 毫米×960 毫米　1/16　印张：19½　字数：349 千字
2022 年 8 月第一版　　2023 年 9 月第四次印刷
定价：**78.00** 元
ISBN 978-7-112-27618-9

（39588）